第二版

建立演進式系統架構

支援常態性的變更

2ND EDITION

Building Evolutionary Architectures

Automated Software Governance

Neal Ford, Rebecca Parsons, Patrick Kua,

and Pramod Sadalage 著

黃銘偉 譯

O'REILLY

目錄

第二部分 結構

第三部分 影響

第一版推薦序

長久以來，軟體產業一直秉持這種觀念：架構（architecture）是在編寫第一行程式碼之前就應該發展完成的東西。受建築業的啟發，人們認為軟體架構的成功標誌就是在開發過程中不需要進行更動，這通常是對重新架構（re-architecture）活動所導致的高廢棄和重複施工成本的一種反應。

敏捷軟體方法（agile software methods）的興起對這種架構願景提出了嚴峻的挑戰。預先規劃的架構做法奠基於「需求（requirements）也應在開始編寫程式碼前確定」的理念之上，這導致了一種分階段（或瀑布式）的做法，即需求之後是架構，架構之後是實際建構（程式設計）。然而，敏捷世界對需求不變的概念提出了挑戰，認為需求的頻繁更動是現代商業不可或缺的考量，並提供了專案規劃技巧來接納受控的變化。

在這個全新的敏捷世界裡，許多人對架構的作用提出了質疑。當然，「預先規劃好」的架構願景也無法適應現代的變動性。但是，還有另一種架構做法（approach to architecture）存在，一種以敏捷方式擁抱變化的做法。從這個觀點來看，架構工作是持續的努力，與程式設計緊密合作，使架構既能對不斷變化的需求做出反應，也能採納程式設計的回饋意見。我們將此稱為「**演化式架構**（*evolutionary architecture*）」，以強調雖然變化是不可預測的，但架構仍能朝著好的方向發展。

在 Thoughtworks，我們一直沉浸在這種架構世界觀中。本世紀初，Rebecca 領導我們許多最重要的專案，並作為 CTO 發展出了我們的技術領導地位。Neal 一直都是我們工作的細心觀察者，綜合我們的經驗教訓並傳達出來。Pat 在他的專案工作過程中，同時培育了我們的技術領導人才。我們始終認為架構至關緊要，不應任其隨意發展。我們犯過錯，但也從中吸取了教訓，更加了解如何建立出能從容適應多變需求的源碼庫（codebase）。

演化式架構的核心是做出微小的改變，並放入反饋迴路（feedback loops），讓每個人都能從系統的發展過程中學習。持續交付（Continuous Delivery）的興起是促使演化式架構實用化的關鍵要素。作者三人使用適應性函數（fitness functions）的概念來監控架構的狀態。他們探討了不同風格的架構演化能力（evolvability），並強調了與長期保存的資料有關的議題，這往往是一個被忽視的主題。理所當然，Conway's Law（康威法則）在大部分討論中都佔據著重要地位。

我確信，在以演化的方式架構軟體方面，我們還有很多需要學習的地方，但這本書為我們目前理解的狀態描繪出了一個基本的路線圖。隨著越來越多的人意識到軟體系統在 21 世紀人類世界中的核心作用，知道如何在應對變化的同時站穩腳跟，將成為任何軟體領導者的必備技能。

— Martin Fowler
martinfowler.com
2017 年 9 月

第二版推薦序

隱喻（metaphor）試圖描述兩個不相關的事物之間的相似之處，以闡明其基本要素。軟體架構（software architecture）就是一個很好的例子。我們描述軟體架構的方式經常將之比擬為建築物的結構。組成建築物結構的東西，例如外牆、內牆、屋頂、房間大小、樓層數，甚至建築物的地理位置，都與軟體架構的結構元素有關，諸如資料庫、服務、通訊協定、介面、部署位置（雲端、公司內部）等等。舊有觀點認為，在這兩種情況下，這些東西都是一旦到位，之後就非常難以更改，而這正是建築物隱喻（building metaphor）的破綻所在。

如今，軟體架構的建築物隱喻已不再有效。雖然向非技術人員解釋什麼是軟體架構時，比較系統的**結構**（*structure*）仍然是有用的，但軟體架構必須有足夠的延展性，能夠快速變化，這與物理建築截然不同。為什麼軟體架構必須具有如此大的可塑性呢？因為企業一直處於快速變化之中，經歷著合併、收購、新業務線、成本削減措施、結構重組等等。然而，科技也是如此，新的框架、技術環境、平台和產品層出不窮。為了與業務和技術環境保持一致，軟體架構也必須以同樣快的速度改變。一個很好的例子就是大型公司的重大併購案。除了無數的業務考量和變更以外，支援主要業務應用程式的軟體架構必須能夠擴充規模，以滿足新增客戶群的需求，並且必須具有適應性和可擴充性，以順應新的業務功能和實踐。

許多公司已經知道這一點，但卻苦惱於一件事：如何使軟體架構具有足夠的延展性，以承受快速的業務和技術變革？答案就在你即將閱讀的這本書中。本書第二版以第一版中介紹的引導式和漸進式變更的概念為基礎，為你提供關於適應性函數、自動化架構治理和演化式資料的最新技巧、知識和訣竅，以確保你的軟體架構足夠敏捷，能夠跟上當今不斷變化的時代。

— Mark Richards
developertoarchitect.com
2022 年 10 月

前言

當我們在 2017 年撰寫《建立演進式系統架構》的第一版時，演化軟體架構的想法還算是有些激進。Rebecca 首次發表有關這一主題的演講時，有人在演說結束後找到她，指責她提出軟體架構能夠隨時間演進的觀點在專業上是不負責任的，畢竟，架構才是永遠不會改變的東西。

然而，現實告訴我們，系統必須不斷演進發展，以滿足使用者的新需求，並反映出不斷變遷的軟體開發生態系統中所發生的變化。

在第一版出版時，幾乎沒有工具可以充分利用我們所描述的技巧。幸運的是，軟體開發領域在不斷發展，引進了更多的工具，使演化式架構的建立變得更加容易。

本書的結構

我們改變了第一版的結構，以更清晰地劃分兩大主題：軟體系統演進的工程實踐和使之更為容易的結構方法。

在第一部分中，我們定義了團隊可用來實作演化式架構這個目標的各種機制和工程實務做法，包括技巧、工具、分類和讀者理解本主題所需的其他資訊。

軟體架構也涵蓋結構設計（*structural design*），而某些設計決策會讓演化（和治理）過程變得更容易。我們將在第二部分介紹這一點，其中還包括架構風格（architecture styles）以及耦合（coupling）、重複使用（reuse）和其他相關結構考量的設計原則。

軟體架構中幾乎沒有任何東西是孤立存在的；演化式架構中的許多原則和實務做法都涉及到軟體開發過程中多個部分的全面交織互動，我們將在第三部分介紹這些原則和實務做法。

案例研究和 PenultimateWidgets

我們在本書中重點介紹一些案例研究。四位作者在編寫本書時都曾是諮詢顧問（有些現在仍然是），我們利用自己的實際經驗推衍撰寫出了本書中的許多案例研究。雖然我們不能透露特定客戶的詳細情況，但我們希望提供一些相關的案例，以使主題不那麼抽象。因此，我們採用了代表性公司（surrogate company）的概念，以 PenultimateWidgets 這家虛構的公司作為我們所有案例研究的「宿主（host）」。

在第二版中，我們還向同事徵集了案例研究，進一步強調我們討論的技術如何應用的範例。在整本書中，每個案例研究看似都源於 PenultimateWidgets，但實際上每個案例研究都來自一個真實的專案。

本書所用慣例

本書使用下列排版慣例：

斜體字（*Italic*）

　代表新名詞、URL、電子郵件位址、檔名和延伸檔名。

定寬字（`Constant width`）

　用於程式碼列表，還有正文段落裡參照到程式元素的地方，例如變數或函式名稱、資料庫、資料型別、環境變數、述句和關鍵字。

定寬粗體字（**`Constant width bold`**）

　顯示應該逐字由使用者輸入的命令或其他文字。

定寬斜體字（*`Constant width italic`*）

　顯示應該以使用者所提供的值或由上下文決定的值來取代的文字。

這個元素代表訣竅或建議。

這個元素代表一般註記。

這個元素代表警告或注意事項。

範例程式碼的使用

本書的補充性素材（程式碼範例、習題等）可在此下載取用：

http://evolutionaryarchitecture.com。

如果你有技術性問題，或使用程式碼範例時有所疑問，請寄送 email 到 *bookquestions@oreilly.com*。

這本書是為了協助你完成工作而存在。一般而言，若有提供範例程式碼，你可以在你的程式和說明文件中使用它們。除非你要重製的程式碼量很可觀，否則無須聯絡我們取得許可。舉例來說，使用本書中幾個程式碼片段來寫程式並不需要取得許可。販賣或散佈 O'Reilly 書籍的範例，就需要取得許可。引用本書的範例程式碼回答問題不需要取得許可。把本書大量的程式範例整合到你產品的說明文件中，則需要取得許可。

引用本書之時，若能註明出處，我們會很感謝，雖然一般來說這並非必須。出處的註明通常包括書名、作者、出版商以及 ISBN。例如：「**建立演進式系統架構**，第二版，由 Neal Ford、Rebecca Parsons、Patrick Kua 與 Pramod Sadalage 所著（O'Reilly）。版權所有 2023 Neal Ford、Rebecca Parsons、Patrick Kua 和 Pramod Sadalage，978-1-492-09754-9」。

如果覺得你對程式碼範例的使用方式有別於上述的許可情況，或超出合理使用的範圍，請不用客氣，儘管連絡我們：*permissions@oreilly.com*。

額外資訊

作者為本書建立了一個配套網站：*http://evolutionaryarchitecture.com*。

致謝

作者在此衷心感謝我們的同事，是他們為我們提供許了多適應性函數案例研究的大綱和靈感。在此，（沒有特別的順序）我們要感謝 Carl Nygard、Alexandre Goedert、Santhoshkumar Palanisamy、Ravi Kumar Pasumarthy、Indhumathi V.、Manoj B. Narayanan、Neeraj Singh、Sirisha K.、Gireesh Chunchula、Madhu Dharwad、Venkat V.、Abdul Jeelani、Senthil Kumar Murugesh、Matt Newman、Xiaojun Ren、Archana Khanal、Heiko Gerin、Slin Castro、Fernando Tamayo、Ana Rodrigo、Peter Gillard-Moss、Anika Weiss、Bijesh Vijayan、Nazneen Rupawalla、Kavita Mittal、Viswanath R.、Dhivya Sadasivam、Rosi Teixeira、Gregorio Melo、Amanda Mattos 等等，還有許多名字沒有記載於此的人。

Neal 特別想感謝過去幾年來參加他在各種會議上演講的所有與會者，他們的親身或線上參與幫助他不斷修正和完善這些材料，特別是在全球疫情的非常時期。感謝所有勇敢站出來幫助大家渡過這段艱難時期的第一線工作者。他還要感謝技術審閱人員，他們不遺餘力地提供出色的回饋意見和建議。Neal 還要感謝他的貓咪們，也就是 Amadeus、Fauci 與 Linda Ruth，因為牠們提供有益的干擾，而這些分心時刻往往能讓人有所領悟。貓從不沉湎於過去或未來，牠們總是活在當下，所以他利用和牠們相處的時間，也投入到這個此時此刻的存在之中。還要感謝我們社區戶外的「雞尾酒俱樂部」，它最初是社區裡的一種朋友聚會方式，而後逐漸演變成了社區智囊團。最後，Neal 要感謝他長期以來堅韌不拔的妻子，是她微笑著忍受了他經常的出差或突然不出差等職業上的種種困擾。

Rebecca 要感謝多年來為演化式架構領域貢獻靈感、工具和方法並提出明確問題以澄清觀念的所有同事、會議出席者和講者，以及作者。和 Neal 一樣，她也要感謝技術審稿人的細心閱讀和評論。此外，Rebecca 還要感謝她的合著者，感謝他們在共同完成本書的過程中進行了富有啟發性的對話和討論。她特別感謝 Neal 幾年前與她就突現（emergent）和演化式（evolutionary）架構之間的區別進行了精彩的討論，或者說是辯論。自第一次對話以來，這些觀點已經有了長足的進步。

Patrick 要感謝他在 ThoughtWorks 的所有同事和客戶，是他們推動了這一需求，並為闡述建立演化式架構的思想提供了試驗平台。他與 Neal 和 Rebecca 同樣感謝技術審閱者，他們的回饋意見大大地改善了本書的品質。最後，他要感謝他的合著者們，感謝他們在過去的幾年裡為這一主題提供密切合作的機會，儘管由於時差和航班的原因，親自見面的機會不多。

Pramod 要感謝他的所有同事和客戶，他們一直為他提供空間和時間來探索新想法，推動新理念和新思維的發展。他還要感謝合著者們，感謝他們進行了深思熟慮的討論，確保架構的所有面向都有考慮到。他還要感謝審閱者：Cassandra Shum、Henry Matchen、Luca Mezzalira、Phil Messenger、Vladik Khononov、Venkat Subramanium 與 Martin Fowler，他們提出的寶貴意見對作者幫助很大。最後，他還要感謝女兒 Arula 和 Arhana 為他的生活所帶來的歡樂，以及妻子 Rupali 對他的愛和支持。

第一部分

機制

演化式架構包括兩個廣泛的研究領域：**機制**（*mechanics*）和**結構**（*structure*）。

演化式架構的**機制**涉及工程實踐和驗證，這些實踐和驗證使架構得以演進，並與架構治理（architectural governance）互相重疊。這包括工程實務做法、測試、衡量指標以及其他一系列使軟體的演化變得可能的組成要件。第一部分定義並舉例說明了演化式架構的運作細節。

《建立演進式系統架構》的另一個面向涉及軟體系統的結構或拓撲（topology）。某些架構風格（architecture styles）是否更有利於建置更易於演化的系統？為了使演化更加容易，是否應該避免架構中的一些結構性決策？我們將在第二部分回答這些問題和其他問題，該部分涉及為了便於演進而結構化的架構。

建立演化式架構的諸多面向都結合了機制和結構；本書第三部分的標題是「影響（Impact）」。該部分包含了許多案例研究，提供建議，涵蓋模式和反模式（antipatterns），以及架構師（architects）和團隊為使演化變得可能而需要注意的其他事項。

第一章

軟體架構的演化

建置能夠優雅而且有效適應老化的系統一直是軟體開發領域，特別是軟體架構領域所需面對的長久挑戰之一。本書涵蓋「如何建置可演化的軟體（evolvable software）」的兩個基本面向：利用源自敏捷軟體運動（agile software movement）的有效工程實務做法，以及構建有助於變更和治理的架構。

讀者將逐步了解在架構變革的管理上，如何以確定性的方式（deterministic way）達到最先進的水準，整合以往嘗試維護架構特性的做法，並提供可實行的技巧，以增強在不造成破壞的前提之下改變架構的能力。

軟體演化所面臨的挑戰

> 「位元腐爛（*bit rot*）」：又稱「軟體腐化（*software rot*）」、「程式碼腐敗（*code rot*）」、「軟體腐蝕（*software erosion*）」、「軟體衰敗（*software decay*）」或「軟體熵（*software entropy*）」，是指軟體品質隨著時間的推移而緩慢惡化，或其回應速度不斷削弱，最終導致軟體出現故障。

長久以來，團隊一直致力於建置高品質的軟體，並使其能夠持續維持高品質，這種努力的困難點反映在上述**位元腐爛**的不同定義中。至少有兩個因素導致了這種困境：監控複雜軟體中各種活動部件的難題，以及軟體開發生態系統的動態本質。

現代軟體由數以千計或數以百萬計的獨立部件組成，每個部件都可能在某些維度發生變化。每一次更改都會產生可預測的影響，有時甚至是不可預測的影響。嘗試人工管理的團隊最終會被龐大的部件數量和組合式的副作用（combinatorial side effects）所淹沒。

在靜態的背景下，管理軟體的無數互動已經夠困難了，但那種情況並不存在。軟體開發生態系統由所有的工具、框架、程式庫和最佳實務做法（best practices）組成，是軟體開發領域在任何特定時間點所積累的最先進的成果。這個生態系統形成了一種平衡狀態（equilibrium），很類似一個生物系統，開發人員可以在其中理解並創建事物。然而，這種平衡是**動態**（*dynamic*）的，新事物不斷出現，最初會打破平衡，直到新的平衡狀態出現。想像一位騎單輪車的人在運送箱子：**動態**是因為獨輪騎士不斷調整以保持直立，**平衡狀態**是因為持續保持平衡（balance）。在軟體開發生態系統中，每項創新或實務做法都可能打破現狀，迫使新平衡狀態的建立。打個比喻，就像是我們不停地向單輪車的承載處扔出更多的箱子，強迫他們重新維持平衡。

在許多方面，架構師就像我們無助的單輪車騎士一樣，既要不斷保持平衡，又要適應持續變化的條件。Continuous Delivery（持續交付）的工程實踐代表了這種平衡的結構性轉變：將運營等以前各自為政的職能納入軟體開發生命週期，使人們能夠從新的角度看待**變革**（*change*）所代表的意義。企業架構師無法再仰賴靜態的五年計畫，因為整個軟體開發領域都將在那段時間內發生變化，從而讓每項長期決策都可能失去意義。

即使是精明的執業者也很難預測顛覆性的變化。Docker（*https://www.docker.com*）這類容器（containers）工具的興起，就是一個不可知的產業轉變實例。不過，我們可以透過一系列漸進的小步驟來追溯容器化（containerization）趨勢的發展。曾幾何時，作業系統、應用程式伺服器和其他基礎設施都是商業實體，需要許可證（licenses）和高昂的費用支出。那個時代設計的許多架構都注重共享資源的有效運用。漸漸地，Linux 對許多企業來說已經變得足夠好了，將作業系統的金錢成本降至零。接著，透過 Puppet（*https://puppet.com*）和 Chef（*https://www.chef.io*）等工具進行自動機器配置（automatic machine provisioning）的 DevOps 實務做法，使 Linux 在**營運**上等同免費。一旦生態系統變得免費並被廣泛使用，以通用可移植格式（common portable formats）為中心的整合就不可避免：因此，Docker 應運而生。但是，如果當初這一目標的所有演化步驟沒有全部到位，就不可能實現容器化。

軟體開發生態系統在不斷發展，從而產生了新的架構做法（architectural approaches）。雖然許多開發人員都認為那是一群架構師組成的陰謀小團體，躲在象牙塔裡決定 *Next Big Thing*（**下一個重大趨勢**）會是什麼，但實際上這個過程更加有機自然得多。我們的生態系統中不斷出現新的功能，提供與現有功能和其他新功能相結合以產生新能力的新方法。舉例來說，考慮一下最近興起的微服務架構（microservices architectures）。隨著開源作業系統的流行，再加上 Continuous Delivery 所驅動的工程實踐，有夠多的聰明架構師想出了如何建置更具規模可擴充性的系統，而最終他們需要一個名稱，也就是：微服務。

為什麼 2000 年那時我們沒有微服務？

想像一位擁有時光機的架構師穿越時空回到 2000 年，向營運主管提出了一個新想法。

「我有一個很棒的架構新概念，可以在每個功能之間做到極佳的隔離效果，叫作微服務；我們會以業務功能為中心來設計每個服務，並保持高度解耦。」

營運主管說：「很好，那你需要什麼？」

「嗯，我需要大約 50 部新電腦，當然還需要 50 份新的作業系統許可證，另外還需要 20 部電腦作為隔離的資料庫，以及那些電腦要用的許可證。你覺得我什麼時候能拿到所有的那些東西？」

「請你離開我的辦公室。」

雖然微服務在當時看來也可能是個好主意，但當時的生態系統並無法支援微服務。

架構師的工作職責之一是結構設計（structural design），以解決特定的問題：你有一個問題，你決定用軟體來解決它。在考慮結構設計時，我們可以將其分為兩個方面：**領域**（*domain*，或需求，（*requirements*））和**架構特性**（*architecture characteristics*），如圖 1-1 所示。

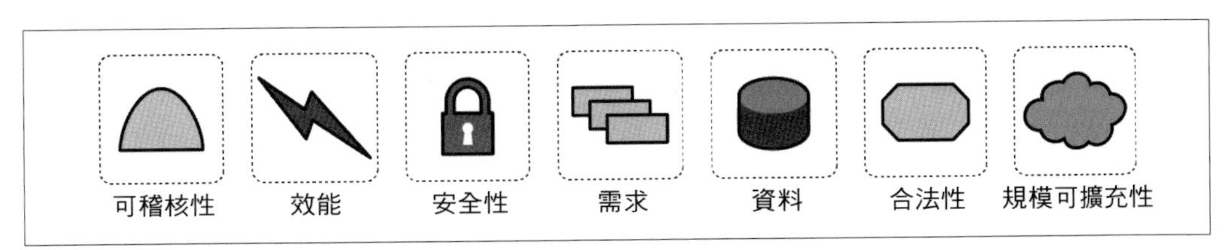

圖 1-1　軟體架構的整個範疇包括需求和架構特性：軟體的「能力（-ilities）」

圖 1-1 所示的需求代表了軟體解決方案所要解決的問題領域。其他部分有不同的名稱，如**架構特性**（我們的首選術語）、**非功能性需求**（*nonfunctional requirements*）、**系統品質屬性**（*system quality attributes*）、**橫切需求**（*cross-cutting requirements*）等。無論名稱如何，它們都代表了專案成功所需的關鍵能力（capabilities），不管是初始發行或長期可維護性。舉例來說，**規模**（*scale*）和**效能**（*performance*）等架構特性可能構成市場的成功標準，而**模組化**（*modularity*）等其他特徵則有助於提高**可維護性**（*maintainability*）和**可演化性**（*evolvability*）。

架構特性的諸多名稱

我們在全書中使用**架構特性**（*architecture characteristics*）一詞來指涉非領域設計（nondomain design）因素。然而，許多組織對這一概念使用其他術語，其中包括非功能性需求、橫切需求和系統品質屬性。我們並不特別偏愛某個術語，在書裡隨時都可以自由地將我們的用語翻譯成你自己的。這些並非截然不同的概念。

軟體很少是靜態一成不變的，它會隨著團隊新增功能、整合點（integration points）和其他一系列常見變化而不斷演進發展。架構師需要的是針對架構特性的保護機制，類似於單元測試（unit tests），但聚焦於架構特性，因為架構特性的變化速度各有不同，有時會受到與領域不同的外力影響。舉例來說，公司內部的技術決策可能會促使資料庫發生變化，而這種變化獨立於領域解決方案。

本書介紹各種機制和設計技巧，以增加對架構治理的持續保證，正如高績效團隊現在對軟體開發過程的其他面向所擁有的保證一樣。

在架構決策中，每個選擇都會帶來重大權衡，需要取捨。在本書中，當我們提到**架構師**（*architect*）這一角色時，我們將所有做出架構決策的人都涵蓋在內，無論他們在組織中的頭銜為何。此外，重要的架構決策幾乎總是需要與其他角色的合作。

敏捷專案（Agile Projects）需要架構嗎？

這是已採用敏捷工程實踐一段時間的人經常會提出的問題。敏捷性（agility）的目標是去除無用的額外負擔，而非如設計（design）等的必要步驟。與架構中的許多事情一樣，規模決定了架構的層級。我們用建築物來做類比：如果我們想建一個狗窩，我們不需要精心設計的架構；我們只需要建材。另一方面，如果我們需要建造一棟 50 層的辦公大樓，就必須進行設計。同樣地，若需要一個網站來追蹤一個簡單的資料庫，我們並不需要一個架構；我們可以找到一些材料來拼湊它。但是，我們必須仔細考量許多權衡因素，才能設計出一個具有高度規模可擴充性和可用性的網站，例如高流量的演唱會售票網站。

與其問說「*敏捷專案是否需要架構？*」，架構師真正該問的問題是他們能承受多少不必要的設計，同時建立起對早期設計進行迭代（反覆修訂）的能力，以便找到更合適的解決方案。

演化式架構

演化的機制和架構師在設計軟體時所做的決定都源於以下定義：

> *演化式軟體架構跨越多個維度支援引導式（guided）的漸進（incremental）變更。*

此定義包括三個部分，我們將在下文中詳細介紹。

引導式變更

一旦團隊選擇了重要的特性，他們就希望引導（*guide*）架構的變更，以保護那些特性。為此，我們借用了演化式計算（evolutionary computing）中的一個概念：**適應性函數**（*fitness functions*）。適應性函數是一種目標函數（objective function），用來概括即將實施的設計方案與達成既定目標之間的接近程度。在演化式計算中，適應性函數決定了演算法是否隨著時間的推移而不斷改進。換句話說，當演算法的每個變體產生時，適應性函數會根據演算法設計者如何定義「適應度（fitness）」來確定每個變體有多「適應（fit）」。

我們在演化式架構中也有類似的目標：隨著架構的演化，我們需要有機制來評估變化對架構重要特性的影響，並防止這些特性隨著時間的推移而退化。適應性函數的隱喻包含了我們為確保架構不會發生不良變化而採用的各種機制，包括衡量指標、測試和其他驗證工具。當架構師確定了他們希望在事物發展過程中保護的架構特性，他們就會定義一或多個適應性函數來保護該特性。

從歷史上來看，架構的一部分往往被視為一種治理活動（governance activity），而架構師也只在最近才接受了透過架構促成變革的概念。架構的適應性函數允許在組織需求和業務功能的背景下做出決策，同時使那些決策的基礎明確且可測試。演化式架構並不是一種不受約束、不負責任的軟體開發方法。取而代之，這種方法兼顧了快速變化的需求，以及圍繞在系統和架構特性周圍的嚴謹性需求。適應性函數驅動架構的決策，在引導架構的同時允許進行必要的變更，以支援不斷變化的業務和技術環境。

我們使用**適應性函數**為架構建立演化的指導方針；我們將在第 2 章中詳細介紹它們。

漸進式變更

漸進式變更（*incremental change*）描述軟體架構的兩個面向：團隊如何漸進式地建置軟體以及如何部署（deploy）軟體。

在開發過程中，允許小規模漸進式變更的架構更容易發展，因為開發人員的變更範疇較小。對於部署而言，漸進式變更指的是業務功能的模組化（modularity）和解耦（decoupling）水平，以及它們如何映射到架構。舉例如下。

比方說，PenultimateWidgets 是一家大型的介面控件（widgets）銷售商，它有一個由微服務架構和現代工程實踐所支援的目錄頁面。該頁面的功能之一是讓使用者能夠對不同的介面控件進行星級評分。PenultimateWidgets 業務中的其他服務也需要評級（客服代表、運輸供應商評估等），因此都採用了這個星級評分服務。有一天，星級評分團隊在現有版本的基礎上釋出了一個和舊版並存的新版本，允許半星評分，這雖然是一個小型的升級，但意義重大。其他需要評級的服務並不需要遷移到新版本，而是在方便的情況下逐步遷移。PenultimateWidgets 的 DevOps 實踐不僅包括對服務的架構監控（architectural monitoring），還包括對服務之間路由（routes）的監控。當營運小組發現在給定的時間間隔內沒有人繞送（routed to）到特定服務時，他們就會自動將該服務從生態系統中解體。

這是在架構層面進行漸進式變更的一個例子：只要其他服務需要，原始服務就可以與新服務同時執行。團隊可以在閒暇時（或根據需要）遷移到新的行為，而舊版本會自動被垃圾回收。

要使漸進式變更取得成功，需要協調一些 Continuous Delivery 的實務做法。並非所有情況下都需要全部的那些實務做法，而是它們經常一起出現在實際場景中。我們將在第 3 章討論如何實作漸進式變更。

多重架構維度

> 並不存在獨立的系統。世界是一個連續體。要如何在一個系統的周圍劃出一條界線，取決於討論的目的。
>
> —Donella H. Meadows

古希臘物理學家逐漸學會了根據定點（fixed points）來分析宇宙，並最終形成了古典力學（*https://oreil.ly/jHoLH*）。然而，20 世紀初，更精確的儀器和更複雜的現象逐步完善了相對論的定義。科學家們意識到，他們以前視為孤立的現象實際上是相對於彼此的交互作用。自 1990 年代以來，有洞察力的架構師越來越將軟體架構視為是多維度的（multidimensional）。Continuous Delivery（持續交付）將這一觀點擴充到了營運（operations）。然而，軟體架構師通常主要關注**技術架構**（*technical* architecture），即軟體元件如何組合在一起，但那只是軟體專案的一個維度而已。如果架構師想要建立一個可以不斷演化的架構，他們就必須考慮變化所影響到的，系統中相互關聯的**所有**部分。就像我們從物理學所得知的「萬事萬物都要相對於其他事物而言」一樣，架構師也知道軟體專案有許多維度存在。

要建置可演化的軟體系統，架構師必須考慮的不僅僅是技術架構。舉例來說，如果專案包括一個關聯式資料庫（relational database），那麼資料庫實體（database entities）之間的結構和關係也會隨著時間的推移而演變。同樣地，架構師也不希望所建置的系統在演化時會對外顯露安全漏洞。這些全都是**架構維度**（*dimensions* of architecture）的例子：架構中的各個部分通常以正交（orthogonal）方式結合在一起。有些維度與通常所說的**架構關注點**（*architectural concerns*，即前面提到的「能力」清單）相吻合，但實際上**維度**的範圍更廣，包含了傳統上技術架構範疇之外的東西。在思考演化時，每個專案都有架構師角色必須考量的維度。以下是影響現代軟體架構可演化性的一些常見因素：

技術（*Technical*）

架構的實作部分：框架、依存的程式庫和實作語言。

資料（*Data*）

資料庫的結構描述（schemas）、資料表佈局（table layouts）、最佳化規劃等。資料庫管理員一般負責處理這類架構。

安全性（*Security*）

定義安全政策和指導方針，並指出有助於發現缺陷的工具。

運營與系統（*Operational/System*）

關注架構如何映射到現有的實體或虛擬基礎設施：伺服器、機器叢集（clusters）、交換機、雲端資源等。

這些觀點中的每一個都構成了架構的一個**維度**：對支援特定視角的各個部分所進行的有意劃分。我們的架構維度概念包括傳統的架構特性（「能力」），再加上有助於建置軟體的任何其他角色。這些都各自形成了對架構的一個觀點，是隨著問題的發展和周圍世界的變化之下我們希望予以保留的。

當架構師用架構維度來思考問題時，他們就可以透過評估每個重要維度對變化的反應來分析不同架構的可演化性。隨著系統與各種相互競爭的關注點（規模可擴充性、安全性、發佈、交易等）越來越緊密地交織在一起，架構師必須擴展他們在專案中追蹤的維度。要建置一個可演化的系統，架構師必須考慮系統如何在所有重要維度上演化。

專案的整個架構範疇由軟體需求和其他維度所組成。如圖 1-2 所示，當架構和生態系統一起隨時間演變時，我們可以使用適應性函數來保護那些特性。

在圖 1-2 中，架構師將**可稽核性**（*auditability*）、**資料**（*data*）、**安全性**（*security*）、**效能**（*performance*）、**合法性**（*legality*）和**規模可擴充性**（*scalability*），識別為對該應用程式非常重要的額外架構特性。當業務需求隨著時間演進，每個架構特性都會利用適應性函數來保護其完整性。

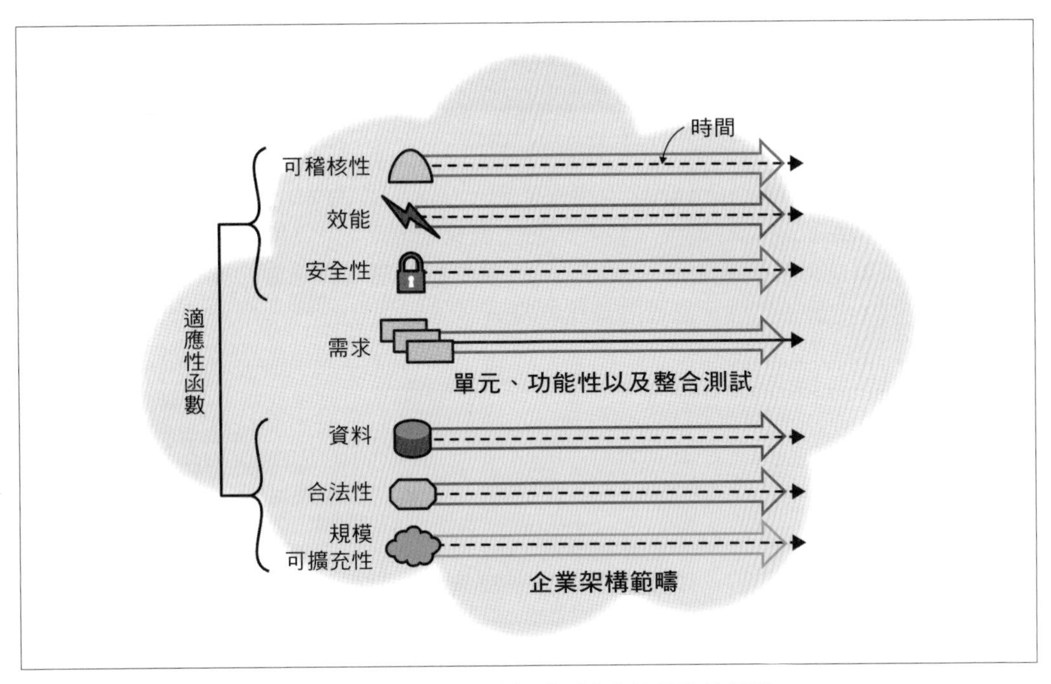

圖 1-2　架構由需求和其他維度組成，每個維度都受到適應性函數的保護

雖然本文作者強調了架構整體觀（holistic view）的重要性，但我們也意識到，演化式架構的很大一部分涉及技術架構模式（technical architecture patterns）以及耦合（coupling）和凝聚力（cohesion）等相關主題。我們將在第 5 章討論技術架構的耦合如何影響可演化性，並在第 6 章討論資料耦合的影響。

耦合不僅適用於軟體專案中的結構元素。許多軟體公司最近都發現了團隊結構對架構等出乎意料的事物之影響。我們討論軟體中耦合的各個面向，但團隊的影響出現得很早、很頻繁，因此我們有必要在此討論一下。

演化式架構有助於回答現代軟體開發生態系統中，架構師們經常遇到的兩個問題：「當一切都在不斷變化時，如何進行長期規劃？」，以及「一旦我建立了一個架構，如何防止它隨著時間的推移而退化？」讓我們來詳細探討這些問題。

當一切都在不斷變化，如何實現長期規劃？

我們使用的程式設計平台就是持續演化的例證。新版本的程式語言會提供更好的應用程式介面（API），提高了因應新問題的靈活性或適用性；新的程式語言提供不同的典範和不同的構造集合（set of constructs）。舉例來說，Java 是作為 C++ 的替代品被引進的，試圖減輕編寫網路程式碼的難度、並改善記憶體管理的問題。回顧過去的 20 年，我們觀察到，許多語言仍在不斷改進其 API，而全新的程式語言似乎會定期出現，以解決較新的問題。圖 1-3 展示了程式語言的演化過程。

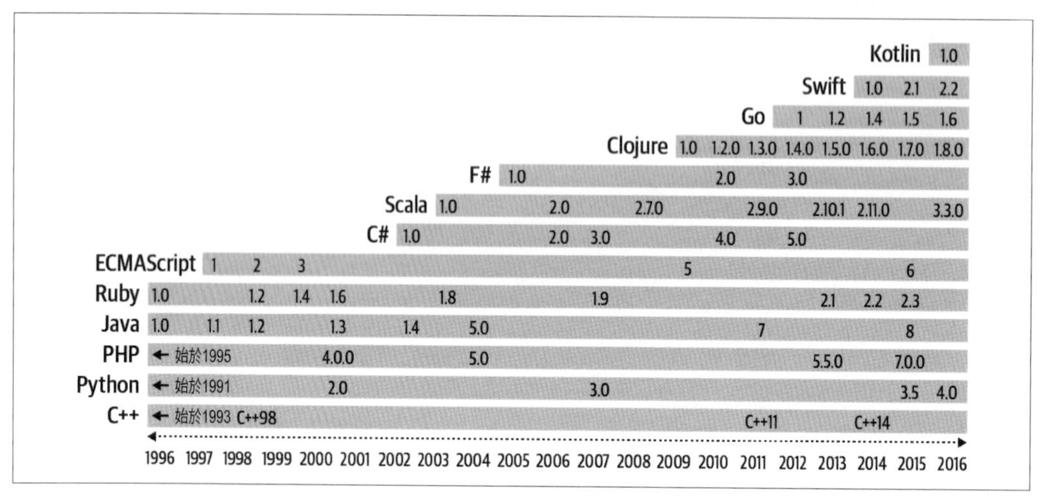

圖 1-3　熱門程式語言的演化

不管是軟體開發的哪個特定面向，諸如程式設計平台、語言、運營環境、續存技術、雲端產品等等，我們都預期不斷的變化。雖然我們無法預測技術或領域環境何時會發生改變，或者哪些變化的影響會持續存在，但我們知道變化是不可避免的。因此，我們在架構系統時，應該知曉技術環境會發生變化。

如果生態系統以意想不到的方式不斷變化，而且可預測性不可能達成，那麼除了固定的計畫之外還有什麼替代選擇呢？企業架構師和其他開發人員必須學會適應。制定長期計畫的部分傳統理由是財務因素；軟體的變更成本昂貴。然而，現代工程實踐卻使這一前提失效，因為透過將以前的人工過程自動化以及 DevOps 等其他進階技術，可以降低改變的成本。

多年來，許多聰明的開發人員都意識到，系統的某些部分比其他部分更難修改。這就是為什麼**軟體架構**被定義為「日後難以改變的部分」。這個便利的定義將你**可以**不費吹灰之力就修改的部分、與真正很難修改的部分切割開來。不幸的是，這個定義也演變成了架構思考的一個盲點：開發人員認為變革是困難的，這成為了一種自我實現的預言（self-fulfilling prophecy）。

幾年前，一些富有創新精神的軟體架構師重新審視了「日後難以改變」的問題：如果我們將可變性融入到架構中呢？換句話說，如果**易於改變**是架構的基本原則，那麼改變就不再會是困難的。而在架構中加入可演化性又會允許全新的行為突現（emerge），再次打破動態平衡。

即使生態系統不發生變化，架構特性也會逐漸受到侵蝕，這又是怎麼回事呢？架構師設計了架構，但隨後將其暴露於會在架構上**實作**（*implementing*）東西的混亂現實世界之中。架構師如何保護他們定義的重要部分呢？

架構建立好之後，如何避免其隨時間而衰退？

在許多組織中都會出現一種不幸的衰退，通常被稱為「**位元腐爛**（*bit rot*）」。架構師選擇特定的架構模式來處理業務需求和「能力（-ilities）」，但隨著時間的推移，那些特性往往會意外地退化。舉例來說，如果架構師建立了一個分層架構（layered architecture），最上層是表現（presentation）層，最下層是續存（persistence）層，中間還有數層，那麼出於效能考量，製作報表的開發人員通常會請求權限，希望直接從表現層存取續存層，而繞過中間的那幾層。架構師建立層級是為了隔離變化。然後，開發人員繞過那些分層，增加了耦合度，並使那些分層背後的理念失效。

一旦定義了重要的架構特性，架構師該如何**保護**那些特性，以確保它們不被削弱呢？將**可演化性**（*evolvability*）作為一項架構特性加入，就意味著在系統演化的過程中保護其他特性。舉例來說，如果架構師為了規模可擴充性（scalability）而設計一個架構，他們就會不希望這一特性隨著系統的演進而劣化。因此，**可演化性**是一種元特性（meta-characteristic），一種會保護所有其他架構特性的架構外殼（architectural wrapper）。

演化式架構的機制與架構治理（architectural governance）的關注點和目標有很大的重疊，而架構治理的原則是以設計、品質、安全性和其他品質考量來定義的。本書闡述了演化式架構做法實現架構治理自動化的多種方式。

為何是演化式的？

關於演化式架構的一個常見問題涉及名稱本身：為什麼要叫**演化式**（*evolutionary*）架構，而不用其他名稱？其他可能的用語包括**漸進式**（*incremental*）、**持續式**（*continual*）、**敏捷式**（*agile*）、**反應式**（*reactive*）和**突現式**（*emergent*）等等。但這些術語都有失偏頗。我們在此闡述的演化式架構定義包含兩個關鍵特徵：漸進（incremental）和引導（guided）。

持續、**敏捷**和**突現**這些術語都捕捉到了隨時間而變化的概念，這顯然是演化式架構的一個重要特徵，但這些術語都沒有明確包含架構**如何**變化、或架構理想的最終狀態可能是怎樣。雖然這所有的術語都暗示著不斷變化的環境，但沒有一個術語涵蓋架構看起來應該是什麼樣子。我們定義中的**引導**（*guided*）部分反映了我們想要實現的架構，即我們的最終目標。

比起「**可調整的**（*adaptable*）」，我們更喜歡「**演化式**（*evolutionary*）」這個詞，因為我們感興趣的是那些經歷了根本性演化變革的架構，而不是那些被修修補補、改裝成越來越難以理解的偶然複雜性的架構。**調整**（*adapting*）意味著找到某種方法使某些東西發揮作用，而不管解決方案是否優雅或長久。要建立真正能演化的架構，架構師必須支持真正的變革，而不是臨時拼湊的解決方案。回到我們的生物隱喻，**演化**涉及到一個系統的過程，這個系統既要符合目的，又要能在不斷變化的環境中生存。系統可能有個別的適應性，但身為架構師，我們應該關心的是整個可演化的系統。

架構師可以做的另一個有用的對比是**演化式架構**與**突現設計**（*emergent design*）之間的比較，以及為什麼實際上並沒有「突現架構（emergent architecture）」這種東西。關於敏捷軟體開發的一個常見誤解就是所謂的缺乏架構：「讓我們開始編寫程式碼吧，架構會隨著我們的努力而突現」。然而，這取決於問題有多簡單。考慮一下實體建築物。如果你只是要打造一座狗屋，你並不需要架構；你可以去五金行買來木材，然後再敲敲打打，拼裝起來就好。另一方面，如果你需要建造一棟 50 層的辦公大樓，那就一定需要架構設計！同樣地，如果你只是要為少數使用者建立一個簡單的目錄系統，你可能不需要很多前期規劃。但是，如果你正在設計一個需要為大量使用者提供嚴格效能保證的軟體系統，那麼規劃是必要的！敏捷架構的目的不是**沒有**架構，而是**沒有無用**（*useless*）的架構：不要走那些對軟體開發過程沒有附加價值的官僚過程。

軟體架構的另一個複雜因素是架構師進行設計時，必須面對的不同類型的基本複雜性。在評估取捨時，往往不是單純地區分**簡單**（*simple*）的系統和**複雜**（*complex*）的系統，而是那些以不同方式呈現複雜性的系統。換句話說，每個系統都有一套獨特的成功標準。在我們討論微服務等架構風格時，每種風格都是複雜系統的一個起點，而每個複雜系統的發展方式又是獨一無二的。

同樣地，如果架構師建造的是一個非常簡單的系統，他們確實可以很少關注架構方面的問題。然而，精密的系統需要有目的的設計，而那需要一個起點。**突現**（*emergence*）似乎暗示著你可以什麼都不做就開始，而架構則為系統的所有其他部分提供鷹架或結構；必須有一些東西先到位才能開始著手。

突現的概念還意味著，團隊可以慢慢地將他們的設計推向理想的架構解決方案。然而，就像建造房屋一樣，並不存在完美的架構，有的只是架構師處理取捨的不同方式。架構師可以用各種不同的架構風格來解決大多數問題，並取得成功。但是，其中有些風格會更適合手上的問題，阻力會更小，所需的變通技巧也更少。

演化式架構的一個關鍵是，在支援長期目標所需的結構和治理、與不必要的繁文縟節和阻力之間取得平衡。

總結

有用的軟體系統不是一成不變的。它們必須隨著問題領域的變化和生態系統的發展而成長和改變，提供新的能力和複雜性。架構師和開發人員可以優雅地演化軟體系統，但他們必須了解達成這一目標所需的工程實務做法，以及如何以最佳方式建立架構以促進變化。

架構師的任務還包括治理他們所設計的軟體，以及用於建置該軟體的許多實務開發做法。幸運的是，我們所揭露的可以讓軟體演化更加容易的機制，也提供了將重要的軟體治理活動自動化的方法。我們將在下一章深入探討如何實現此一目標。

第二章

適應性函數

演化式架構的機制涵蓋開發人員和架構師用來建置可演化系統的工具和技巧。該機制中一個重要的齒輪是名為「**適應性函數**（*fitness function*）」的保護機制，它在架構上相當於應用領域部分的單元測試（unit test）。本章定義了適應性函數，並解釋此一重要構建組塊（building block）的分類（categories）和用法。

> 演化式架構跨越多個維度進行經過「引導（*guided*）」的漸進式變革。

正如我們在定義中所指出的，「引導」一詞表示存在某種目標（objective），架構應朝著該目標前進或展示該目標。我們借用了演化式計算（evolutionary computing）中的一個概念，即「適應性函數」，它被用於基因演算法（genetic algorithm）的設計中，以定義成功與否。

演化式計算包括一系列機制（mechanisms），透過突變（mutation），也就是每一代軟體中的微小變化，讓解決方案逐漸突現出來。演化式計算領域定義了多種類型的突變。舉例來說，有一種突變被稱為**輪盤突變**（*roulette mutation*）：如果演算法有用到常數，這種突變就會像從賭場的輪盤（roulette wheel）中選擇新的數字一樣。舉例來說，假設開發人員正在設計一種基因演算法來解決旅行推銷員問題（traveling salesperson problem）（*https://oreil.ly/jtqHZ*），以找到多個城市之間的最短路線。如果開發人員注意到輪盤突變提供的較小數字能產生更好的結果，他們可能會建立一個適應性函數來引導突變過程中的「決策（decision）」。因此，適應性函數是用來估算解決方案與理想之間有多接近。

什麼是適應性函數？

我們借用演化式計算領域的適應性函數概念，來定義架構適應性函數（architectural fitness function）：

> 架構適應性函數是能對某些架構特性（*architectural characteristics*），進行客觀完整性評估（*objective integrity assessment*）的任何機制。

架構適應性函數是實作演化式架構的主要機制。

隨著我們解決方案的領域（*domain*）部分不斷演化，團隊開發了各式各樣的工具和技術，以便在不破壞現有功能的情況下管理新功能的整合：單元測試、功能性（functional）測試和使用者接受度（user acceptance）測試。事實上，大多數超過一定規模的公司都會有一個專門管理領域演化的部門，稱為「品質保證（*quality assurance*）」：確保現有功能不會受到變更的負面衝擊。

因此，運作良好的團隊擁有機制來管理問題領域的演化變革，如新增功能、改變行為等。問題域通常是用相當一致的技術堆疊編寫而成的，例如 *Java*、*.NET* 或其他平台。因此，團隊可以下載並使用適合其技術堆疊組合的測試程式庫。

單元測試之於領域，就如同適應性函數之於架構特性。然而，團隊不可能下載單一工具來為架構特性進行廣泛的各種驗證。取而代之，取決於團隊要管理的架構特性，適應性函數會包含生態系統不同部分中的各種工具，如圖 2-1 所示。

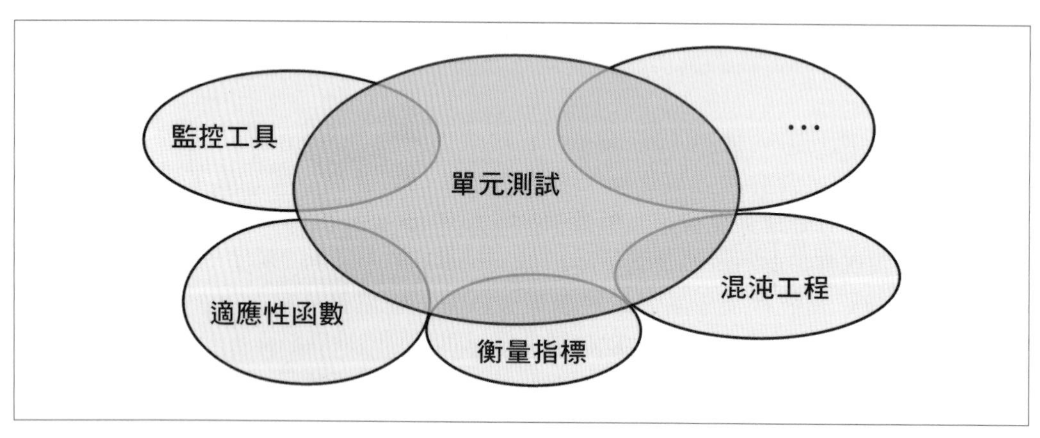

圖 2-1　適應性函數包含多種工具和技術

如圖 2-1 所示，架構師可以使用許多不同的工具來定義適應性函數：

監控工具（*Monitors*）

DevOps 和運營工具（如監視器）允許團隊驗證效能、規模可擴充性等考量。

程式碼衡量指標（*Code metrics*）

架構師可以在單元測試中嵌入衡量指標檢查和其他驗證，以偵測各種架構問題，包括設計標準（design criteria）（第 4 章中有許多範例）。

混沌工程（*Chaos engineering*）

這種新近發展起來的工程實務做法分支，透過注入故障（injecting faults），人為地對遠端環境施加壓力，迫使團隊在系統中建立韌性（resiliency）。

架構測試框架（*Architecture testing frameworks*）

近年來，出現了專門用於測試架構結構（architecture structure）的測試框架，能讓架構師將各種驗證編入自動測試中。

安全問題掃描（*Security scanning*）

安全性，即使是由組織的另一個部門監管，也會影響到架構師的設計決策，因此屬於架構師希望治理的問題範疇。

在我們定義適應性函數和其他因素的分類之前，舉個例子可以讓概念不那麼抽象。**元件循環**（*component cycle*）是帶有元件的所有平台都可能會有的常見反模式。請看圖 2-2 中的三個元件。

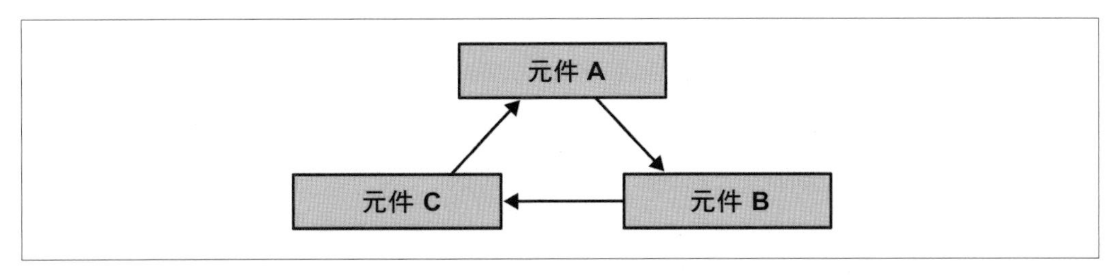

圖 2-2　當元件具有循環依存關係時，就存在迴圈

架構師認為圖 2-2 所示的循環依存關係（cyclic dependency）是一種反模式（antipattern），因為當開發人員試圖重複使用其中一個元件時，就會遭遇困難，糾結在一起的每個元件都必須同時出現。因此，一般來說，架構師希望保持較低的循環數目。然而，全宇宙都在積極對抗架構師「希望透過便捷的工具來避免此一問題」的願望。如果開發人員在現代 IDE 中，參考了其命名空間或套件（namespace/package）尚未被參考的一個類別（class），那會發生什麼事呢？它會彈出一個自動匯入（auto-import）對話方塊，自動匯入必要的套件。

開發人員對這種便利性已經習以為常，以致於他們會條件反射般地忽視它，從未認真注意過。在大多數情況下，自動匯入是很方便的東西，不會造成任何問題。然而，偶爾它也會造成元件循環。架構師該如何避免這種情形呢？

請考慮圖 2-3 中所示的套件集合。

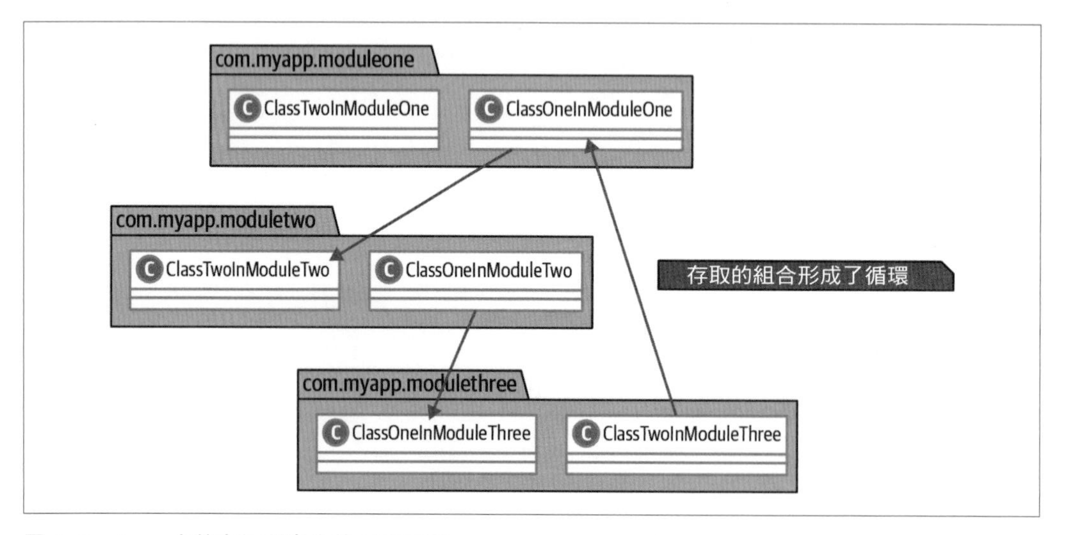

圖 2-3　Java 中的套件所產生的元件循環

ArchUnit（*https://www.archunit.org*）是一個受 JUnit 啟發（並使用其部分功能）的測試工具，但它是用來測試各種架構特色，包括在特定範疇內檢查是否有循環的驗證，如圖 2-3 所示。

使用 ArchUnit 防止循環的例子請參閱範例 2-1。

範例 *2-1* 使用 *ArchUnit* 防止循環

```
public class CycleTest {
    @Test
    public void test_for_cycles() {
        slices().
          matching("com.myapp.(*)..").
          should().beFreeOfCycles()
}
```

在這個例子中，測試工具「知道」什麼是循環。如果架構師希望防止源碼庫中漸漸出現循環，就可以將這種測試納入持續建置（continuous build）的過程，就再也不用擔心循環的問題了。我們將在第 4 章展示使用 ArchUnit 和類似工具的更多例子。

我們先更嚴格地定義適應性函數，然後再從概念上探討它們如何引導架構的演化。

不要誤以為我們定義中的 *function* 部分，意味著架構師必須用程式碼來表達所有的適應性函數。從數學上來講，函數（function）從某個允許的輸入值集合中獲取輸入，並依據某個允許的輸出值集合產生輸出。在軟體中，我們通常也使用**函式**（*function*）一詞來指涉某種可以用程式碼實作的東西。然而，就像敏捷軟體開發中的驗收標準（acceptance criteria）一樣，演化式架構的適應性函數可能無法在軟體中實作（例如，出於監管原因需要人工過程）。架構適應性函數是一種**客觀**（*objective*）衡量標準，但架構師可以透過多種方式來實作這一標準。

正如第 1 章所述，真實世界中的架構由許多不同的維度組成，包括效能、可靠性、安全性、運維性（operability）、編程標準（coding standards）和整合等方面的需求。我們需要一個適應性函數來代表架構的每個需求，這就要求我們找到（有時甚至是創造）衡量我們想要治理的事物之方法。我們先看幾個例子，然後從更廣泛的角度考慮不同類型的函數。

效能需求可以很好地運用適應性函數。舉例來說，要求所有服務呼叫必須在 100 毫秒內回應。我們可以實作一個測試（即適應性函數），測量對服務請求（service request）的回應，如果結果大於 100 毫秒，則測試失敗。為此，每個新服務都應在其測試集（test suite）中新增相應的效能測試（你將在第 3 章中了解有關觸發適應性函數的更多資訊）。效能也是一個很好的例子，說明架構師可以從多種角度來考慮通用的衡量標準。舉例來說，**效能**（*performance*）可以是監控工具所測量的 request/response 時間，也可以是 Lighthouse（*https://oreil.ly/7EHeZ*）提供的行動裝置效能指標，如 *first contentful* *paint*（初次的內容繪製）。效能適應性函數的目的不是衡量*所有*類型的效能，而是衡量架構師認為對治理而言很重要的效能。

適應性函數也可用於維護編程標準（coding standards）。常見的程式碼衡量指標是循環複雜度（*https://oreil.ly/rYeYV*），它是對函式或方法複雜性的一種度量，適用於所有的結構化程式語言。架構師可以使用許多可用來估算該指標的工具之一，為上限值設定一個門檻，並透過在持續整合（continuous integration）中執行的單元測試來加以控制。

儘管有這樣的需求，但由於複雜性或其他限制因素，開發人員不可能每次都完全實作某些適應性函數。舉個例子，比如資料庫發生嚴重故障時的失效切換（failover）。雖然恢復本身可能是完全自動化的（也應該是如此），但測試本身的觸發可能最好還是手動進行。此外，儘管開發人員仍應鼓勵使用指令稿（scripts）和自動化，但人工確認測試是否成功的效率可能要高得多。

這些例子突顯了適應性函數可能具有的各種形式、適應性函數失敗時的即時處理，甚至是開發人員執行它們的時機和方式。雖然我們不一定能執行一個指令稿，然後說「我們架構目前的綜合適應性分數為 42」，但我們可以就架構的狀態進行精確且不含糊的對話。我們還能就架構適應性可能發生的變化展開討論。

最後，當我們說一個演化式架構是由適應性函數來引導時，意思是我們會根據單一元件和系統整體的適應性函數，來評估個別的架構選項，以確定變化的衝擊。適應性函數共同表示了架構中對我們來說最重要的東西，使我們能夠在軟體系統開發過程中做出既關鍵又棘手的權衡決策。

你可能會想：「等等！作為持續整合的一部分，我們已經執行程式碼衡量指標很多年了，這並非什麼新東西！」你的想法是正確的：在自動過程中，驗證軟體組成部分的想法和自動化一樣古老。然而，我們以前認為所有不同的架構驗證機制都是獨立的，如程式碼品質 vs. DevOps 衡量指標 vs. 安全性等等。適應性函數將許多現有的概念統整到單一機制中，使架構師能夠以統一的方式思考許多現有的（通常是臨時的）「非功能性需求」測試。將重要的架構門檻值（thresholds）和需求蒐集為適應性函數，可以更具體地表達以前模糊、主觀的評估標準。我們利用大量現有機制來建置適應性函數，包括傳統測試、監控和其他工具。並非所有測試都是適應性函數，但有些測試確實是，如果測試有助於驗證架構關注點的完整性，我們就將之視為適應性函數。

分類

適應性函數有許多種類，與它們的範疇（scope）、節律（cadence）、結果（result）、調用方式（invocation）、主動性（proactivity）和涵蓋率（coverage）有關。

範疇：原子 vs. 整體

原子型（*atomic*）適應性函數在單一的情境（context）中執行，觸動架構的某個特定面向。原子型適應性函數有一個很好的例子是驗證某些架構特性的單元測試，如模組耦合程度（我們將在第 4 章中展示這類適應性函數的範例）。因此，有些應用程式層級的測試屬於適應性函數的範疇，但並非所有的單元測試都可作為適應性函數，只有驗證架構特性的那些測試才行。圖 2-3 中的範例就是一個**原子型**適應性函數：它只檢查元件之間是否存在循環。

對於某些架構特性，開發人員必須對多個架構維度進行單獨測試。**整體型**（*holistic*）適應性函數針對某個共用情境執行，並會觸動不同組合的架構面向。開發人員設計整體型適應性函數，是為了確保能獨立運作的個別功能結合起來之後，在真實世界中也不會出現問題。舉例來說，假設某個架構具有同時以安全性（security）和規模可擴充性（scalability）為中心的適應性函數。security 適應性函數會檢查的關鍵項目之一是資料的老舊程度，而 scalability 測試的關鍵項目則是特定延遲範圍內的共時使用者（concurrent users）數量。為達成規模可擴充性，開發人員會實作快取（caching），從而使原子型的 scalability 適應性函數得以通過。快取沒開啟時，security 適應性函數就會通過。然而，在整體執行時期，啟用快取會使資料過於老舊，無法通過 security 適應性函數，整體型測試也就失敗了。

我們顯然不可能對架構元素可能的每一種組合都進行測試，因此架構師會選擇性地使用整體型適應性函數來測試重要的互動。這種挑選和優先排序還能讓架構師和開發人員評估實作特定測試場景的難度，從而估算該特性的價值有多大。經常，架構關注點之間的互動決定了架構的品質，而那也是整體型適應性函數就能解決的問題。

節律：觸發型 vs. 持續型 vs. 時間型

執行的節律（cadence）是區分適應性函數的另一個要素。**觸發型**（*triggered*）適應性函數依據特定事件而執行，例如開發人員執行單元測試、部署管線（deployment pipeline）執行單元測試、或 QA（品管）人員執行探索性測試（exploratory testing）。

這涵蓋傳統測試，如單元測試、功能性測試和行為驅動開發（behavior-driven development，BDD）測試等。

持續型（*continual*）測試並不按計畫執行，而是對架構的某些面向（如交易處理速度）進行持續的驗證。舉例來說，考慮一個微服務架構，架構師希望圍繞著交易時間（完成一個交易平均需要多長時間）建立出一個適應性函數。建置任何類型的觸發型測試都只能提供有關真實世界行為的稀疏資訊。因此，架構師通常會使用一種稱為「合成交易（synthetic transactions）」的技巧，建立一個持續型的適應性函數，在所有其他真實交易執行的同時模擬生產環境中的交易。如此一來，開發人員就能於「實際場景（in the wild）」驗證行為並蒐集系統的真實資料。

合成的交易

團隊如何衡量微服務架構中服務之間複雜、真實的互動？一種常見的方法是使用**合成交易**（*synthetic transactions*）。在這種實務做法中，進入系統的請求會有一個旗標（flag），表明某個特定交易可能是合成的。它完全遵循架構中正常的互動過程（通常透過關聯識別碼進行追蹤，以便進行取證分析），直到最後一步，那時系統會估算該旗標，並不將該交易作為真實交易提交（commit）。這樣一來，架構師和 DevOps 就能準確了解其複雜系統的執行情況。

關於合成交易的任何建議都不能不提到這樣的一個故事：由於曾有人忘記翻轉「合成」旗標，使得數以百計的裝置意外出現。這個「合成」旗標本身可以由適應性函數控制，請確保任何被識別為合成交易的適應性函數（例如透過注釋）都有設定該旗標。

需要注意的是，使用監控工具並不意味著你就擁有了適應性函數，適應性函數必須有**客觀的結果**（*objective outcomes*）。在監控工具的使用中，**架構師有為偏離衡量指標之客觀標準的異常情況設下警報**，才能把單純的監控行為轉變為一種適應性函數。

監控驅動的開發（monitoring-driven development，MDD）（*https://oreil.ly/2fPIe*）是另一種日漸流行的測試技巧。MDD 並不完全仰賴測試來驗證系統的結果，而是在生產中使用監控工具來評估技術和業務的健康情況。與標準的觸發型測試相比，這些持續型的適應性函數更為動態，屬於更廣泛的分類，稱為**適應性函數驅動的架構**（*fitness function-driven architecture*），將在第 7 章中詳細討論。

雖然大多數適應性函數都是在發生變化時觸發，或持續進行，但在某些情況下，架構師可能希望在評估適應性時加入時間要素，從而產生了**時間型**（*temporal*）適應性函數。舉例來說，如果一個專案用了某個加密程式庫，架構師可能希望建立一個時間型適應性函數，作為是否進行了重要更新的提醒。這種適應性函數的另一個常見用途是 *break upon upgrade*（**升級時就無法使用**）測試。在 Ruby on Rails 等平台上，有些開發人員會迫不及待想使用下一版本中令人心動的新功能，為此他們會透過 *back port*（**回溯移植**，即未來功能的自訂實作）在當前版本中新增一項功能。當專案最終升級到新版本時，問題就出現了，因為回溯移植的版本往往與「真正」的版本不相容。開發人員會使用 *break upon upgrade* 測試來包裹回溯移植的功能，以便在升級時強制重新評估。

時間型適應性函數的另一個常見用途，來自於幾乎每個專案最終都會出現的一個重要但並不緊急的需求。許多開發人員都經歷過「升級專案所依存的核心框架或程式庫的多個主要版號」之痛，因為主要版本之間會發生許多變化，所以通常很難跨越版本。然而，升級核心框架既耗時，又不被視為關鍵，因此更有可能不小心落後太多。架構師可以將時間型適應性函數與 Dependabot（*https://github.com/dependabot*）或 snyk（*https://snyk.io*）之類，會追蹤軟體發行、版本號碼和安全補丁的工具相結合使用，在企業設下的條件（如第一個補丁發行版出現）達到時，立即創建催促程度會越來越高的升級提醒。

案例研究：觸發型或持續型？

一般情況下，要選擇**持續型**適應性函數還是**觸發型**適應性函數，取決於兩種做法之間的權衡。在微服務等分散式系統中，許多開發人員都希望進行相同種類的依存關係檢查（dependency check），但檢查的是服務間所允許的通訊，而非循環。考慮一下圖 2-4 所示的服務集，它是圖 2-3 所示的循環依存關係（cyclic dependency）適應性函數更進階的版本。

在圖 2-4 中，架構師設計的系統使協調器（orchestrator）服務包含工作流程（workflow）的狀態。若有任何服務繞過協調器相互通訊，團隊就無法獲得有關工作流程狀態的準確資訊。

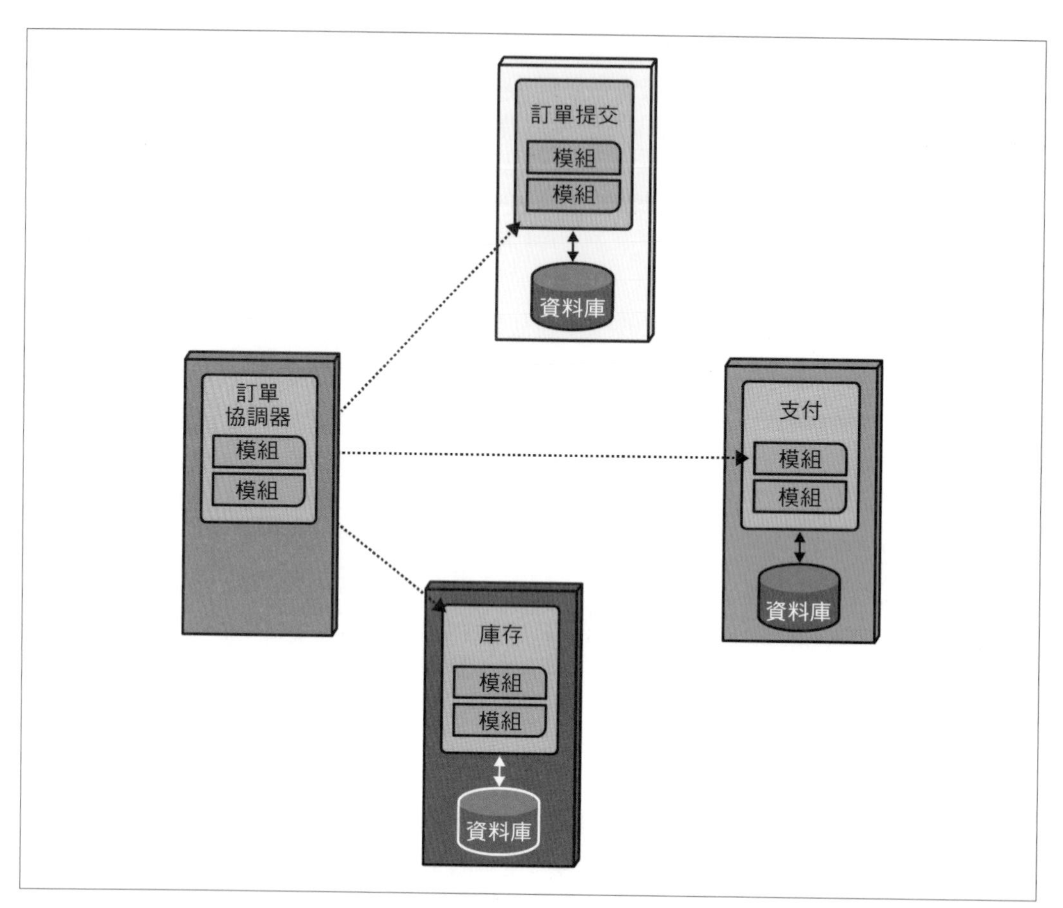

圖 2-4　協調好的微服務集合，其中未協調的服務之間不應存在通訊

就依存關係循環而言，現有的測量工具可以讓架構師進行編譯時期（compile-time）的檢查。然而，服務並不侷限於單一平台或技術堆疊，因此已經有人建置了與特定架構完全匹配的工具之可能性很小。這就是我們前面提到的一個例子：經常，架構師必須建置自己的工具，而不是仰賴第三方。對此特殊系統，架構師可以建置一個**持續型**或**觸發型**的適應性函數。

在持續型的情況下，架構師必須確保每個服務都有提供監控資訊（通常是透過特定通訊埠），以廣播服務在工作流程中呼叫了誰。由協調器服務或公用服務監控這些資訊，以確保不會發生非法通訊。或者，團隊可以不使用監控器，而是使用非同步訊息佇列

（asynchronous message queues），讓每個領域服務向佇列釋出協作訊息，並允許協調器聆聽該佇列和驗證協作者。由於接收端服務可以對不允許的通訊立即做出回應，因此這種適應性函數是連續的。舉例來說，該故障可能預示著安全問題或其他有害的副作用。

這一版本的適應性函數之好處在於，能立即做出回應：架構師和其他相關方能立即知道何時出現了違規行為。不過，這種解決方案會增加執行時期的額外負擔：監控器或訊息佇列的運行需要資源，而且這種可觀察性可能會對效能、規模可擴充性等產生負面影響。

又或者，團隊也可以決定實作該適應性函數的觸發型版本。在這種情況下，部署管線會定期呼叫適應性函數，而它會蒐集日誌記錄檔案並調查通訊情況，以確定是否全部恰當。我們將在第 75 頁的「微服務中的通訊治理」中展示該適應性函數的實作。這種適應性函數的好處是不會在執行時期產生衝擊，它只在觸發時執行，並進行記錄。然而，對於安全等關鍵治理議題，團隊不應該使用觸發版本，因為時間的延遲可能會產生負面影響。

與軟體架構中的所有事情一樣，要在觸發型和持續型適應性函數之間抉擇，往往會帶來不同的取捨，使得這需要每次都根據具體情況來下決定。

結果：靜態 vs. 動態

靜態適應性函數（*static* fitness functions）有一個固定的結果，例如單元測試二元的 *pass/fail*（**通過或失敗**）。這種類型包括具有預先定義理想值的任何適應性函數，例如二元判斷、在某個數字範圍內外、是否屬於某個集合等。為此適應性函數經常會使用衡量指標。舉例來說，架構師可能會定義源碼庫中方法之平均循環複雜度（cyclomatic complexity）的可接受範圍。

動態適應性函數（*dynamic* fitness functions）仰賴基於額外情境（通常是即時內容）會不斷變化的定義。舉例來說，可以考慮使用一個適應性函數來驗證規模可擴充性以及請求與回應（request/response）的反應速度。隨著共時使用者的數量增加，架構師會允許反應速度略微下降，但他們不希望反應速度下降到變成問題的程度。因此，反應速度的適應性函數將考慮共時使用者的數量，並據以調整估算方式。

請注意，**動態**和**客觀**（*objective*）並不衝突：適應性函數的估算結果必須客觀，但此評估過程可以依據動態的資訊。

調用方式：自動 vs. 手動

架構師喜歡自動化的東西，漸進式變更的一部分就包括自動化，我們將在第 3 章對此進行深入探討。因此，開發人員會在自動化的情境中執行大多數的適應性函數，也就不足為奇了，例如在持續整合（continuous integration）、部署管線（deployment pipelines）之中。確實，在 Continuous Delivery（持續交付）支援之下，開發人員和 DevOps 已經開展了大量工作，使軟體開發生態系統中許多以前認為不可能達成的部分實現了自動化。

然而，儘管我們希望軟體開發的每一個環節都能自動化，但軟體開發的某些部分卻抗拒著自動化。有時，架構師無法將系統內的某個關鍵維度（如法律要求或探索性測試）自動化，這就催生了手動的適應性函數。同樣地，一個專案可能希望變得更加演化式，但卻還沒有適當的工程實務做法。舉例來說，也許在某個特定專案中，大部分的 QA 仍然是人工運算，而且在不久的將來也必須如此。在這兩種（以及其他）情況下，我們都需要透過以人為基礎的流程來驗證**手動**的適應性函數。

在提高效率的過程中，我們盡可能地減少了手動運算的步驟，但許多專案仍然需要人工程序。我們仍然要為那些特性定義適應性函數，並在部署管線（第 3 章將詳細介紹）中的手動階段對其進行驗證。

主動性：預先設置型 vs. 突現型

專案開始的時候，雖然架構師會在闡明架構特性時定義大多數的適應性函數，但有些適應性函數會在系統開發過程中出現。架構師永遠不可能在一開始就知道架構的所有重要部分（我們將在第 7 章中討論典型的**未知的未知數**問題），因此必須在系統演進過程中識別出適應性函數。架構師在專案開始時撰寫**預先設置型**（*intentional*）適應性函數，並將其作為正式治理過程的一部分，有時會與企業架構師等其他架構師角色合作進行。

適應性函數不僅可以驗證架構師對專案的初始假設，還能提供持續的治理。因此，架構師經常會注意到一些行為，那些行為會從更好的治理中受益，從而產生一個新的**突現型**（*emergent*）適應性函數。架構師應時時警惕專案中的不當行為，尤其是可以透過適應性函數驗證的那些行為，並積極新增那種適應性函數。

這兩者有時會形成一個頻譜（spectrum），一開始是對某些方面的刻意保護，但隨著時間的推移，會演變成更細微或甚至不同的適應性函數。就像單元測試一樣，適應性函數也會成為團隊源碼庫的一部分。因此，隨著架構需求的變化和發展，相應的適應性函數也必須隨之改變。

涵蓋率：領域特定的適應性函數？

有時我們會被問到，某些特定的問題領域是否會傾向於使用特定的某些架構適應性函數。雖然在軟體架構中沒有什麼是不可能的，而且你可能會使用相同的自動測試框架來實作某些適應性函數，但一般來說，適應性函數只用於抽象的架構原則，而非問題領域。在實際操作中，如果你使用相同的自動測試工具，測試會自然分成兩組。一組測試將側重於領域邏輯的測試（如傳統的單元測試或端到端測試），另一組測試則偏重於測試適應性函數（如效能或規模可擴充性的測試）。

這種分離是為了避免重複和誤導。請記住，適應性函數是專案中的另一種驗證機制（verification mechanism），旨在與其他（領域）驗證並存。為了避免重複工作，團隊最好將適應性函數侷限於純粹的架構問題，讓其他驗證來處理領域問題。舉例來說，考慮一下**彈性**（*elasticity*），它描述的是網站處理用戶突增的能力。請注意，我們可以單純用架構術語來談論彈性，目標網站可以是遊戲網站、產品目錄網站或串流電影網站。因此，架構的這一部分由適應性函數所管理。相較之下，如果一個團隊需要驗證如位址變更之類事情，就需要領域知識，那屬於傳統驗證機制的範疇。架構師可將此作為試金石，以確定驗證責任的歸屬。

因此，即使在常見的領域（如金融）之中，也很難預想出一套標準的適應性函數。各個團隊對於重要和有價值的認知，在不同的專案和團隊之間變化極大，令人不易預測。

適應性函數由誰撰寫？

適應性函數類似於架構上的單元測試，在開發和工程實踐方面也應受到同樣的對待。一般來說，架構師會在確定重要的架構特性之客觀衡量標準時，編寫適應性函數。架構師和開發人員都要維護適應性函數，包括始終保持通過的狀態：適應性函數的驗證通過，是衡量架構適應性的客觀標準。

架構師*必須*與開發人員合作，共同定義和理解適應性函數的目標和效用，這為系統的整體品質增加了一層額外的驗證。如此一來，當變更違反治理規則時，它們偶爾會失敗，但這是好事！然而，開發人員必須理解適應性函數的目的，這樣才能修復故障並繼續建置過程。這兩種角色之間的合作至關重要，這樣開發人員才不會誤以為治理是一種負擔，而不是維護重要功能的一種實用約束。

將執行適應性函數的結果張貼在顯眼的地方或共享空間，讓開發人員在日常編程工作中記得考慮到它們，從而保持對關鍵且重要的適應性函數之認知。

我的適應性函數測試框架在哪裡？

對於問題領域的測試，開發人員有各種**平台特定**（*platform-specific*）的工具，因為問題域是刻意用特定平台或技術堆疊所編寫的。舉例來說，如果主要語言是 Java，開發人員就可以從一系列單元測試、功能性測試、使用者接受度測試及其他測試工具和框架中進行選擇。因此，架構師們希望為架構適應性函數尋求同樣水平的「一站式（turnkey）」支援，但這種支援通常是不存在的。我們會在第 4 章中介紹一些易於下載和執行的適應性函數工具，但與領域測試程式庫相比，這類工具還很稀少。如圖 2-1 所示，這主要是因為適應性函數的性質千差萬別：執行適應性函數需要監控工具，安全適應性函數需要掃描工具，品質檢查需要程式碼層級的指標，依此類推。在許多情況下，你特定的架構因素組合並沒有專用的工具存在。不過，正如我們在今後幾章中會說明的，架構師可以使用一些程式設計「黏著劑（glue）」，只要一點努力就能組裝出有用的適應性函數，只是不像下載一個預製框架那樣不費吹灰之力而已。

結果 vs. 實作

對於架構師來說，重要的是要關注結果，即架構特性的客觀衡量值，而不是實作細節。架構師通常會在主要領域平台之外的技術堆疊中編寫適應性函數，或利用 DevOps 工具或任何其他方便的程序，讓他們能夠客觀地測量感興趣的東西。*fitness function*（**適應性函數**）這個術語是 *function*（**函數**）的重要隱喻類比，意味著一種接受輸入並在無副作用的前提下產生輸出的東西。同樣地，適應性函數衡量的是一種**結果**（*outcome*），也就是對某些架構特性的客觀評價。

在整本書中，我們展示了適應性函數實作的範例，但重要的是，讀者要關注結果以及我們為何要測量某些東西，而非架構師如何進行特定的測量。

PenultimateWidgets 和企業架構試算表（Enterprise Architecture Spreadsheet）

當 PenultimateWidgets 的架構師決定建立一個新的專案平台時，他們首先建立了一個試算表（spreadsheet），列出所有需要的特性：規模可擴充性、安全性、彈性和其他一系列的「能力（-ilities）」。但隨後他們就面臨了一個老問題：如果他們建置的新架構能夠支援這些特性，那麼如何確保它能夠維持這種支援呢？隨著開發人員新增功能，如何防止這些重要特性出現未預期的退化呢？

解決方案是為試算表中的每個關注點建立適應性函數，並重新制定其中一些函式以滿足客觀評估標準。它們不是重要標準偶爾出現的臨時驗證，而是將適應性函數連接到部署管線中（第 3 章將詳細討論）。

儘管軟體架構師對探索演化式架構很感興趣，但我們並不試圖模擬生物演化（biological evolution）。從理論上講，我們可以建置一個架構，隨機改變其中某個位元（突變）並重新部署自己。幾百萬年後，我們很可能會擁有一個非常有趣的架構。然而，我們並沒有幾百萬年的時間來等待。

我們希望架構以一種受到引導的方式演化，因此我們對架構的不同面向施加限制，以嚴加控制不理想的演化方向。狗的育種就是一個很好的例子：藉由挑選想要的特徵，我們可以在相對較短的時間內創造出大量型態各異的犬科動物。

我們也可以將**全系統適應性函數**（*system-wide fitness function*）視為適應性函數的集合，其中每個函式都對應架構的一或多個維度。使用全系統適應性函數有助於我們理解，當適應性函數的各個元素相互衝突時，如何進行必要的取捨。與多函數最佳化（multifunction optimization）問題一樣，我們可能會發現無法同時最佳化所有的值，這就迫使我們做出選擇。舉例來說，在架構適應性函數的情況下，由於加密的成本，效能等問題可能會與安全性發生衝突。這是一個典型的例子，說明了所有架構師都需面對的「禍根」，也就是**權衡取捨**（*trade-off*）。在調和規模可擴充性和效能等對立力量的過程中，權衡取捨一直是令架構師頭疼的問題。架構師在比較這些不同特性時總是會遭遇問題，因為它們之間存在本質上的差異（蘋果和橘子的比較），而且所有的利害關係者都認為他們的關注點是最重要的。全系統適應性函數能讓架構師使用相同的適應性函數統一機制，來考慮不同的關注點，捕捉並保留重要的架構特性。圖 2-5 展示了全系統適應性函數和其組成部分的較小適應性函數之間的關係。

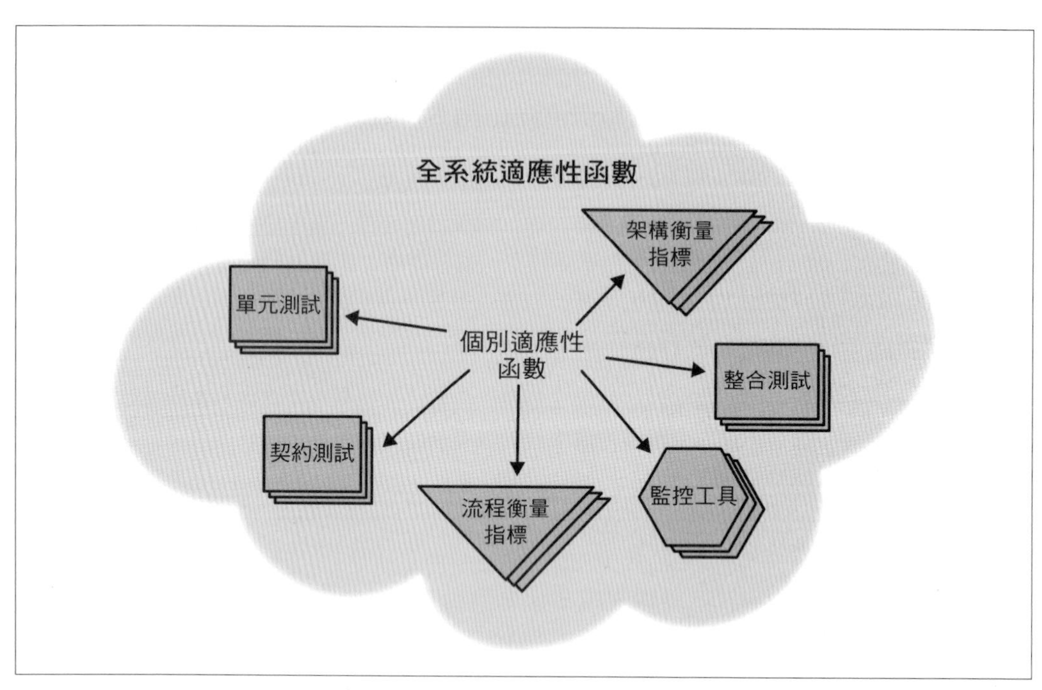

圖 2-5 全系統適應性函數 vs. 個別適應性函數

全系統適應性函數對於架構的演化至關重要，因為我們需要一些基礎來讓架構師們對架構特性進行比較和評估。與更有指向性的適應性函數不同，架構師可能永遠不會嘗試「估算（evaluate）」全系統適應性函數。取而代之，它會為未來的架構決策之優先順序提供指引。雖然適應性函數可能無助於解決取捨的權衡問題，但它可以幫助架構師透過客觀的衡量標準，更清楚地了解各種作用力，從而推理出必要的全系統取捨。

> 一個系統永遠不只是其組成部分的總和，而是它各部分之間互動的產物。
>
> —Russel Ackoff 博士

若沒有引導，演化式架構就會變成單純的反應式架構（reactionary architecture）。因此，對於架構師來說，關鍵的早期架構決策之一，就是定義重要的維度，如規模可擴充性、效能、安全性、資料結構描述等。從概念上講，這可以讓架構師根據適應性函數對系統整體行為的貢獻度，來權衡其重要性。

總結

當 Rebecca 意識到，她可以利用從另一個技術領域（演化式計算）獲得的一些經驗並將其套用到軟體之上時，她就萌生了將適應性函數應用於軟體架構的想法：架構適應性函數。架構師們一直以來都在驗證架構的各個部分，但他們以前並沒有將所有不同的驗證技巧統一為單一的總體概念。將所有這些不同的治理工具和技術視為適應性函數，可以讓團隊以執行為中心進行統合。

我們將在下一章介紹適應性函數實際運用的各種層面。

第三章

工程化漸進式變更

2010 年，Jez Humble 和 Dave Farley 釋出了 *Continuous Delivery*（*http://continuousdelivery.com*），這是一套提高軟體專案工程效率的實務做法集。他們透過自動化和工具提供建置和發佈軟體的**機制**，但沒有談及如何設計可演化軟體的**結構**。演化式架構假設這些工程實務做法為先決條件，但處理的是如何利用它們來幫忙設計可演化的軟體。

我們對演化式架構的定義是，它支援在多個維度上所進行的、受到引導的漸進式變更。所謂的漸進式變更（incremental change），是指架構應透過一系列微小的變更來促進變化。本章將介紹支援漸進式變更的架構，以及用來實現漸進式變更的一些工程實務做法，這是演化式架構的重要組成部分。我們將討論漸進式變更的兩個面向：**開發**（*development*）和**運營**（*operational*），前者涵蓋開發人員如何建置軟體，後者涉及團隊如何部署軟體。

本章將介紹建置能支援漸進式變更的架構時，需要注意的面向，諸如特性、工程實務做法、團隊考量等其他事項。

漸進式變更

這裡是漸進式變更營運面的一個範例。我們從第 1 章中的具體的漸進式變更範例開始，其中包括有關架構和部署環境的更多細節。如圖 3-1 所示，我們的介面控件（widgets）銷售商 PenultimateWidgets，擁有一個由微服務架構和工程實務做法支援的產品目錄頁面。

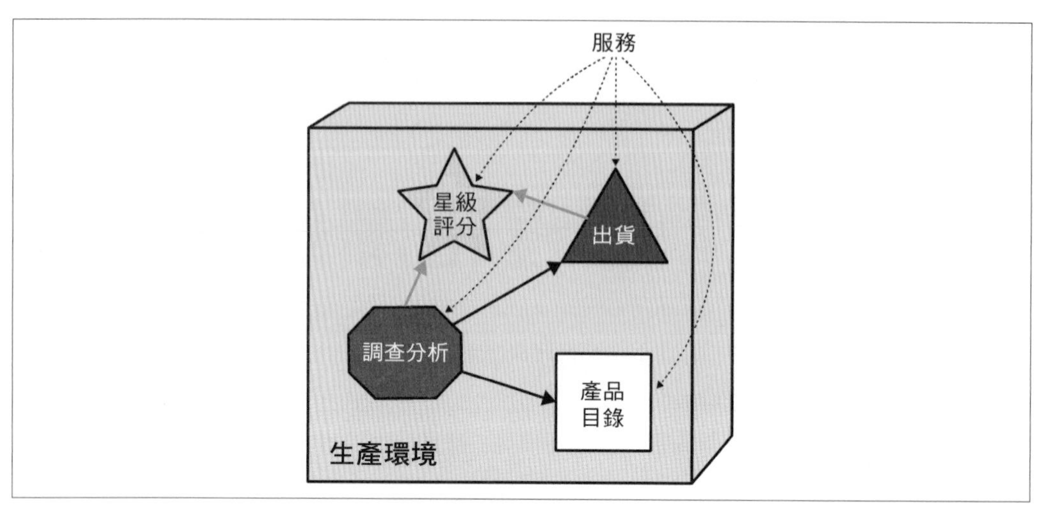

圖 3-1　PenultimateWidgets 元件部署的初始配置

PenultimateWidgets 的架構師實作了在營運上與其他服務隔離的微服務。微服務實作了「無共用（*share nothing*）」的架構：每個服務在營運上都是獨立的，以消除技術耦合，從而促進細粒度的變更。PenultimateWidgets 將所有服務部署在獨立的容器中，以簡化營運變更。

網站允許使用者對不同的介面控件進行星級評分（star ratings）。但架構的其他部分也需要評分（客服代表、運輸供應商評估等），因此它們都共用星級評分服務。有一天，星級評分團隊在現有版本的基礎上釋出了一個新版本，允許半星級的評分，如圖 3-2 所示，這是一次重大升級。

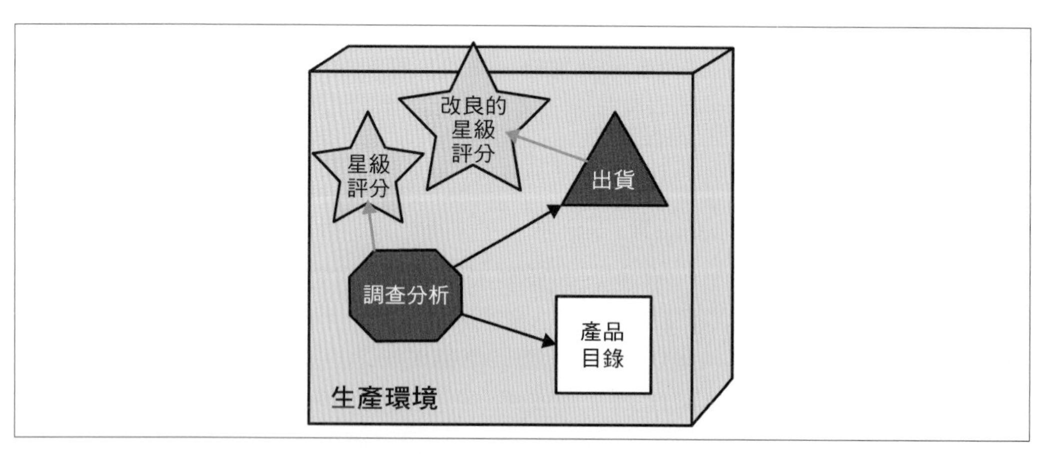

圖 3-2　部署改良後的星級評分服務，增加了半星級評定

使用評級的服務不必馬上遷移到改良版的評級服務，但可以在方便時逐步過渡到更好的服務。隨著時間的推移，生態系統中會有更多需要評級的部分遷移到增強版本。

PenultimateWidgets 的 DevOps 實務做法之一是架構監控（architectural monitoring）：不僅監控服務，還監控服務之間的路徑。如圖 3-3 所示，當營運小組發現在給定的時間間隔內沒有人繞送（routed to）到特定服務時，他們會自動將該服務從生態系統中解體，如圖 3-3 所示。

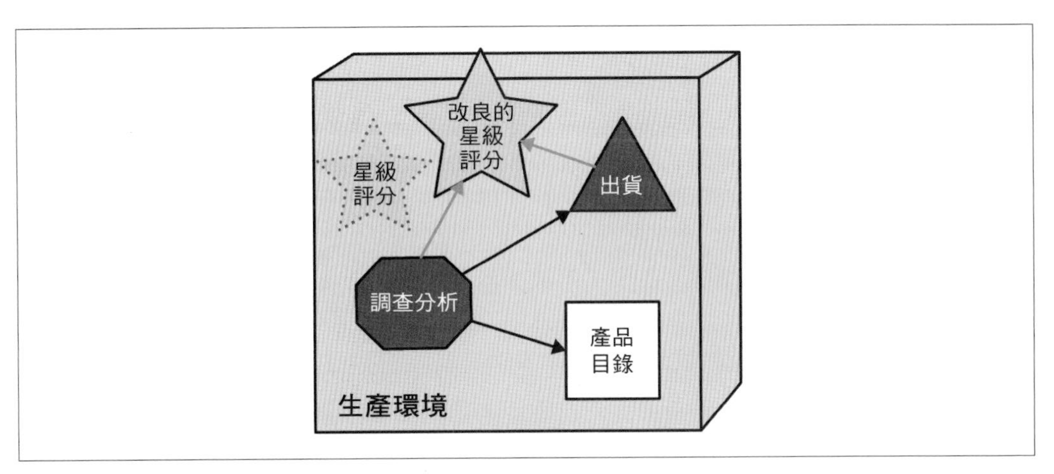

圖 3-3　所有服務現在都使用改良後的星級評分服務

機械式的演化能力是演化式架構的關鍵組成部分之一。讓我們在上述抽象概念的基礎上再深入一層探討。

PenultimateWidgets 有一種細粒度（fine-grained）的微服務架構，其中的每個服務都是使用像 Docker（*https://www.docker.com*）那樣的容器來部署的，並使用一個服務樣板（service template）來處理基礎設施的耦合（infrastructure coupling）。PenultimateWidgets 中的應用程式由運行中的服務實體之間的路徑（routes）組成：一個給定的服務可能有多個實體，以處理視需要擴充規模等營運問題。這樣一來，架構師就可以在生產環境中託管不同版本的服務，並透過路由（routing）來控制存取。部署管線部署一個服務時，它會向服務探索（service discovery）工具註冊自己（位置和契約）。當一項服務需要找到另一項服務時，它會使用探索工具，以得知其位置，並透過契約（contract）了解版本的適用性。

新的星級評定服務部署後，它會在服務探索工具上註冊自身，並發佈它新的契約。與原來的服務相比，新版服務支援的數值範圍更廣，具體而言就是包括半點的數值（half-point values）。這意味著服務開發人員不必擔心是否要去限制所支援的值。若新版本對呼叫端有不同的契約需求，典型的做法是在該服務內部進行處理，而非讓呼叫者還要去煩惱到底要呼叫哪個版本。我們將在第 182 頁的「在內部管理服務版本」中介紹這種契約策略。

當團隊部署新服務時，他們不想強制呼叫端服務立即升級到新服務。因此，架構師暫時將 star-service 端點改成了一個代理（proxy），該代理會檢查所請求的服務版本，並繞送到所請求的版本。沒有任何現有服務必須改變才能一如既往地使用評級服務，但新呼叫可以開始利用新功能。舊服務不會被迫升級，只要有需要，就可以繼續呼叫原始服務。當呼叫端服務決定使用新行為時，它們會更改從端點請求的版本。隨著時間的推移，原始版本會逐漸被棄用，到某個時間點，當不再需要舊版本時，架構師就可以將其從端點中移除。營運團隊負責掃描，找出不再被其他服務呼叫（在某個合理門檻值內）的服務，並對無用的服務進行垃圾回收。圖 3-3 中的範例展示了抽象的演化過程；Swabbie（*https://oreil.ly/WvKxj*）工具實作了這種以雲端為基礎的演化式架構。

對此架構的所有變更，包括外部元件（如資料庫）的配置，都是在部署管線的監督下進行的，從而消除了 DevOps 在部署過程中協調各個組成部分的責任。

一旦定義好了適應性函數，架構師就必須確保它們有及時進行評估。自動化是持續評估的關鍵。*部署管線*（*deployment pipeline*）經常被用來評估類似的任務。使用部署管線，架構師就可以定義要執行哪個適應性函數，以及執行的時機和頻率。

部署管線

Continuous Delivery（*持續交付*）描述的就是部署管線（deployment pipeline）機制。類似於持續整合伺服器（continuous integration server），一個部署管線會「聆聽（listens）」變更，然後執行一系列越來越精密的驗證步驟。Continuous Delivery 的實務做法鼓勵使用部署管線作為自動執行常見專案任務的機制，例如測試、機器配置、部署等。GoCD（*https://www.go.cd*）等開源工具有助於建置這些部署管線。

持續整合 vs. 部署管線

持續整合是敏捷專案中眾所周知的工程實務做法，它鼓勵開發人員儘早並盡可能頻繁地進行整合。為了促進持續整合，ThoughtWorks CruiseControl（*http://cruisecontrol.sourceforge.net*）、Jenkins（*https://www.jenkins.io*）等工具，以及其他商業和開源產品應運而生。持續整合提供一個「官方（official）」的建置位置（build location），開發人員喜歡這種使用單一機制來確保程式碼正常運行的概念。不過，持續整合伺服器也為常見的專案任務提供絕佳的時機和地點，例如單元測試、程式碼涵蓋率、衡量指標、功能性測試和…沒錯，還有適應性函數！對於許多專案來說，持續整合伺服器都包含一個任務清單，成功完成這些任務就意味著建置成功。大型專案最終會建造出一個令人印象深刻的任務清單。

部署管線鼓勵開發人員將單個任務劃分為多個階段（*stages*）。部署管線包含多階段建置（multistage builds）的概念，讓開發人員能夠根據需要規劃各種提交後要執行的任務（post-check-in tasks）。與主要專注於整合的持續整合伺服器相比，這種明確分割任務的能力可支援部署管線更廣泛的任務要求：驗證生產環境是否準備就緒。因此，部署管線通常包括多層面的應用測試、自動環境配置以及其他大量的驗證責任。

有些開發人員試圖用持續整合伺服器來「湊合」，但很快就會發現它們缺乏必要的任務分離和反饋。

典型的部署管線會自動建置部署環境（像 Docker（*https://www.docker.com*）那樣的容器，或者 Puppet（*https://puppet.com*）或 Chef（*https://www.chef.io/chef*）等工具所產生的訂製環境），如圖 3-4 所示。

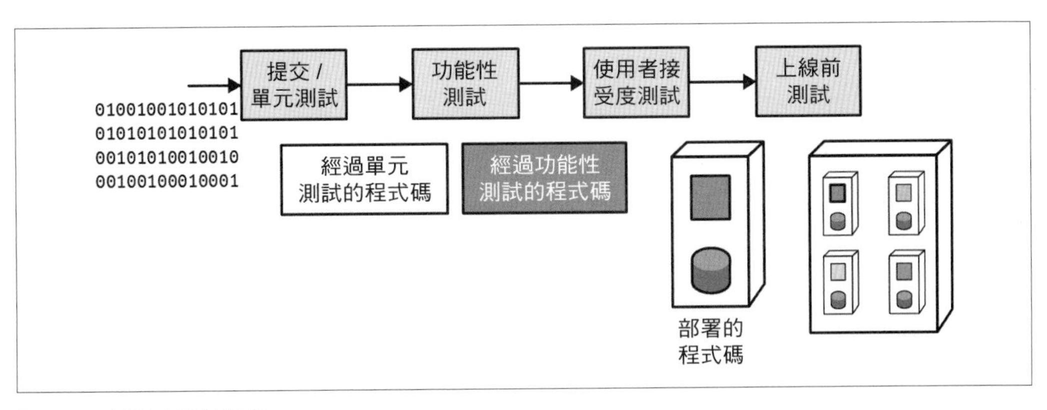

圖 3-4　部署管線的階段

透過建置部署管線所執行的部署映像（deployment image），開發人員和營運人員有了高度的信心：主機（或虛擬機器）是以宣告的方式定義的，而從無到有地重建它是一種常見的實務做法。

部署管線還提供一種理想的方式來執行為架構定義的適應性函數：它可套用任意的驗證標準，具有多個階段以納入不同抽象程度和精密程度的測試，並在系統以任何方式發生變化時執行。圖 3-5 顯示添加了適應性函數的部署管線。

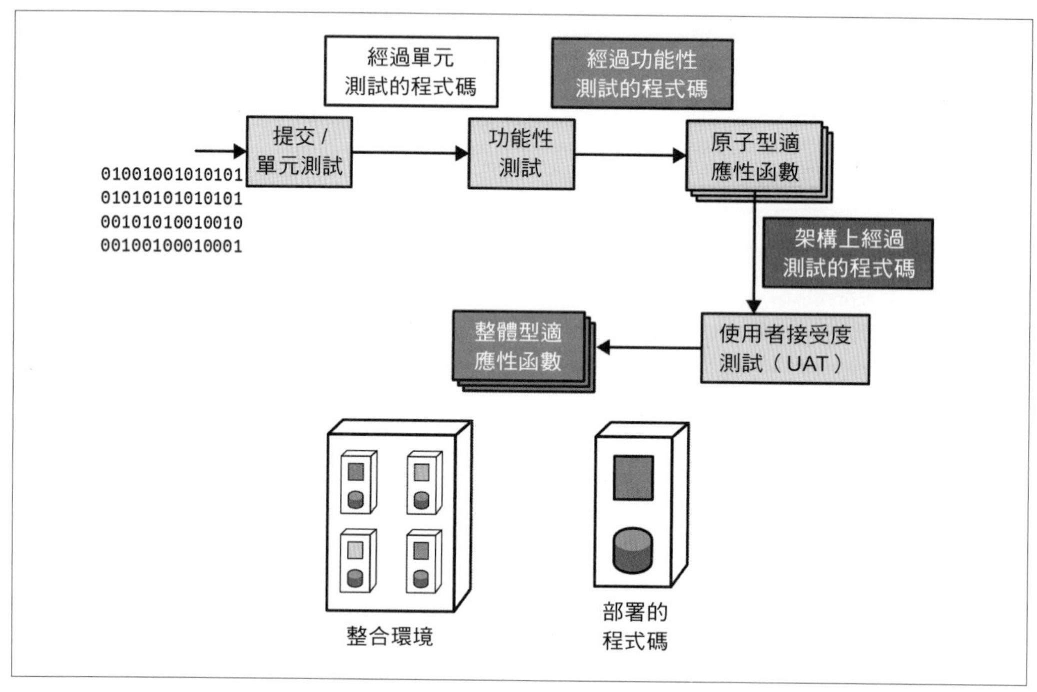

圖 3-5 新增了適應性函數作為其階段的部署管線

圖 3-5 顯示了原子型和整體型適應性函數的一個集合，後者處於更複雜的整合環境中。部署管線可以確保每次系統發生變化時，都能執行為保護架構維度而定義的規則。

在第 2 章中，我們介紹過 PenultimateWidgets 的需求試算表。一旦團隊採用了 Continuous Delivery 的一些工程實務做法，他們會發現平台的架構特性在自動化的部署管線中效果更好。為此，服務開發人員創建了一個部署管線，以驗證企業架構師和服務團隊所建立的適應性函數。現在，每次團隊對服務進行修改時，都會有連珠砲似的測試來驗證程式碼的正確性及其在架構中的整體適應性。

演化式架構專案中的另一種常見實務做法是持續部署（continuous deployment）：使用部署管線將變更投入生產，但前提是必須成功通過管線中的各種測試和其他驗證。雖然持續部署是理想狀態，但它需要精密的協調：開發人員必須確保持續部署到生產環境中的變更不會造成破壞。

為解決這一協調問題，部署管線通常會使用一種扇出運算（*fan-out* operation），其中管線會平行執行多個任務，如圖 3-6 所示。

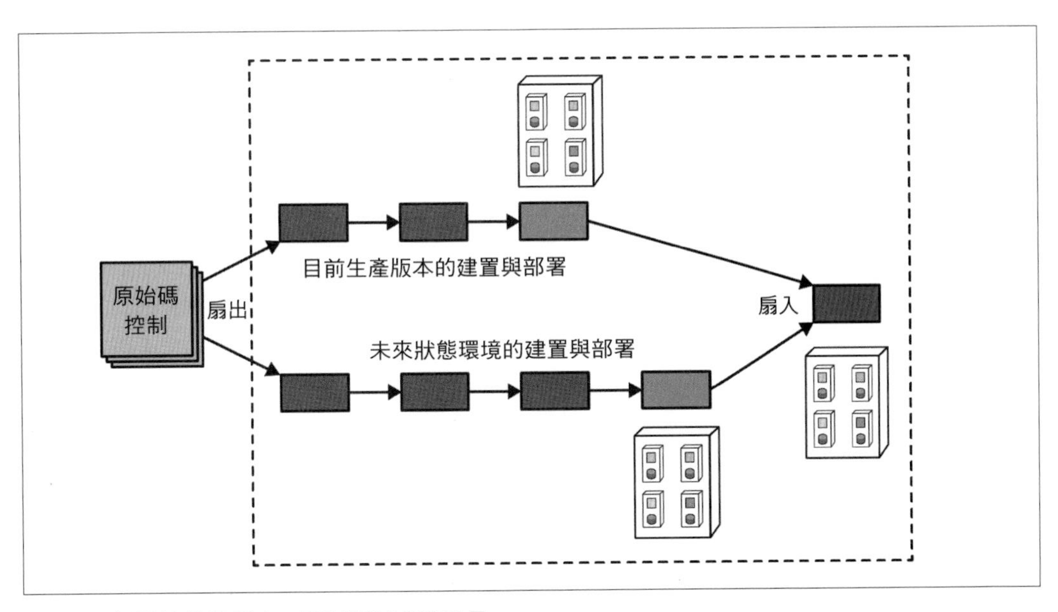

圖 3-6 部署管線的扇出，用以測試多種場景

如圖 3-6 所示，當某個團隊做了一項變更，他們必須驗證兩件事：他們沒有對當前的生產狀態產生負面影響（因為成功執行的部署管線會將程式碼部署到生產環境中），以及他們的變更是否成功（影響未來的狀態環境）。部署管線的扇出允許任務（測試、部署等）平行執行，從而節省時間。一旦如圖 3-6 所示的一系列共時任務（concurrent jobs）完成後，管線就可以評估結果，如果一切順利，就執行扇入（*fan-in*），即合併為單個動作執行緒以執行部署之類的任務。請注意，只要團隊需要在多個情境中評估變更，部署管線就可能多次執行這種扇出和扇入組合。

持續部署的另一個常見問題是業務衝擊。使用者不希望定期出現一連串的新功能，他們更希望以一種更傳統的方式（如「Big Bang」部署）進行階段性部署。同時兼顧持續部署和分階段發行的常見方法是使用功能切換（feature toggles，*https://oreil.ly/0sMvU*）。功能切換通常是程式碼中的一個條件，用於啟用或停用功能，或在兩種實作（如新功能和舊功能）之間切換。功能切換最簡單的實作是一個 if 述句，它檢查一個環境變數或組態值，並根據該環境變數的值顯示或隱藏一個功能。你也可以使用更複雜的功能切換器，在執行時期重新載入組態並啟用或停用功能。透過實作功能切換背後的程式碼，開發人員可以安全地將新變更部署到生產中，而不必擔心使用者過早看到他們的變更。事實上，許多執行持續部署的團隊都會使用功能切換器，以便分離新功能的運營和對消費者的釋出。

生產環境中的 QA

習慣性地使用功能切換來建置新功能的一個有益的副作用是，能夠在生產環境中執行 QA 任務。許多公司沒有意識到他們可以使用生產環境進行探索性測試（exploratory testing）。一旦團隊能夠自如地運用功能切換，他們就可以將這些更改部署到生產中，因為大多數功能切換框架都允許開發人員根據各種標準（IP 位址、存取控制清單 [ACL] 等）對使用者進行路由。如果一個團隊在只有 QA 部門可以存取的功能切換器中部署新功能，他們就可以在生產中進行測試。

在工程實務上使用部署管線，架構師可以輕鬆地套用專案的適應性函數。對於設計部署管線的開發人員來說，弄清需要哪些階段是一種常見的挑戰。不過，一旦部署管線內的適應性函數到位，架構師和開發人員就能高度確信，演化變更不會違反專案的指導方針。架構方面的考量往往沒有得到很好的闡釋，也很少得到評估，通常都是主觀臆測；把它們當作適應性函數來建立，可以提高嚴謹性，從而增強對工程實務做法的信心。

案例研究：在 PenultimateWidgets 的開立發票服務中新增適應性函數

我們的範例公司 PenultimateWidgets 的架構中包含一項開立發票（invoicing）的服務。發票團隊希望替換過時的程式庫和做法，但又希望確保這些變更不會影響其他團隊與之整合的能力。

發票團隊識別出了以下需求：

規模可擴充性

對 PenultimateWidgets 而言，效能並非重大考量，但該公司要處理多家經銷商的發票開具細節，因此開立發票服務必須維持可用性（availability）的服務等級協議（service-level agreements）。

與其他服務的整合

PenultimateWidgets 生態系統中的其他幾項服務也使用發票功能。團隊希望在進行內部更改時確保整合點不會損壞。

安全性

開立發票意味著金錢，而安全是一個持續的考量。

可稽核性

有些州的法規要求稅法的變更必須由獨立會計師進行核實。

發票團隊使用持續整合伺服器，最近升級到按需配置以執行程式碼的環境。為了實作演化式架構的適應性函數，他們實作了一個部署管線來取代持續整合伺服器，從而可以建立多個執行階段，如圖 3-7 所示。

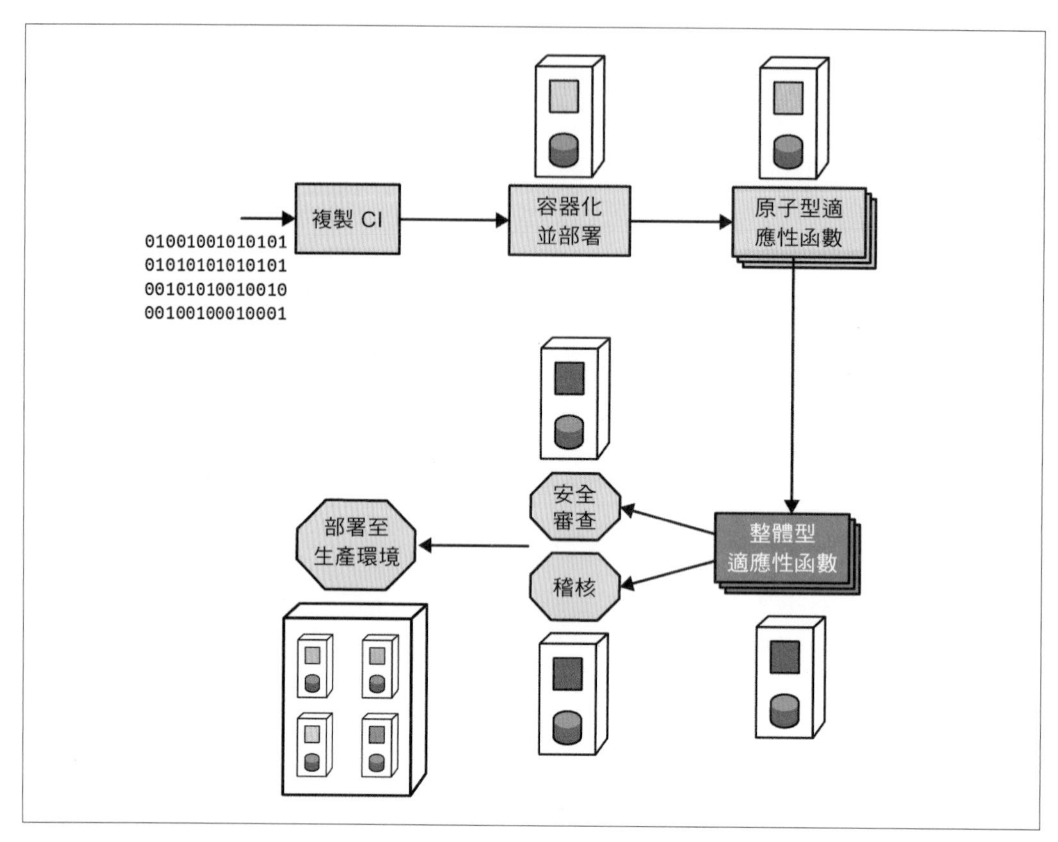

圖 3-7　PenultimateWidgets 的部署管線

PenultimateWidgets 的部署管線包括六個階段（stages）：

Stage 1：複製（*Replicate*）*CI*

　第一階段複製之前 CI 伺服器的行為，執行單元和功能性測試。

Stage 2：容器化（*Containerize*）並部署

　開發人員使用第二階段為他們的服務建置容器，從而可以進行更深層的測試，包括將容器部署到動態建立的測試環境中。

Stage 3：執行原子型適應性函數

　在第三階段，執行原子型適應性函數，包括自動化的規模可擴充性（scalability）測試和安全滲透測試（security penetration testing）。在這一階段，還將執行一個指標衡量工具（metrics tool），標記出開發人員更改的某個套件中與可稽核性有關的任何程式碼。雖然該工具不會做出任何決定，但它有助於在後期階段將範圍縮小到特定程式碼上。

Stage 4：執行整體型適應性函數

第四階段的重點是整體型適應性函數，包括保護整合點的契約測試和一些進一步的規模可擴充性測試。

Stage 5a：進行安全審查（手動）

這包含由組織內特定的安全小組所進行的手動階段，以審查、稽核和評估源碼庫中的任何安全漏洞。部署管線允許手動階段的定義，由相關安全專家視需要觸發。

Stage 5b：進行稽核（手動）

PenultimateWidgets 所在的州規定了特定的稽核規則。發票團隊將這一手動階段納入部署管線，這樣做有幾個好處。首先，將稽核視為一種適應性函數，可以讓開發人員、架構師、稽核人員和其他人以統一的方式思考這種行為，這是確定系統正確功能的必要評估。其次，將評估新增到部署管線後，開發人員就可以評估該行為與部署管線中其他自動評估相比之下對工程的衝擊。

舉例來說，如果安全審查（security review）每週進行一次，但稽核（auditing）每月才進行一次，那麼加快釋出速度的瓶頸顯然是稽核階段。將安全和稽核都視為部署管線中的兩個階段，就能更合理地處理有關這兩個階段的決策：讓顧問更頻繁地執行必要的稽核來提高發佈速度，對公司是否有價值？

Stage 6：部署

最後一個階段是部署到生產環境中。這是 PenultimateWidgets 的自動化階段，只有在上游的兩個手動階段（安全審查和稽核）回報成功時才會觸發。

PenultimateWidgets 感興趣的架構師每週都會收到一份自動生成的報告，了解適應性函數的成功和失敗率，幫助他們衡量健康狀況、節律和其他因素。

案例研究：在自動化建置中驗證 API 的一致性

PenultimateWidgets 的架構師設計了一個 API，將其會計系統內部的複雜性封裝到一個更簡潔的介面中，供公司的其他部門（以及合作公司）使用。由於他們有許多整合使用者，因此在推出變更時，他們希望小心謹慎，不要造成與之前版本的不一致或損壞。

為此，設計人員設計了圖 3-8 所示的部署管線。

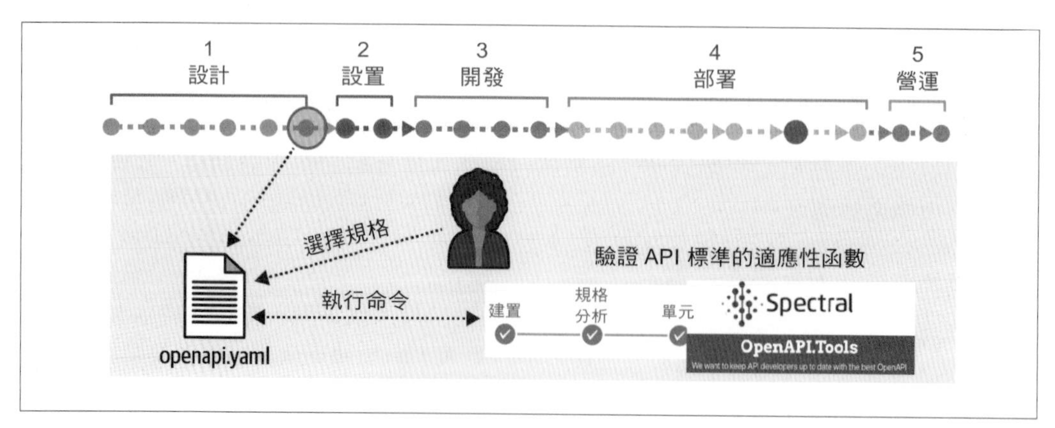

圖 3-8　作為部署管線一部分的一致性適應性函數

在圖 3-8 中，部署管線的五個階段是：

Stage 1：設計（*Design*）

設計工件（artifacts），包括整合 API 新的、變更過的條目（entries）。

Stage 2：設置（*Setup*）

在部署管線中設定執行其餘測試和其他驗證所需的運營任務（operational tasks），包括容器化和資料庫遷移等任務。

Stage 3：開發（*Development*）

為單元測試、功能性測試和使用者接受度測試（user acceptance testing），以及架構適應性函數開發測試環境。

Stage 4：部署（*Deployment*）

如果所有上游任務都成功完成，則在功能切換下部署至生產環境，以控制新功能對使用者的開放與否。

Stage 5：營運（*Operation*）

維護連續的適應性函數和其他監控器。

在 API 變更的情況下，架構師設計了一個多部分的適應性函數（multipart fitness function）。驗證鏈（verification chain）的 Stage 1 從設計和定義新的 API 開始，發佈

在 *openapi.yaml* 中。此團隊使用 Spectral（*https://oreil.ly/SHsZo*）和 OpenAPI.Tools（*https://openapi.tools*）來驗證新規格的結構和其他面向。

部署管線的下一階段出現在開發階段的開頭，如圖 3-9 所示。

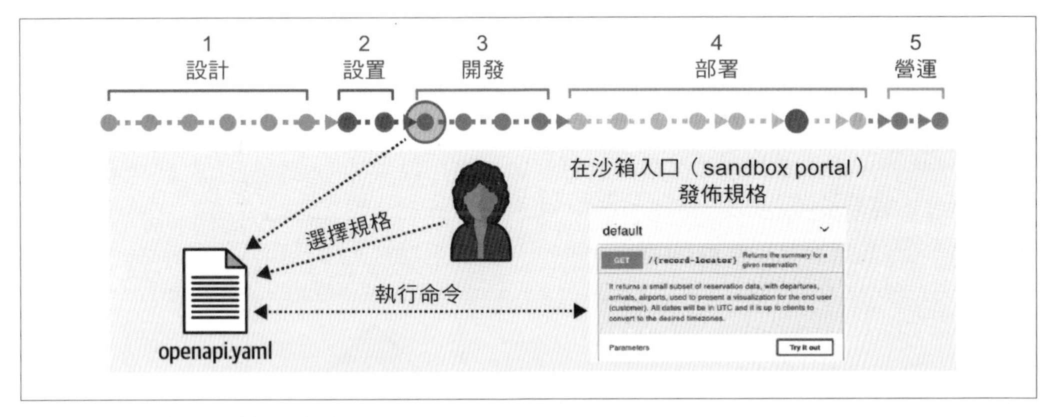

圖 3-9　一致性驗證的第二階段

在圖 3-9 所示的 Stage 2，部署管線會選擇新規格、並將其發佈到沙箱環境（sandbox environment）中進行測試。沙箱環境啟用上線後，部署管線會執行一系列的單元和功能性測試來驗證變更。這一階段將驗證 API 底下的應用程式是否仍然具有一致的功能性。

Stage 3（如圖 3-10 所示）使用 Pact（*https://docs.pact.io*）測試整合架構的關注點，Pact 是一種允許跨服務整合測試的工具，以確保整合點不受影響，這是消費者驅動的契約（consumer-driven contracts）這一常見概念的實作。

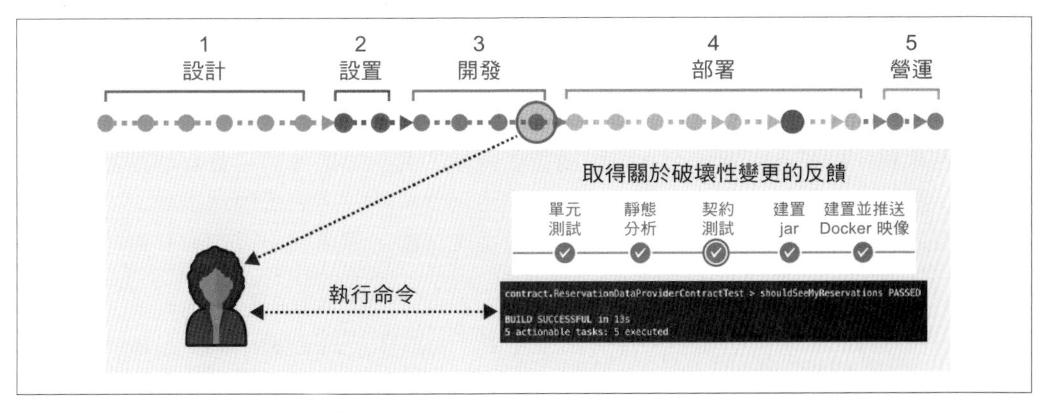

圖 3-10　整合架構一致性驗證的第三階段

消費者驅動的契約（*https://oreil.ly/syKlD*）是原子型的整合架構適應性函數，是微服務架構中常見的實務做法。請參閱圖 3-11。

在圖 3-11 中，**供應商**（*provider*）團隊各自向消費者 *C1* 和 *C2* 提供資訊（通常是使用 JSON 等輕量化格式的資料）。在消費者驅動的契約中，資訊的消費者將他們需要從供應商那裡獲得的資訊封裝成一套測試，然後將這些測試交給供應商，供應商則承諾始終保持測試的通過狀態。由於測試涵蓋消費者所需的資訊，因此供應商可以在不破壞這些適應性函數的前提下，以任何方式進行演化。在圖 3-11 所示的場景中，**供應商**除了自己的測試集外，還代表所有的消費者執行測試。使用像這樣的適應性函數被非正式地稱為**工程安全網**（*engineering safety net*）。如果很容易就能建立適應性函數來處理這項工作，那麼保持整合協定（integration protocol）的一致性就不應該由人工來完成。

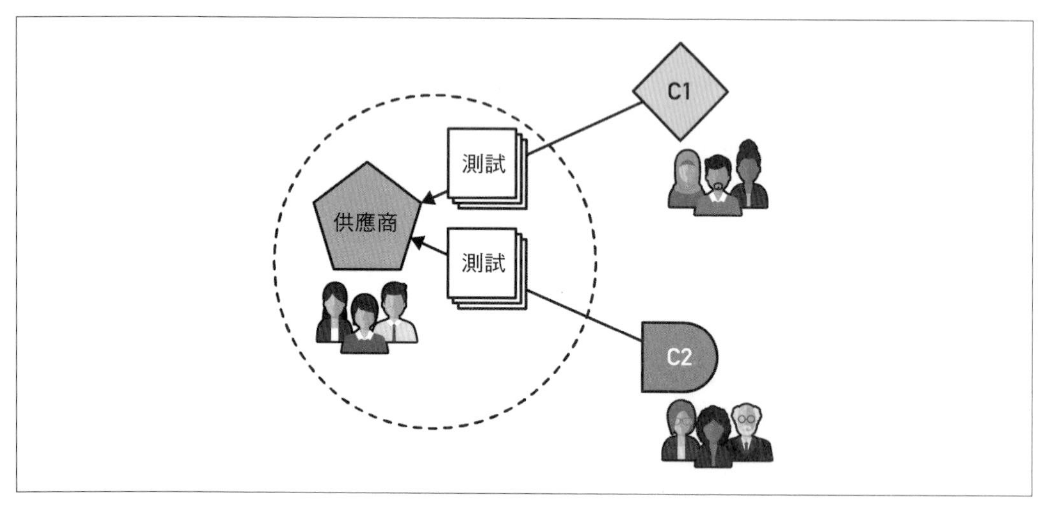

圖 3-11　消費者驅動的契約使用測試在供應商和消費者之間建立契約

演化式架構的漸進式變更面向有一個隱含的假設，即開發團隊的工程成熟度達到一定水平。舉例來說，如果一個團隊正在使用消費者驅動的契約，但他們也會有連續數天的失敗建置，那麼他們就無法確定他們的整合點是否仍然有效。透過適應性函數使用工程做法來監督實踐過程，可以減輕開發人員的大量手工勞動，但需要一定的成熟度才能取得成功。

在最後一個階段，部署管線將變更部署到生產中，允許在正式上線前進行 A/B 測試和其他驗證。

總結

我們當中有幾個人曾在軟體之外的工程學科工作過，比如 Neal，他的大學生涯就是從比較傳統的工程學科開始的。在轉換到電腦科學之前，他學習了結構工程師會使用的大量高等數學。

傳統上，許多人試圖將軟體開發與其他工程領域進行比較。舉例來說，事先進行完整設計，然後進行機械組裝的**瀑布式過程**已被證明非常不適合軟體開發。另一個經常出現的問題是：我們什麼時候才能在軟體中獲得類似於結構工程中的那種高等數學？

我們不認為軟體**工程**（software *engineering*）會像其他工程學科那樣仰賴數學，因為**設計**（*design*）與**製造**（*manufacturing*）之間存在明顯差異。在結構工程（structural engineering）中，製造成本非常高昂，而且不能放過任何設計缺陷，因此必須在設計階段進行大量的預測分析。因此，設計和製造之間是分工合作的。但軟體的平衡則完全不同。軟體中的製造等同於編譯（compilation）和部署（deployment），而我們已經越來越懂得如何將這些活動自動化。因此，在軟體領域，幾乎所有的工作都在於設計，而非製造；設計包括編寫程式碼和我們認為是「軟體開發」的幾乎所有其他工作。

我們製造的東西也大不相同。現代軟體由數以千計或數以百萬計的互動部分組成，而且它們幾乎也都可以任意更改。幸運的是，團隊可以進行設計變更，並幾乎即時地重新部署（實質上是重新製造）系統。

真正的軟體工程學科之關鍵在於具備自動驗證的漸進式變更。由於我們的製造過程基本上是免費的，但卻極其多變，因此，在軟體開發中保持理智的祕訣就在於，有信心做出改變，並以自動驗證作為後盾，進行漸進式變更。

第四章

自動化架構治理

架構師的任務是設計軟體系統的結構，並定義許多開發和工程實務做法。然而，架構師的另一項重要工作是**治理**（*governing*）軟體建置的各個面向，包括設計原則、良好實務做法和需要避免的陷阱。

傳統上，除了人工程式碼審查、架構審查委員會和其他效率低下的手段以外，架構師幾乎沒有其他工具來施行他們的治理政策。然而，隨著自動化適應性函數的出現，我們為架構師提供了一系列新的能力。在本章中，我們將介紹架構師如何使用為軟體演化而創造的適應性函數，來建立自動化的治理政策。

將適應性函數用於架構治理

本書的構想是將軟體架構與第 2 章所述的基因演算法開發實務進行隱喻式的混搭，聚焦於「架構師如何建立能夠成功演化而非隨時間退化的軟體專案」這一核心理念。這一最初想法的結果開展成了我們描述適應性函數及其應用的無數方法。

然而，雖然這並不是最初構想的一部分，但我們意識到，演化式架構的機制與**架構治理**（*architectural governance*）有很大的重疊，尤其是**自動化**（*automating*）治理的理念，而這本身就代表了軟體工程實務做法的演化。

1990 年代初，Kent Beck 帶領一群高瞻遠矚的開發人員，發現了過去 30 年來軟體工程進步的驅動力之一。他和開發人員一起參與了 C3 專案（其領域並不重要）。該團隊對當時軟體開發過程的發展趨勢非常了解，但卻不以為然：當時熱門的流程似乎都沒有取得持續的成功。因此，Kent 提出了「eXtreme Programming」（XP，極限程式設計）的理念（*http://www.extremeprogramming.org*）：根據以往的經驗，團隊將他們所知運作良好的方法用最極端的方式來實行。舉例來說，他們的集體經驗表明，測試涵蓋率（test coverage）越高的專案往往會有更高的程式碼品質，這促使他們開始宣揚測試驅動的開發（test-driven development），由於測試先於程式碼，因此保證所有程式碼都經過測試。

他們的一個重要看法是以整合（integration）為中心展開的。當時，大多數軟體專案常見的一個實務做法是實施整合階段（*integration phase*）。開發人員需要在幾週或幾個月的時間裡單獨編寫程式碼，然後在整合階段合併他們的變更。事實上，當時流行的許多版本控制工具都強制在開發人員層面施行這種隔離。整合階段的做法是基於製造業的許多隱喻，這些隱喻經常被錯誤地套用到軟體中。XP 開發人員在過去的專案中注意到一項相關性，即更頻繁的整合會導致更少的問題，這促使他們創造了持續整合（continuous integration）的概念：每位開發人員每天至少向開發主線提交一次。

持續整合和許多其他 XP 實務做法說明了自動化和漸進式變更的力量。使用持續整合的團隊不僅減少了定期執行合併任務的時間，而且總體花費的時間也更少。當團隊使用持續整合時，合併衝突（merge conflicts）會在出現後迅速得到解決，至少每天一次。而使用最終整合階段的專案則會使大量合併衝突揉合成一團「大泥球（Big Ball of Mud）」，必須在專案結尾才能慢慢解決。

自動化不僅對整合很重要，對工程設計也是一種最佳化力量。在持續整合之前，團隊要求開發人員花時間反覆執行一項手動任務（整合與合併）；而持續整合（及其相關的節律）則自動消除了大部分的痛苦。

在 2000 年代初的 DevOps 革命中，我們重新認識到了自動化的好處。團隊在營運中心四處奔波，安裝作業系統、套用補丁並執行其他手動任務，導致重要問題被遺漏。隨著 Puppet（*https://puppet.com*）和 Chef（*https://oreil.ly/jGABa*）等工具的出現，團隊可以自動化基礎設施並強制施加一致性。

在許多組織中，我們觀察到同樣無效的人工實務做法在架構中反覆出現：架構師試圖透過程式碼審查、架構審查委員會和其他手動、官僚的過程來執行治理檢查，而重要的事情卻被遺漏了。透過將適應性函數與持續整合綁定，架構師可以將衡量指標和其他治理檢查轉化為定期套用的完整性驗證。

在許多方面，經由持續整合來結合適應性函數與漸進式變更，代表了工程實務做法的演化。正如團隊利用漸進式變更進行整合和 DevOps 一樣，我們越來越常看到同樣的原則被應用到架構治理中。

從基於程式碼的低階分析到企業架構，架構的各方面都有合適的適應性函數存在。我們以同樣的方式組織架構治理自動化的範例，從程式碼層級開始，然後延伸到軟體開發堆疊。圖 4-1 中的插畫提供了一種路線圖。

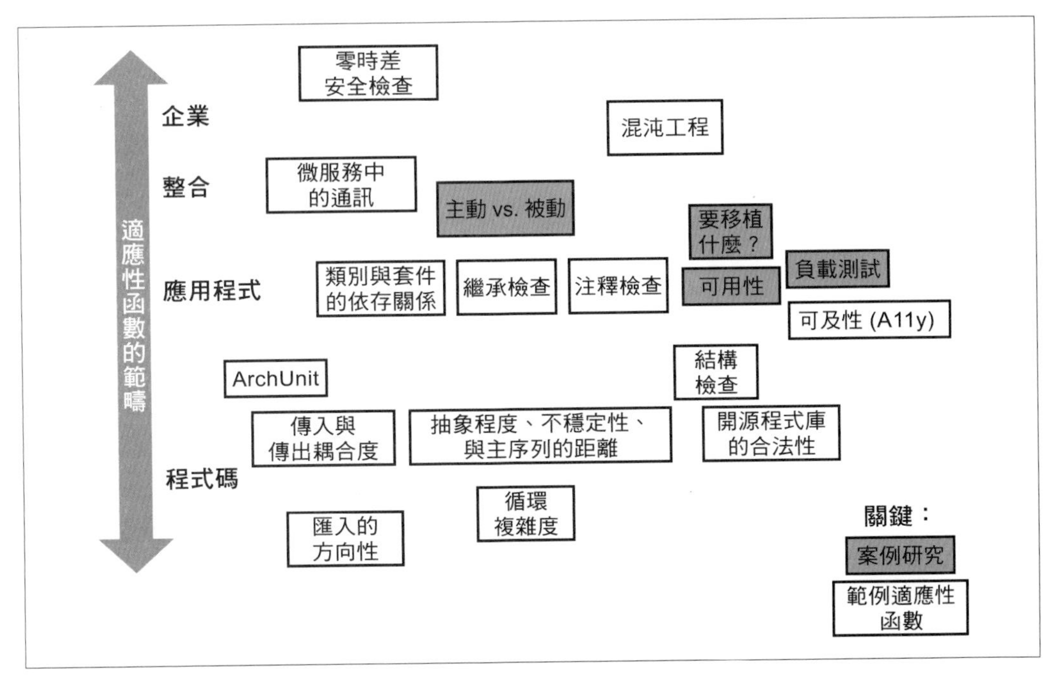

圖 4-1　適應性函數概覽

我們從圖 4-1 路線圖的底部開始，即基於程式碼的適應性函數，然後逐漸向頂部推進。

基於程式碼的適應性函數

軟體架構師非常羨慕其他工程學科，因為他們已經掌握了大量的分析技術，可以預測設計的功能性。我們（尚）未達到工程數學的深度和精密程度，尤其是在架構分析方面。

不過，我們確實有少數可供架構師使用的工具，這些工具通常基於程式碼層級的衡量指標（code-level metrics）。接下來的幾節將重點介紹一些能闡明架構師感興趣的問題的指標。

傳入和傳出耦合度

1979 年，Edward Yourdon 和 Larry Constantine 出版的《*Structured Design: Fundamentals of a Discipline of Computer Program and Systems Design*》（Prentice-Hall 出版）一書中，定義了許多核心概念，包括傳入和傳出耦合度這個指標。**傳入耦合度**（*afferent* coupling）測量的是程式碼構件（元件、類別、函式等）的送入（*incoming*）連接數。**傳出耦合度**（*efferent* coupling）則測量與其他程式碼構件的送出（*outgoing*）連接數。

架構中的耦合度之所以引起架構師的興趣，是因為它制約並影響著許多其他架構特性。當架構師允許任何元件在沒有受到任何治理的情況下連接到任何其他元件時，結果往往是源碼庫中的連接網路密密麻麻，讓人難以理解。請看圖 4-2 所示的一個真實軟體系統（出於顯而易見的原因，其名稱暫不公佈）的指標輸出。

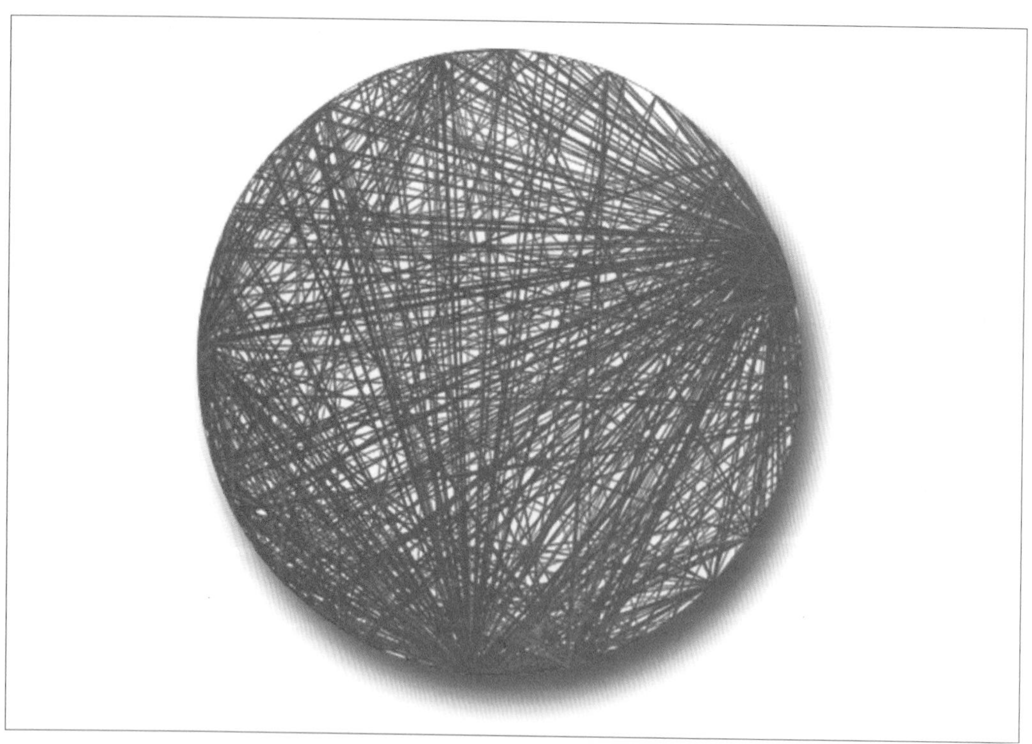

圖 4-2　大泥球架構中的元件層級耦合度

在圖 4-2 中，元件（components）在外圍顯示為單點，元件之間的連接顯示為線條，線條的粗細表示連接的強度。這是一個功能失調的源碼庫範例：任何元件的變化都可能波及許多其他元件。

幾乎每個平台上都有一些工具，允許架構師分析程式碼的耦合特性，以協助結構重組、遷移或理解源碼庫。如圖 4-3 所示，各個平台上的許多工具都能提供類別或元件關係的矩陣檢視。

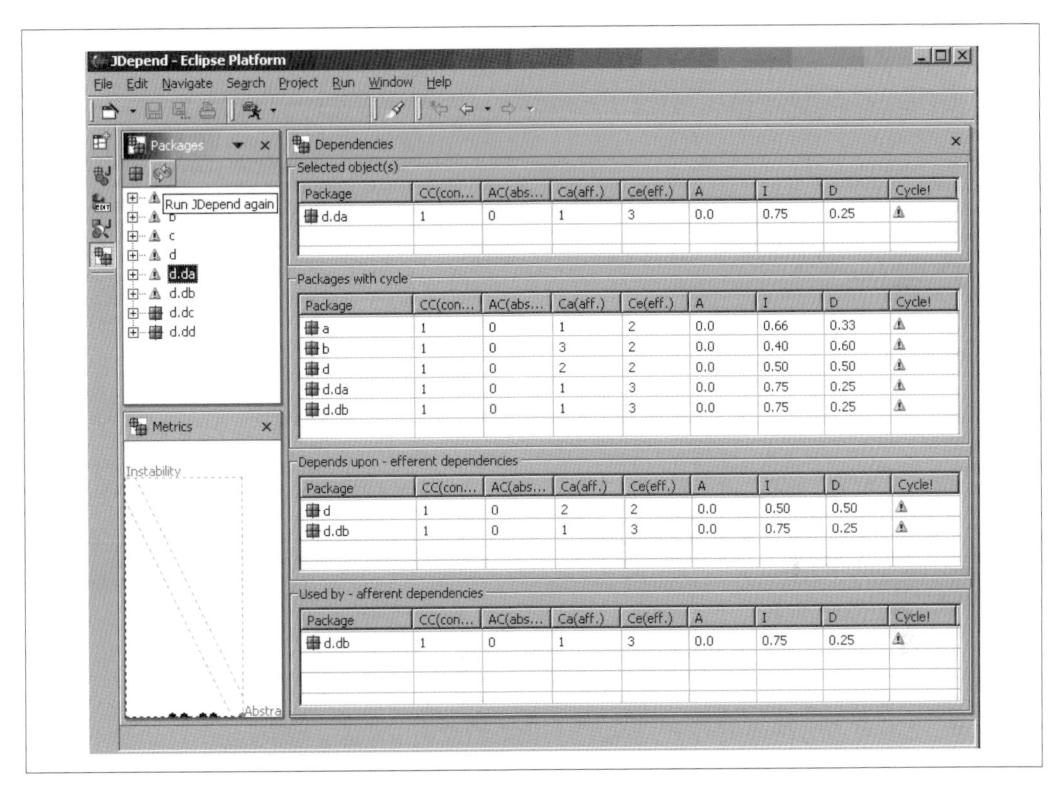

圖 4-3　Eclipse 中 JDepend 的耦合關係分析檢視

在圖 4-3 中，Eclipse 外掛提供 JDepend 輸出的表格檢視，其中包括每個套件的耦合分析，連同下一節中強調的一些綜合指標。

其他一些工具也提供這個指標以及我們討論過的許多其他指標。值得注意的有 Java 的 IntelliJ（*https://www.jetbrains.com/idea*）、Sonar Qube（*https://www.sonarqube.org*）、JArchitect（*https://www.jarchitect.com*），以及基於你首選平台或技術堆疊的其他工具。

舉例來說，IntelliJ 包含一個結構依存關係矩陣（structure dependency matrix），顯示了各種耦合特性，如圖 4-4 所示。

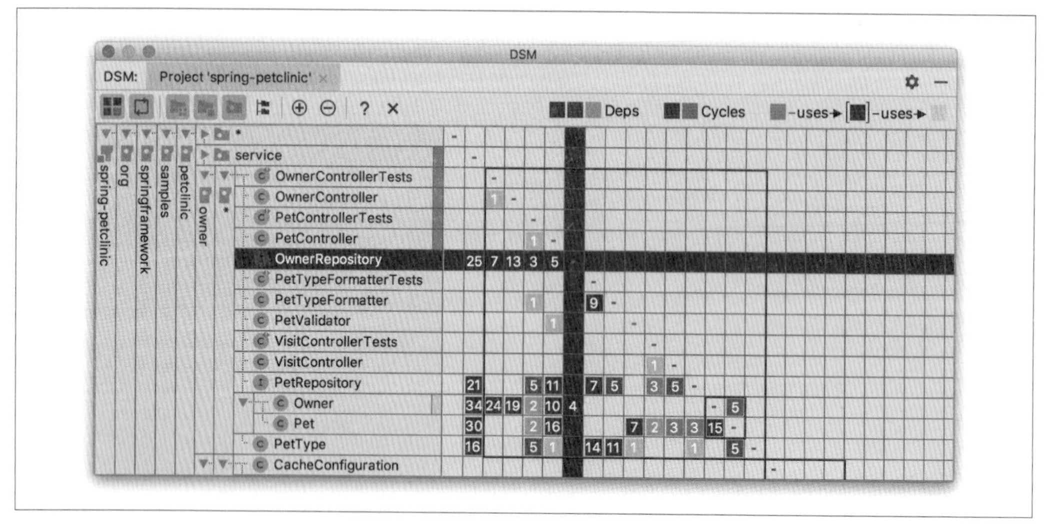

圖 4-4　IntelliJ 依存結構矩陣

抽象程度、不穩定性以及和主序列的距離

Robert Martin 是軟體架構領域的知名人士，他在 1990 年代末創造了一些適用於任何物件導向語言的衍生指標。這些指標，即抽象程度（abstractness）和不穩定性（instability），衡量源碼庫的內部特性是否平衡。

*抽象程度*是抽象工件（abstract artifacts，如抽象類別、介面等）與具體工件（concrete artifacts，如實作類別）的比率。它代表了*抽象與實作*之間的比例度量。作為源碼庫的特徵，抽象元素能讓開發人員更加理解整體功能。舉例來說，如果一個源碼庫只包含一個 `main()` 方法和 10,000 行程式碼，那麼這個指標的得分幾乎為零，而該源碼庫會非常難以理解。

抽象程度的公式顯示在方程式 4-1。

方程式 4-1　抽象程度

$$A = \frac{\Sigma m_a}{\Sigma m_c + \Sigma m_a}$$

在這個方程式中，m_a 代表源碼庫中的**抽象**元素（介面或抽象類別），m_c 代表**具體**元素。架構師透過計算抽象工件的總數與具體工件的總數之比來計算**抽象程度**。

另一個衍生指標，即**不穩定性**，則是傳出耦合度與傳入耦合度及傳出耦合度之和的比率，如方程式 4-2 所示。

方程式 *4-2*　不穩定性

$$I = \frac{C_e}{C_e + C_a}$$

在這個方程式中，C_e 代表**傳出**（或送出）耦合度，C_a 代表**傳入**（或送入）耦合度。

不穩定性指標決定源碼庫的波動性（volatility）。由於耦合度高，不穩定性高的源碼庫在變動時更容易崩潰。考慮兩種場景，每個場景的 C_a 值都是 2。在第一個場景中，$C_e = 0$，不穩定性得分為 0。在第二個場景中，$C_e = 3$，不穩定性得分為 3/5。因此，一個元件的不穩定性度量反映了相關元件的變更可能導致多少潛在變化。不穩定值接近 1 的元件高度不穩定，而值接近 0 的元件可能是穩定的，但也可能是僵化的：如果模組或元件主要包含抽象元素，則是穩定的；如果主要由具體元素組成，則是僵化的。然而，高穩定性的代價是缺乏可重用性，也就是說，如果每個元件都自成一體，就很可能出現重複。

我們可以認為，I 值接近 1 的元件具有高度不穩定性；而 I 值接近 0 的元件可能是穩定或僵化的。但是，如果它主要包含具體元素，那麼它就是僵化的。

因此，在一般情況下，I 和 A 的值必須結合起來看，而非單獨檢視；它們將在下一個指標，即**與主序列的距離**（*distance from the main sequence*）中結合在一起。

架構師對架構結構的少數幾個整體衡量標準之一是**與主序列的正規化距離**（*normalized distance from the main sequence*），這是一個基於**不穩定性**和**抽象程度**的衍生指標，如方程式 4-3 所示。

方程式 *4-3*　與主序列的正規化距離

$$D = |A + I - 1|$$

在此方程式中，A = *abstractness*（**抽象程度**），而 I = *instability*（**不穩定性**）。

與主序列的正規化距離這個指標是對抽象程度和不穩定性之間理想關係的想像；落在這條理想線附近的元件會表現出這兩種相互競爭的關注點的健康平衡。舉例來說，透過繪製特定元件的圖形，開發人員可以計算出**與主序列的距離**這個指標，如圖 4-5 所示。

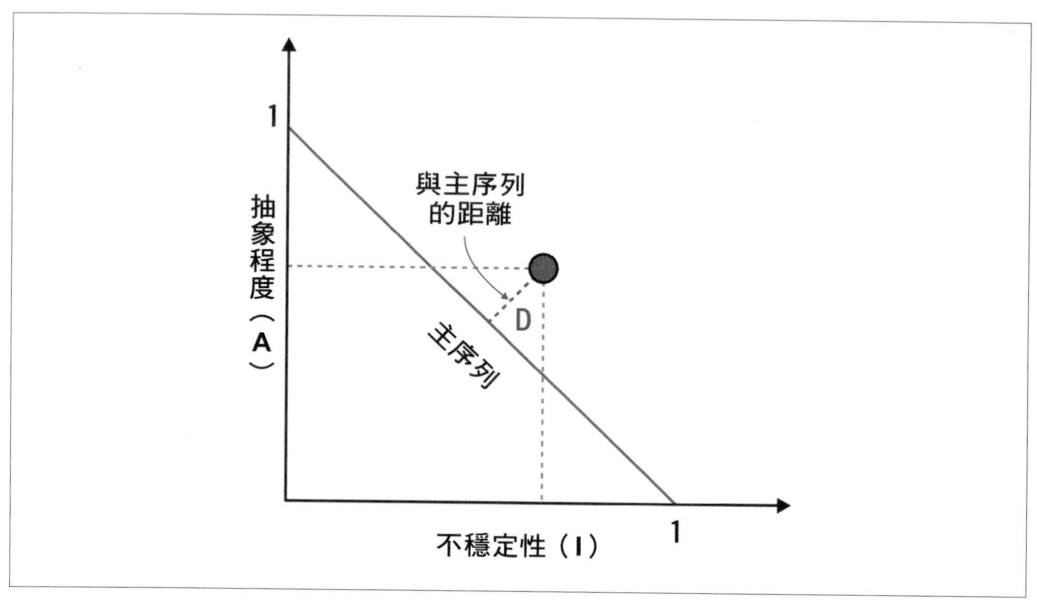

圖 4-5　特定元件與主序列的正規化距離

在圖 4-5 中，開發人員繪製了候選元件的圖形，然後測量與理想線的距離。離理想線越近，元件的平衡性就越好。如圖 4-6 所示，太靠近右上角的元件會進入架構師所說的**無用區**（*zone of uselessness*）：過於抽象的程式碼變得難以使用。反之，落在左下角的程式碼則會進入**痛苦區**（*zone of pain*）：實作太多而抽象不足的程式碼會變得脆弱且難以維護。

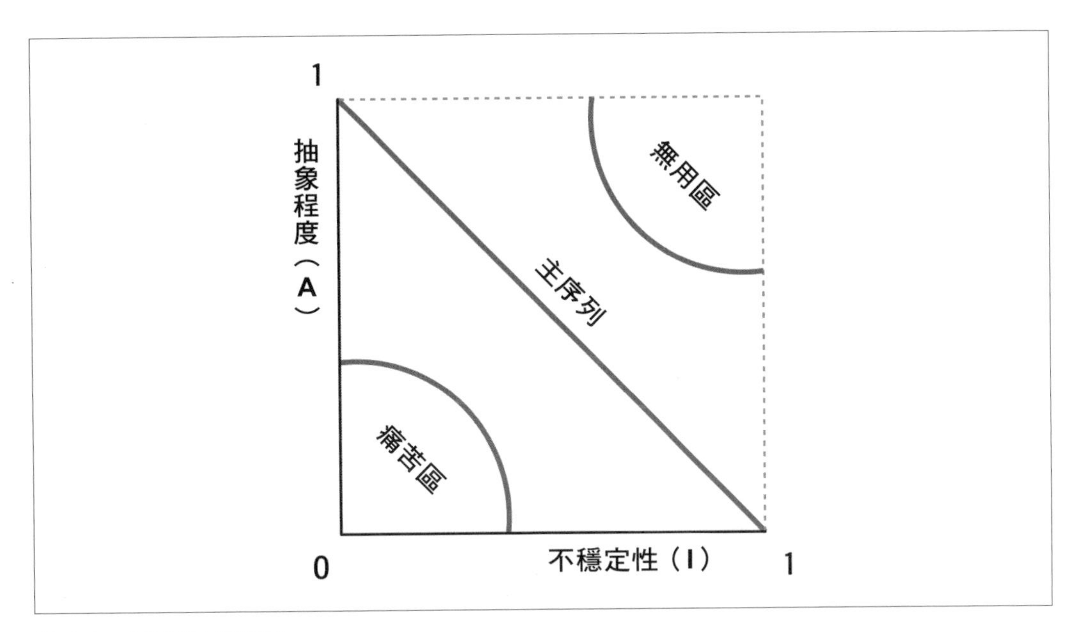

圖 4-6　無用區和痛苦區

這種分析對架構師來說非常有用，既可用於評估（如從一種架構風格遷移到另一種），也可用來設置適應性函數。請參閱圖 4-7 所示的螢幕截圖，將商業工具 NDepend（*https://www.ndepend.com*）套用到開源測試工具 NUnit（*https://nunit.org*）。

在圖 4-7 中，輸出結果顯示大部分程式碼都在*主序列*（*main sequence*）線附近。`mocks` 元件正趨向於*無用區*：過於抽象和不穩定。這對於模擬元件（mocking components）來說是合理的，因為它們傾向於使用間接層來達成其結果。比較令人擔憂的是，`framework` 程式碼已經滑入了*痛苦區*：抽象程度太低，過於僵化。這樣的程式碼看起來像什麼？許多過於龐大的方法而且沒有足夠的可重用性。

架構師如何才能將有問題的程式碼拉回主序列線？透過使用 IDE 中的重構工具（refactoring tools）：找到導致這種測量值的大型方法，並開始抽出各個部分以增加抽象程度。進行這項工作時，你會發現提取出來的程式碼中存在重複，從而可以將其刪除並改善不穩定性。

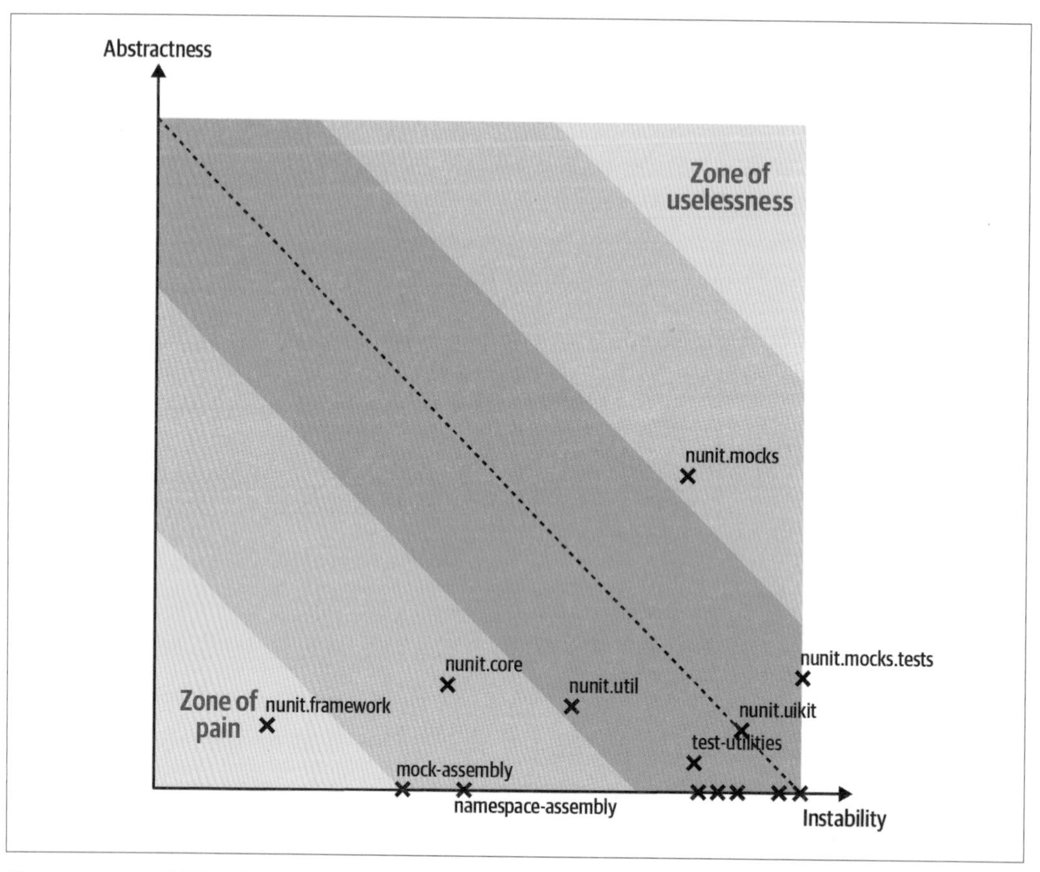

圖 4-7　NUnit 測試程式庫的主序列距離的 NDepend 輸出

在進行結構調整之前，架構師應該使用像這樣的指標來分析和改良源碼庫。就跟建築構造一樣，移動其基礎不穩定的東西要比移動基礎穩固的東西更加困難。

架構師也可以將這一指標作為一個適應性函數，以在一開始就確保源碼庫不會退化到這種程度。

匯入的方向性

與圖 2-3 中的範例密切相關，團隊應控制匯入的方向性（directionality of imports）。在 Java 生態系統中，JDepend（*https://oreil.ly/6fYd2*）是一套分析套件耦合特性的度量工具。由於 JDepend 是用 Java 編寫的，因此它有一個 API，開發人員可以利用該 API 透過單元測試打造自己的分析。

請看範例 4-1 中以 JUnit 測試（*http://junit.org*）表示的適應性函數。

範例 *4-1* 驗證套件匯入方向性的 *JDepend* 測試

```
public void testMatch() {
    DependencyConstraint constraint = new DependencyConstraint();

    JavaPackage persistence = constraint.addPackage("com.xyz.persistence");
    JavaPackage web = constraint.addPackage("com.xyz.web");
    JavaPackage util = constraint.addPackage("com.xyz.util");

    persistence.dependsUpon(util);
    web.dependsUpon(util);

    jdepend.analyze();

    assertEquals("Dependency mismatch",
             true, jdepend.dependencyMatch(constraint));
    }
```

範例 4-1 定義了我們應用程式中的套件，然後定義了與匯入有關的規則。如果開發人員不小心編寫了從 `persistence` 匯入 `util` 的程式碼，那麼在程式碼提交之前，單元測試就會失敗。與使用嚴格的開發指導方針（伴隨而來的是官僚主義的責難）相比，我們更喜歡建置單元測試來捕捉違反架構的行為：這樣可以讓開發人員更專注於於領域問題，而非基礎設施的相關考量。更重要的是，它允許架構師將規則統合為可執行的工件。

循環複雜度以及「逐步引導式」治理

循環複雜度是一種常見的程式碼指標，它是對函式或方法複雜度的一種度量，適用於所有結構化程式語言（structured programming languages），已有幾十年的歷史。

程式碼一個明顯可測量的面向是複雜性，由**循環複雜度**（*cyclomatic complexity*）指標定義。

循環複雜度（CC）（*https://oreil.ly/mAHFZ*）是由 Thomas McCabe Sr. 於 1976 年提出的一種程式碼層級指標，旨在為函式和方法、類別或應用程式層級的程式碼複雜度，提供一種客觀度量方法。

它的計算方法是將圖論（graph theory）套用於程式碼，特別是會導致不同執行路徑的決策點（decision points）。舉例來說，如果一個函式沒有決策述句（decision statements，如 `if` 述句），那麼 `CC = 1`。如果函式只有單一個條件，那麼 `CC = 2`，因為存在兩條可能的執行路徑。

單個函式或方法的循環複雜度計算公式為 $CC = E - N + 2$，其中 N 代表節點（*nodes*，即程式碼行），而 E 代表邊（*edges*，即可能的決定）。請看範例 4-2 中的類 C 語言程式碼。

範例 *4-2* 用於循環複雜度評估的程式碼範例

```
public void decision(int c1, int c2) {
    if (c1 < 100)
        return 0;
    else if (c1 + C2 > 500)
       return 1;
    else
      return -1;
}
```

範例 4-2 的循環複雜度為 3（=3 − 2 + 2）；如圖 4-8 所示。

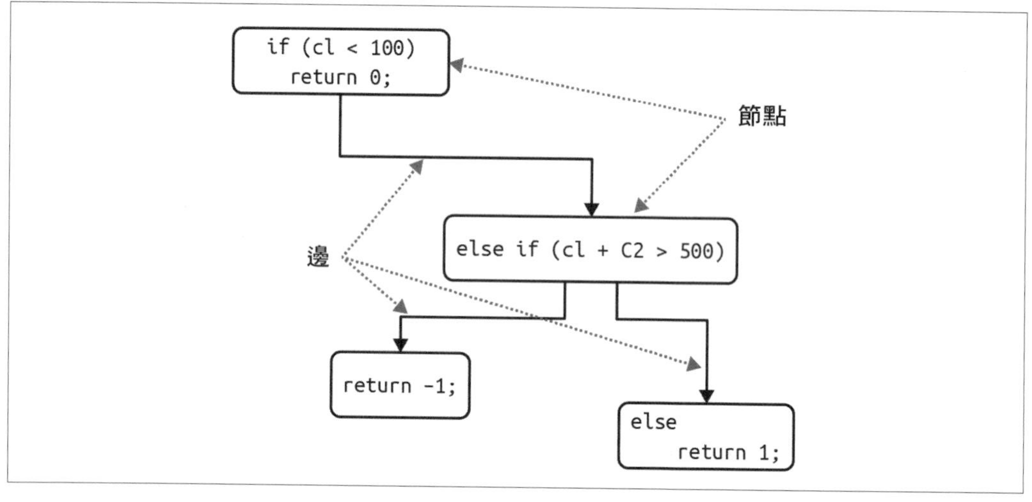

圖 4-8　決策函式的循環複雜度

循環複雜度公式中出現的數字 2 代表對單一函式或方法的簡化。對於呼叫其他方法的扇出呼叫（fan-out calls）（在圖論中稱為**連通元件**（*connected components*）），更一般化的公式是 $CC = E - N + 2P$，其中 P 代表連通元件的數量。

架構師和開發人員都普遍同意，過於複雜的程式碼代表著不好的程式碼氣味（code smell）；它會損害源碼庫幾乎每一個理想特性：模組性（modularity）、可測試性、可部署性等等。然而，如果團隊不注意逐漸增長的複雜性，複雜性就會主宰源碼庫。

良好的循環複雜度之值為多少？

在談論這個主題時，我們經常收到的一個問題是：CC 良好的門檻值（threshold value）是多少？當然，就像軟體架構中的所有答案一樣：這要視情況而定！具體來說，它取決於問題領域的複雜性。這類指標的弱點之一就是無法區分本質（*essential*）複雜性和偶然（*accidental*）複雜性。舉例來說，如果你遇到一個在演算法上很複雜的問題，那麼解決方案就會產出複雜的函式。對於架構師來說，CC 需要監控的一個關鍵面向是，函式之所以複雜，是出於問題領域還是因為不良的程式碼，或者說，程式碼的分割方式是否不佳。換句話說，是否可以將一個大型方法分解成更小型的邏輯區塊，將工作（和複雜性）分散到功能劃分明確的更多方法？

一般來說，CC 的業界門檻值指出，若不考慮複雜領域等其他因素，低於 10 的值是可以接受的。我們認為這個門檻值非常高，我們更希望程式碼的門檻值低於 5，這表明程式碼具有凝聚力（cohesive），且功能劃分完善。Crap4j（*http://www.crap4j.org*）是 Java 世界中的一個指標分析工具，它試圖透過估算 CC 和程式碼涵蓋率（code coverage）的組合來確定程式碼有多差（蹩腳）；如果 CC 增長到 50 以上，那麼再高的程式碼涵蓋率也無法將程式碼從低劣中解救出來。Neal 遇過最可怕的專業工件是一個 C 語言函式，它是 CC 超過 800 的某個商業套件的核心！這是有著 4,000 多行程式碼的單一函式，其中包括大量使用的 `GOTO` 述句（以跳出幾乎不可能脫離的深層巢狀迴圈）。

像測試驅動開發（test-driven development）這樣的工程實務做法，有一個偶然（但卻正面）的副作用，那就是對於給定的問題領域來說，平均所生成的方法會更小、更不複雜。在實踐 TDD 時，開發人員會嘗試編寫一個簡單的測試，然後編寫能通過該測試的最少程式碼。這種對獨立行為和良好測試邊界的關注，鼓勵人們開發出功能劃分良好、具有高度凝聚力的方法，這些方法展現出的 CC 值會比較低。

CC 是架構師可能希望治理的指標的一個很好的例子；沒有人會從過於複雜的源碼庫中受益。然而，如果專案長期忽視這個值，會發生什麼事呢？

與其硬性規定適應性函數值的門檻值，不如**逐步引導**（*herd*）團隊往更好的值靠攏。舉個例子，假設你們組織決定 CC 的絕對上限應該是 10，然而當你們把那個適應性函數放入時，大多數的專案卻都失敗了。與其放棄所有希望，不如設定一個連鎖型適應性函數（cascading fitness function），對超過某個門檻值的情況發出警告（warning），並隨著時間的推移最終把情況升級為錯誤（error）。這樣團隊就有時間以可控、漸進的方式解決技術債（technical debt）問題。

逐步縮小各種基於指標的適應性函數的期望值，使團隊既能解決現有的技術債，又能透過保留適應性函數來防止未來的退化。這就是透過治理防止位元腐爛的精髓所在。

一站式工具

由於所有架構都不盡相同，架構師很難找到現成的工具來解決複雜的問題。不過，生態系統越常見，就越有可能找到合適的、多少算是通用的工具。下面是幾個例子。

開源程式庫的合法性

PenultimateWidgets 正在開發一個專案，其中包含一些專利演算法以及一些開源程式庫和框架。律師們擔心開發團隊不小心用了某個程式庫，而該程式庫的許可證（license）要求其使用者採用同樣極其自由的許可證，而 PenultimateWidgets 顯然不希望自己的程式碼採用那種許可證。

於是，架構師根據依存關係蒐集了所有的許可證，並讓律師進行審批。然後，其中有位律師提出了一個尷尬的問題：如果其中一個依存關係在例行的軟體更新中更新了許可證的條款，那會發生什麼事？作為優秀的律師，他們有一個很好的例子，說明以前在一些使用者介面程式庫中曾發生過這種情況。團隊如何確保其中一個程式庫不會在他們沒注意到的時候更新許可證？

首先，架構師應該檢查是否已經有工具可以做到這一點；截至本文撰寫之時，Black Duck（*https://oreil.ly/C7bol*）工具剛好就可以完成這項任務。不過，PenultimateWidgets 的架構師當時找不到合適的工具。

因此，他們透過以下步驟建立了一個適應性函數：

1. 在資料庫中記錄開源下載套件中每個許可證檔案的位置。
2. 連同程式庫版本，一起儲存許可證檔案的完整內容（或雜湊值）。

3. 偵測到新的版號時，該工具就會去找下載套件，取出許可證檔案，並將其與當前儲存的版本進行比較。

4. 如果版本（或雜湊值）不匹配，則建置失敗並通知律師。

請注意，我們並沒有試圖評估程式庫版本之間的差異，也沒有建立某種神奇的人工智慧來分析它。如往常一樣，適應性函數會通知我們一些意想不到的變化。這既是**自動**（*automated*）適應性函數的例子，也是**手動**（*manual*）適應性函數的例子：對變更的檢測是自動化的，但對變更的回應，即律師對變更過的程式庫之批准，仍然是人工干預的。

A11y 和其他支援的架構特性

有時，知道要搜尋什麼，架構師就能找到正確的工具。「A11y」是開發人員對**可及性**（*accessibility*）的簡稱（因為它由 *a*、11 個字母和 *y* 組成，也稱「無障礙性」），這決定一個應用程式對於具有不同能力之人的支援程度如何。

由於許多公司和政府機構都對無障礙性提出了要求，因此驗證這種架構特性的工具也層出不窮，其中包括 Pa11y（*https://pa11y.org*）等工具，這種工具能對靜態網頁元素進行命令列式的掃描，以確保無障礙性。

ArchUnit

ArchUnit 是一種測試工具，它受到 JUnit 的啟發，並使用為 JUnit 建立的一些輔助工具。不過，它是為測試架構特性而非一般程式碼結構而設計的。在圖 2-3 中，我們已經展示過 ArchUnit 適應性函數的一個例子；這裡還有更多可用的治理方式的範例。

套件依存關係

套件劃分了 Java 生態系統中的元件，架構師經常希望定義如何將套件「連接」在一起。請看圖 4-9 所示的元件範例。

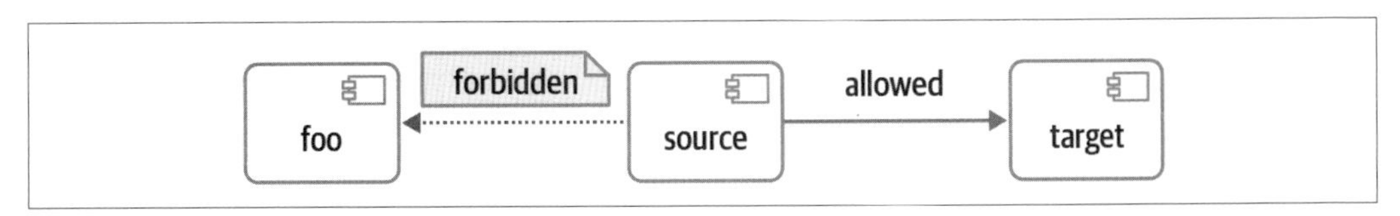

圖 4-9 Java 中的宣告式套件依存關係

施加如圖 4-9 所示依存關係的 ArchUnit 程式碼，請參閱範例 4-3。

範例 *4-3*　套件依存關係的治理

```
noClasses().that().resideInAPackage("..source..")
    .should().dependOnClassesThat().resideInAPackage("..foo..")
```

ArchUnit 使用 JUnit 中的 Hamcrest 匹配器（Hamcrest matchers）（*https://oreil.ly/fuVil*），允許架構師編寫非常類似語言的斷言（assertions），如範例 4-3 所示，使他們能夠定義哪些元件可以（allowed）或不可以（forbidden）存取其他元件。

對架構師來說，另一個常見的可治理問題是元件的依存關係（component dependencies），如圖 4-10 所示。

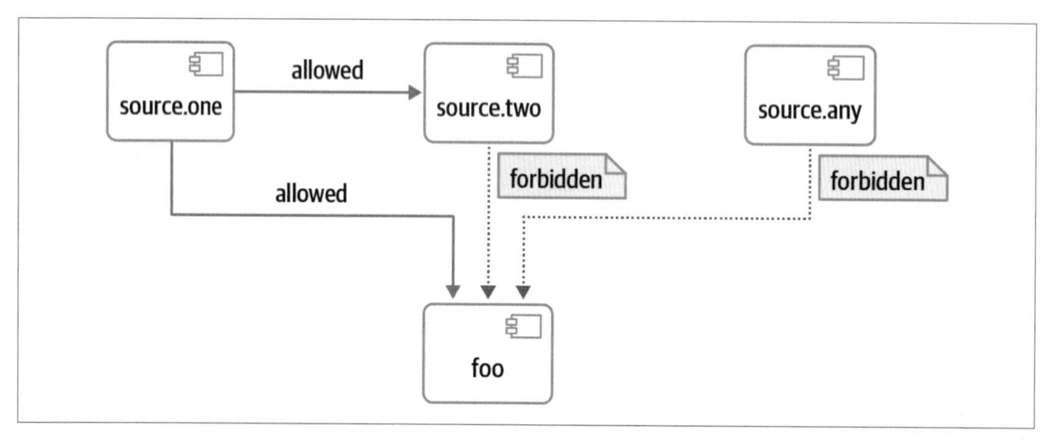

圖 4-10　套件依存關係的治理

在圖 4-10 中，共用程式庫 `foo` 應可從 `source.one` 存取，但不能從其他元件存取；架構師可透過 ArchUnit 指定管理規則，如範例 4-4 所示。

範例 *4-4*　允許和限制套件的存取

```
classes().that().resideInAPackage("..foo..")
    .should().onlyHaveDependentClassesThat()
        .resideInAnyPackage("..source.one..", "..foo..")
```

範例 4-4 展示了架構師如何控制專案之間編譯時期的依存關係（compile-time dependencies）。

類別依存關係檢查

類似於關於套件的規則，架構師通常也希望控制類別設計的架構面向。舉例來說，架構師可能希望限制元件之間的依存關係，以防止部署複雜化。請看圖 4-11 中類別之間的關係。

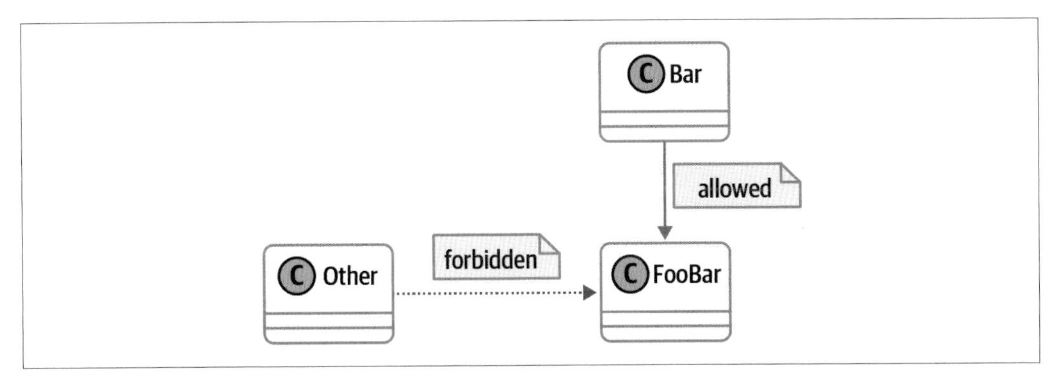

圖 4-11　允許或禁止存取的依存關係檢查

ArchUnit 允許架構師透過範例 4-5 編纂圖 4-11 所示的規則。

範例 *4-5　ArchUnit* 中的類別依存規則

```
classes().that().haveNameMatching(".*Bar")
    .should().onlyHaveDependentClassesThat().haveSimpleName("Bar")
```

ArchUnit 允許架構師對應用程式中元件的「線路系統」進行精細控制。

繼承檢查

繼承（inheritance）是物件導向程式語言支援的另一種依存關係；從架構的角度來看，繼承是耦合（coupling）的一種特殊形式。在「視情況而定！」為其永恆答案的典型例子中，繼承是否是一個令人頭疼的架構問題，取決於團隊如何部署受影響的元件：如果繼承關係完全限制在單一元件中，則不會有架構上的副作用。另一方面，如果繼承跨越了元件或部署邊界，架構師就必須採取特別的措施，以確保耦合維持不變。

繼承經常會是架構的關注點；圖 4-12 是需要治理的結構類型的一個例子。

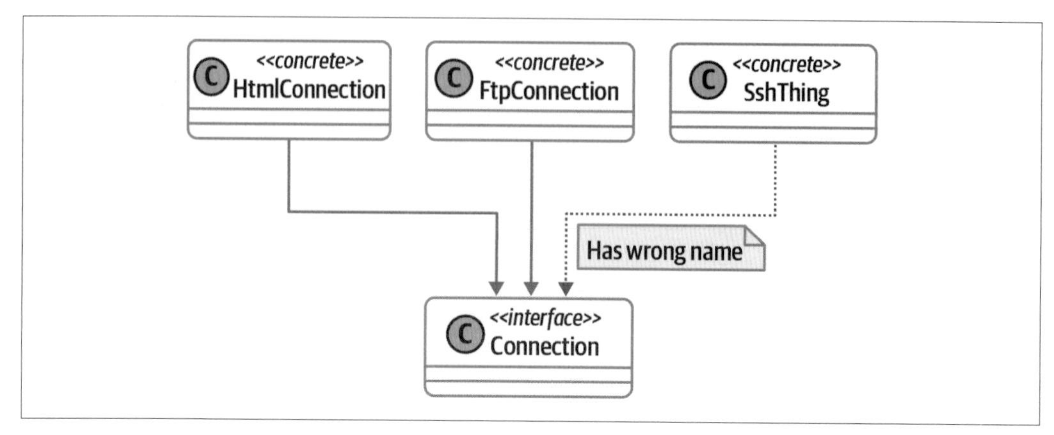

圖 4-12　治理繼承依存關係

架構師可以透過範例 4-6 中的程式碼來表達圖 4-12 中的規則。

範例 *4-6*　用 *ArchUnit* 表示的繼承治理規則

```
classes().that().implement(Connection.class)
    .should().haveSimpleNameEndingWith("Connection")
```

注釋檢查

架構師在支援的平台中表明意圖的常用方法是透過標記注釋（*tagging annotations*，或屬性，具體取決於你的平台）。舉例來說，架構師可能想讓某個類別只充當其他服務的協調者，其意圖是該類別永遠不會採取非協調行為。使用注釋可以讓架構師驗證意圖和正確的用法。

如圖 4-13 所示，ArchUnit 允許架構師驗證這種用法。

如範例 4-7 所示，架構師可以將圖 4-13 中隱含的管理規則編寫為程式碼。

範例 *4-7*　注釋的治理規則

```
classes().that().areAssignableTo(EntityManager.class)
    .should().onlyHaveDependentClassesThat().areAnnotatedWith(Transactional.class)
```

在範例 4-7 中，設計者希望確保只有經過注釋的類別（annotated classes）才能使用 `EntityManager` 類別。

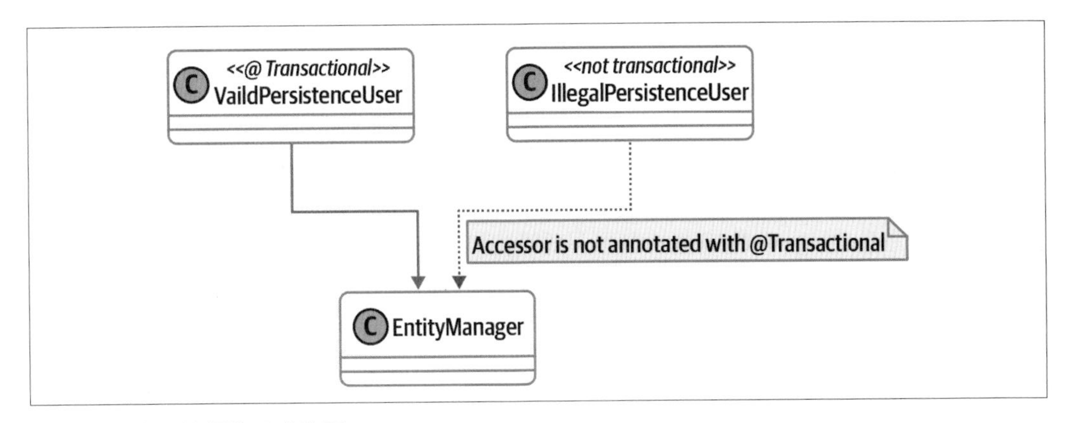

圖 4-13　治理注釋的正確使用

分層檢查

像 ArchUnit 這樣的治理工具最常見的用途之一，就是讓架構師強制施加設計決策。架構師經常會做出一些決策，如關注點分離（separation of concerns），這些決策會給開發人員帶來短期的不便，但卻能在演化和隔離方面帶來長期的好處。請參閱圖 4-14 中的插圖。

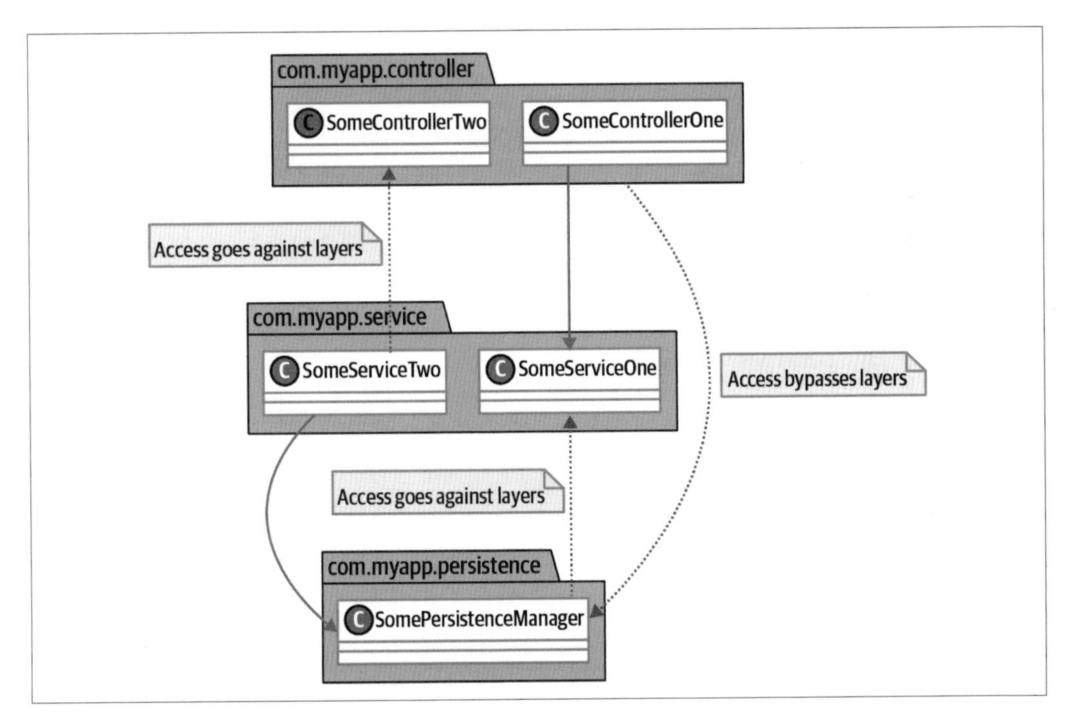

圖 4-14　使用元件定義分層架構

架構師建立了一個分層架構（layered architecture），以隔離各層之間的變化。在這種架構中，依存關係只應存在於相鄰層之間；與特定層耦合的層數越多，因為變化而產生的副作用漣漪就越大。

用 ArchUnit 表示的分層治理檢查適應性函數請參閱範例 4-8。

範例 *4-8*　分層架構治理檢查

```
layeredArchitecture()
    .consideringAllDependencies()
    .layer("Controller").definedBy("..controller..")
    .layer("Service").definedBy("..service..")
    .layer("Persistence").definedBy("..persistence..")

    .whereLayer("Controller").mayNotBeAccessedByAnyLayer()
    .whereLayer("Service").mayOnlyBeAccessedByLayers("Controller")
    .whereLayer("Persistence").mayOnlyBeAccessedByLayers("Service")
```

在範例 4-8 中，架構師定義了分層和那些層的存取規則。

你們中的許多架構師都曾在 wiki 或其他共享資訊儲存庫中，用自然語言編寫過前面例子中用許多原則，但卻無人閱讀！ 對架構師來說，表達原則是件好事，但沒有施行的原則只是願望，而非治理。範例 4-8 中的分層架構就是一個很好的例子：雖然架構師可以編寫一份文件來描述其分層和所依據的關注點分離原則，但除非有一個適應性函數來驗證它，不然架構師永遠無法肯定開發人員會遵循那些原則。

我們花了很多時間強調 ArchUnit，因為它是眾多以治理為重點的測試框架中最成熟的一個。顯然地，它只適用於 Java 生態系統。幸運的是，NetArchTest（*https://oreil.ly/mviqT*）複製了 ArchUnit 的相同風格和基本功能，但適用於 .NET 平台。

用於程式碼治理的 Linter

除了 Java 和 .NET 平台外，我們還經常遇到其他平台的架構師垂涎欲滴地詢問：是否有與 ArchUnit 相當的 *X* 平台工具？雖然像 ArchUnit 這樣的專用工具很罕見，但大多數程式語言都包含某種 *linter*，這是一種掃描原始碼以找出編程反模式和缺陷的實用工具。一般來說，linter 會對原始碼進行詞彙分析和句構剖析，並提供由開發人員製作的外掛來撰寫語法檢查。舉例來說，JavaScript 的 linting 工具 ESLint（*https://eslint.org*）（嚴格來說是 ECMAScript 的 linter），允許開發人員編寫需要（或不需要）分號、名義上選擇性的大括號等語法規則。他們還可以編寫架構師希望強制施加的函式呼叫政策（function-calling policies）的相關規則，以及其他治理規則。

大多數平台都有 linter；舉例來說，C++ 可使用 Cpplint（*https://oreil.ly/zs9pY*）；Go 語言可使用 Staticcheck（*https://staticcheck.io*）。甚至還有各種針對 SQL 的 linter，包括 sql-lint（*https://oreil.ly/T4OB9*）。雖然它們不如 ArchUnit 那樣方便，但架構師仍然可以在幾乎任何源碼庫中編寫許多結構性檢查。

案例研究：可用性適應性函數

許多架構師都會遇到一個共同的難題：我們應該使用舊有系統（legacy system）作為整合點，還是建置一個新系統？如果某個解決方案以前沒有被嘗試過，架構師該如何做出客觀的決定呢？

在與某個舊有系統整合時，PenultimateWidgets 遇到了這種問題。為此，團隊建立了一個適應性函數來對舊有服務（legacy service）進行壓力測試，如圖 4-15 所示。

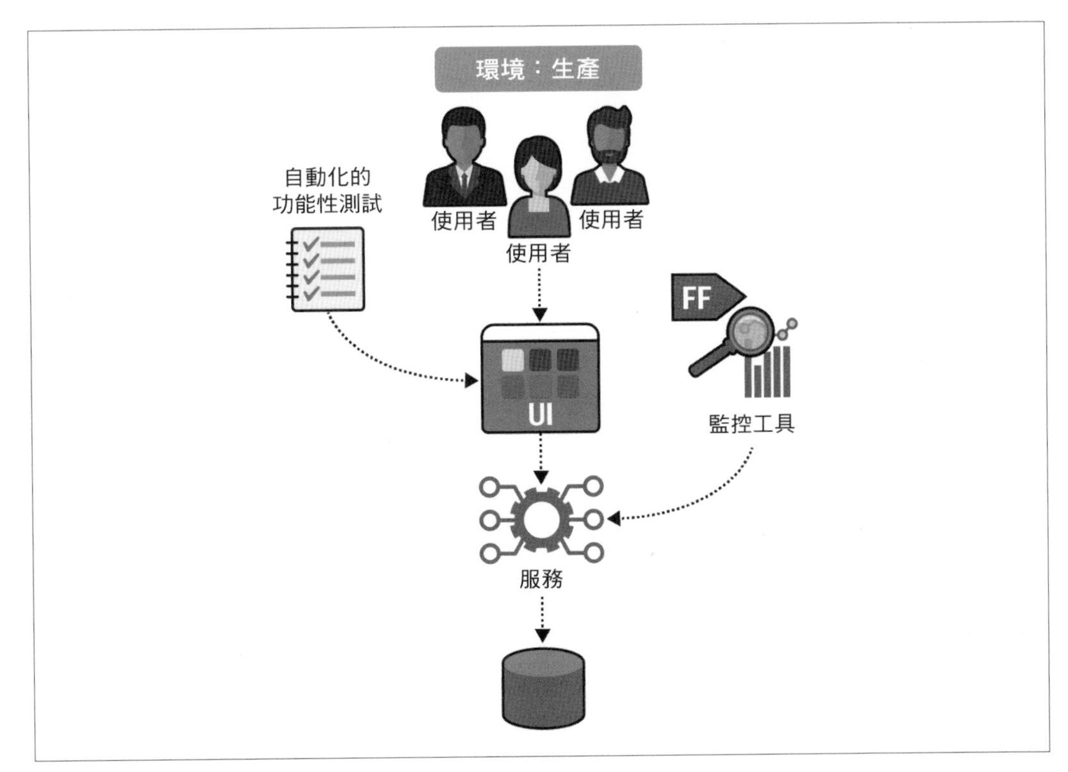

圖 4-15　驗證可用性的適應性函數

設置好生態系統後，團隊使用監控工具測量了與第三方系統總回應相比的錯誤百分比。

實驗結果表明，舊有系統在可用性方面沒有問題，而且有充足的額外資源來處理整合點。

這項客觀結果使團隊能夠有把握地說明舊有整合點是足夠的，從而釋放了原本要用於重寫該系統的資源。這個例子說明了適應性函數如何幫助軟體開發從一種憑感覺的工藝轉變為一門可衡量的工程學科。

案例研究：配合金絲雀發佈進行負載測試

PenultimateWidgets 的服務目前「生活」在一部虛擬機器中。然而，在高負載的情況下，這單一個實體難以滿足必要的規模擴充。為了快速解決問題，團隊為服務實作了自動規模縮放（auto-scaling），將單個實體複製為多個實體，作為權宜之計，因為繁忙的年度促銷活動即將到來。然而，團隊中持懷疑態度的人想知道，他們如何才能證明新系統在高負載情況下也能正常工作。

該專案的架構師建立了與某個功能旗標掛鉤的一個適應性函數，允許**金絲雀發佈**（*canary releases*）或**暗啟動**（*dark launches*），即向一小部分使用者釋出新行為，以測驗變更可能產生的整體影響。舉例來說，當一個具有高度規模擴充性的網站之開發人員，要發行一項會消耗大量頻寬的新功能時，他們通常希望緩慢地釋出變更，以便監控其影響。這種設定如圖 4-16 所示。

對於圖 4-16 所示的適應性函數，團隊最初只向一小部分使用者釋出自動縮放規模的實體，然後隨著監測結果顯示效能和支援持續良好，才隨之提高使用者數量。

在團隊開發更好的解決方案的同時，該解決方案將發揮鷹架的作用，允許進行有限期的擴充。有了適應性函數並定期執行，團隊就能更加了解這種權宜之計能持續多久。

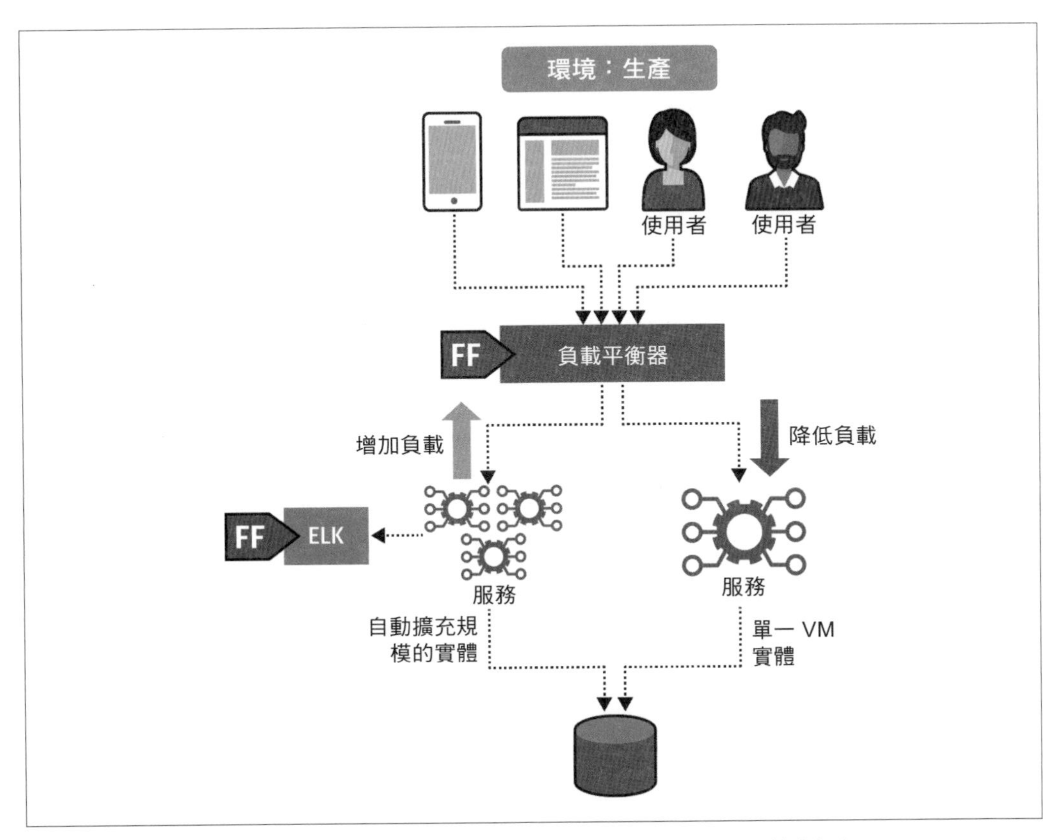

圖 4-16 以金絲雀發佈的方式釋出自動縮放規模的功能，以提供支援並增強信心

案例研究：要移植什麼？

有一個特殊的 PenultimateWidgets 應用程式是工作主力，作為 Java Swing 應用程式開發出來已經快十年，並不斷增加新功能。公司決定將其移植為 Web 應用程式。然而，現在商業分析師面臨著一個艱難的決定：他們應該移植多少既有的繁雜功能？更實際的問題是，他們應該按照什麼順序實作新應用程式的移植功能，以便快速提供最多功能性？

PenultimateWidgets 的一位架構師曾詢問商業分析師最受歡迎的功能是什麼，但他們一無所知！儘管他們多年來一直在為應用程式的細節制定規格，但他們並不真正了解使用者是如何使用應用程式的。為了從使用者那邊了解情況，開發人員釋出了一個新版本的舊有應用程式，啟用了日誌記錄的功能，以追蹤使用者實際用了哪些選單功能。

幾週後，他們收穫了成果，為哪些功能需要移植以及移植順序提供極好的路線圖。他們發現，開立發票和客戶查詢功能最常被使用。出乎意料的是，應用程式花了很大力氣建置的一個子部分卻很少有人使用，因此團隊決定不在新的 Web 應用程式中提供該功能。

你已經在使用的適應性函數

除了 ArchUnit 等新工具外，我們概述的許多工具和方法並不新穎。但是，各團隊僅以零星、不一致的方式，基於臨時的特設情況來使用它們。我們圍繞著「**適應性函數**（*fitness function*）」概念所提出的部分見解，將各種工具統合到了一個單一的視角中。因此，你很有可能已經在你的專案中使用了各種適應性函數，只是你還沒有這樣稱呼它們。

適應性函數包括像 SonarCube 那樣的指標工具套件；esLint、pyLint 和 cppLint 等 linting 工具；以及 PMD 等一系列的原始碼驗證工具。

單純只因為團隊使用監控器來觀察訊務流量（traffic），並不代表那些測量是適應性函數。設定了帶有警報的**客觀指標**（*objective measure*），才能將測量轉換為適應性函數。

要將一個度量（metric）或測量（measurement）活動轉換為適應性函數，就定義客觀指標（*objective measures*），並提供快速反饋，以增加使用接受度。

偶爾使用這些工具並不能使它們成為適應性函數，將它們連接到持續驗證中才能辦到。

整合架構

雖然許多適應性函數適用於個別應用程式，但它們存在於架構生態系統的所有部分，任何可能從治理中受益的部分都有。不可避免地，越是遠離特定應用問題的例子，通用的解決方案就越少。整合架構（integration architecture）就其本質而言整合了不同的特定部分，因此難以提供一般性建議。不過，對於整合架構的適應性函數，還是存在一些通用模式的。

微服務中的通訊治理

許多架構師在看到圖 2-3 所示的循環測試（cycle test）時，都會幻想對微服務等分散式架構進行同樣的測試。然而，這種願望與架構問題的異構本質（heterogeneous nature）交織在一起。元件循環（component cycles）的測試是一種編譯期檢查，需要單一源碼庫和使用相應語言的工具。然而，在微服務中，單一工具是不夠的：每個服務可能都是用不同的技術堆疊撰寫、放在不同的儲存庫（repositories）中、使用不同的通訊協定，還帶有許多其他變量。因此，不太可能找到適用於微服務適應性函數的一站式工具（turnkey tool）。

架構師通常需要編寫自己的適應性函數，但創建一整個框架並無必要（而且工作量太大）。許多適應性函數由 10 或 15 行「黏著劑」程式碼組成，往往採用與解決方案不同的技術堆疊。

考慮一下管理微服務之間呼叫的治理問題，如圖 4-17 所示。架構師將 `OrderOrchestrator` 設計為工作流程的唯一狀態所有者。然而，如果領域服務（domain services）相互通訊，協調器（orchestrator）就無法保持正確的狀態。因此，架構師可能希望治理服務之間的通訊：領域服務只能與協調器通訊。

不過，如果架構師能確保系統間的介面一致（例如格式可剖析的日誌記錄），他們就可以用指令稿語言（scripting language）編寫幾行程式碼，來建置一個治理適應性函數（governance fitness function）。考慮包含以下資訊的日誌訊息：

- 服務名稱
- 使用者名稱
- IP 位址
- 關聯識別碼（Correlation ID）
- 以 UTC 表示的訊息接收時間
- 所花費的時間
- 方法名稱

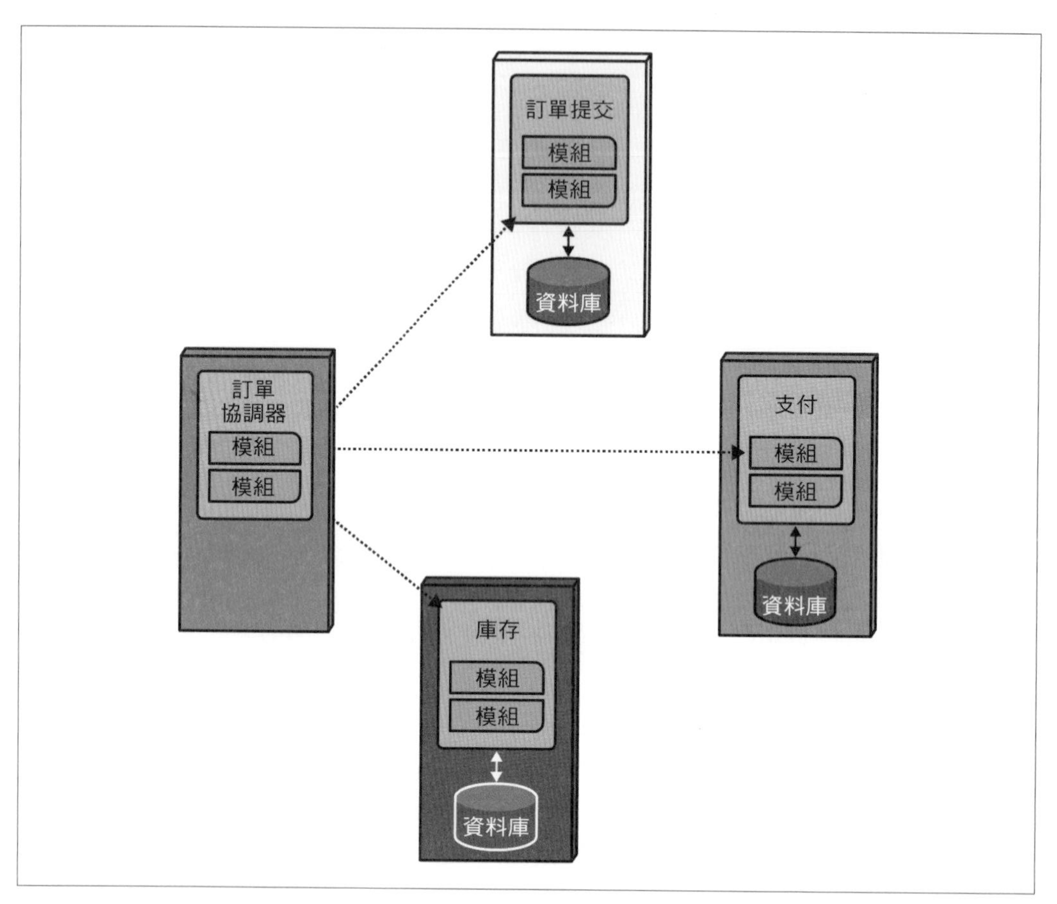

圖 4-17 治理微服務之間的通訊

舉例來說，某條日誌訊息可能與範例 4-9 中顯示的資訊相似。

範例 *4-9* 微服務日誌格式的範例

```
["OrderOrchestrator", "jdoe", "192.16.100.10", "ABC123",
  "2021-11-05T08:15:30-05:00", "3100ms", "updateOrderState()"]
```

首先，架構師可以為每個專案建立一個適應性函數，強制要求以範例 4-9 所示的格式輸出日誌訊息，而不管技術堆疊為何。這個適應性函數可以附加到服務共用的共通容器映像中。

接著，架構師用 Ruby 或 Python 等指令稿語言編寫一個簡單的適應性函數，以獲取記錄資訊，剖析範例 4-9 中規定的共通格式，並檢查已批准（或不批准）的通訊，如範例 4-10 所示。

範例 *4-10* 檢查服務之間的通訊

```
list_of_services.each { |service|
    service.import_logsFor(24.hours)
     calls_from(service).each { |call|
         unless call.destination.equals("orchestrator")
          raise FitnessFunctionFailure.new()
     }
   }
```

在範例 4-10 中，架構師編寫了一個迴圈，迭代過去 24 小時內蒐集到的所有日誌檔案。對於每個記錄條目，他們都會進行檢查，以確保每次呼叫的呼叫目標都只能是協調器服務，而不是任何領域服務。如果其中一個服務違反了這一規則，適應性函數就會提出例外。

在第 2 章關於**觸發型**適應性函數 vs. **持續型**適應性函數的討論中，你可能認得出這個例子的某些部分；這是一個很好的例子，說明了實作適應性函數的兩種不同方式，以及不同的權衡取捨。範例 4-10 中的範例代表了一種**反應式**（*reactive*）的適應性函數，它會在一定時間間隔（本例中為 24 小時）後對治理檢查做出反應。然而，實作此一適應性函數的另一種方式是**主動式**（*proactively*）的：依據即時的通訊監控器，在違規行為發生時進行捕捉。

每種方法都需要取捨利弊。反應式版本不會對架構的執行時期特性帶來任何額外負擔，而監控器則會增加少量開銷。不過，主動式版本可以立即捕捉違規行為，而不是一天後才捕捉。

因此，這兩種做法之間的真正權衡可能取決於治理的關鍵程度。舉例來說，如果未經授權的通訊會造成直接問題（如安全考量），架構師就應該實作主動式版本。但是，如果目的只是結構性治理，那麼建立基於日誌的反應式適應性函數，對執行系統所造成影響的可能性較小。

案例研究：選擇如何實作適應性函數

測試問題領域的工作大多簡單明瞭：當開發人員在程式碼中實作功能時，他們會使用一或多個測試框架對那些功能進行漸進式測試。然而，架構師可能會發現，即使是簡單的適應性函數也會有多種實作方式。

請看圖 4-18 中的範例。

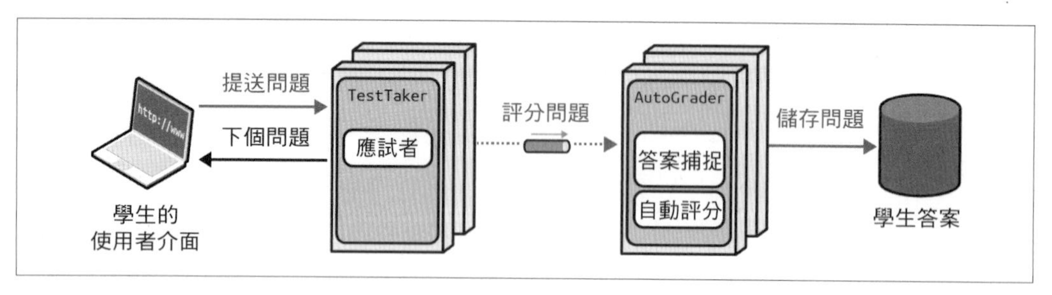

圖 4-18　評分訊息的治理

在圖 4-18 中，一名學生回答由 TestTaker 服務提供的試題，而 TestTaker 服務則接著將訊息非同步傳遞給 AutoGrader，後者則持續儲存已評分的試題答案。可靠性（reliability）是該系統的一個關鍵需求：系統在通訊過程中絕不能「丟失」任何答案。架構師如何為此問題設計一個適應性函數呢？

目前至少有兩種解決方案，主要區別在於各自的取捨。請看圖 4-19 所示的解決方案。

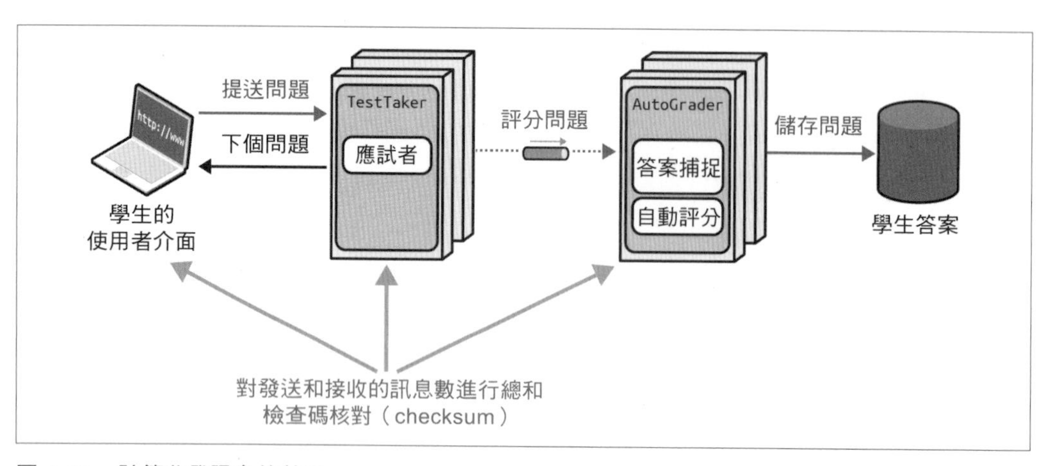

圖 4-19　計算收發訊息的數量

如果我們假定使用的是現代微服務架構，那麼訊息埠（message ports）等問題通常由容器來管理。實作圖 4-19 所示適應性函數的一種簡單方法是，利用容器來檢查傳入和傳出訊息的數量，如果數量不符就發出警報。

這是一個簡單的適應性函數，因為它在服務和容器層級（service/container level）是原子型（atomic）的，架構師可以透過一致的基礎設施來強制施行它。但是，它不能保證端到端的可靠性，只能保證服務層級的可靠性。

圖 4-20 是實作適應性函數的另一種方式。

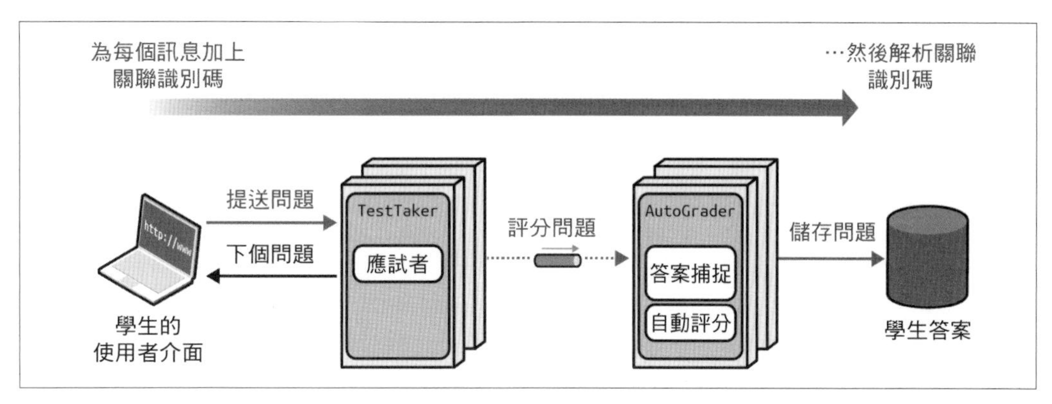

圖 4-20　使用關聯識別碼（correlation ID）確保可靠性

在圖 4-20 中，架構師使用關聯識別碼（*correlation ID*），這是一種常用的技巧，可為每個請求標上一個唯一的識別碼，以實現可追蹤性（traceability）。為確保訊息的可靠性，在請求開始時，會為每個訊息配置一個關聯識別碼，並在過程結束時檢查每個 ID 以確保它已被處理。這第二種技巧為訊息可靠性提供更全面的保證，但現在架構師必須維護整個工作流程的狀態，從而增加了協調的難度。

哪種適應性函數實作方式才是正確的？就像軟體架構中的任何事情一樣，這**取決於具體情況**！外部力量往往會決定架構師要選擇哪一套權衡方案；重點在於，不要陷在認定只有一種方法可以實作適應性函數的誤區。

圖 4-21 所示的圖表是來自一個實際專案的例子，該專案正是設置了這種適應性函數，以確保資料的可靠性。

Ratio of "No. of non-missed exits event for the day"/"total number of exits for the day"

Trend Reports in Google Data studio#

	effectiveDa...	total_exits_per_day	successful_exits_per_day	service_level_indicator
1.	Mar 28, 2022	5	5	1
2.	Mar 27, 2022	4	4	1
3.	Mar 25, 2022	17	16	0.94
4.	Mar 24, 2022	1	1	1
5.	Mar 23, 2022	9	9	1
6.	Mar 22, 2022	4	4	1
7.	Mar 21, 2022	10	10	1
8.	Mar 20, 2022	1	1	1
9.	Mar 18, 2022	10	10	1
10.	Mar 17, 2022	24	24	1
11.	Mar 16, 2022	1	1	1
12.	Mar 15, 2022	6	6	1
13.	Mar 14, 2022	4	4	1
14.	Mar 13, 2022	1	1	1

1 - 25 / 25 < >

圖 4-21　顯示經過協調的工作流程中訊息可靠性的圖表

如你所見，適應性函數揭露了一些訊息*沒有*傳送通過的事實，從而鼓勵團隊對原因進行取證分析（並保留適應性函數以確保將來不會出現問題）。

DevOps

雖然我們涉及的大多數適應性函數都與架構結構（architectural structure）和相關概念（如軟體架構本身）有關，但治理問題可能涉及生態系統的所有部分，包括一系列與 DevOps 相關的適應性函數。

這些都是適應性函數，而不僅僅是運營問題，原因有二。首先，它們同時涉及軟體架構和營運考量：架構的變化可能會影響系統的運營部分。其次，它們代表了具有客觀結果的治理檢查。

混沌工程（Chaos Engineering）

工程師在設計 Netflix 的分散式架構時，將其設計為在 Amazon Cloud 上執行。但他們擔心，由於無法直接控制其運營，可能會出現什麼奇怪的行為，如高延遲、可用性、彈性等。為了消除擔憂，他們建立了 Chaos Monkey，並最終建立了整個開源的 Simian Army（*https://oreil.ly/qNHLF*）。

最初的「monkey（猴子）」是用來製造混亂和隨機性的，但充實後的「Simian Army（猿猴軍團）」則包含了一些特化的功能：

Chaos Monkey

Chaos Monkey（混沌猴）可以「潛入」Amazon 資料中心，製造意想不到的事情：延遲可能上升，可靠性可能下降，其他的混亂可能接踵而至。在設計時，每個團隊都必須考慮到「Chaos Monkey」的情況，從而建置出能夠抵禦強加的混亂的強韌服務。

Chaos Gorilla

Chaos Gorilla（混沌大猩猩）可以摧毀整個 Amazon 資料中心，假造突然的整體資料斷供。

Chaos Kong

如果說「Chaos Gorilla」聽起來還不夠可怕，那麼「Chaos Kong（混沌金剛）」則可以摧毀整個可用區（availability zone），讓雲端生態系統的一部分看似消失了。幾年前（*https://oreil.ly/2pv4V*），由於缺乏自動化，Amazon 的一名工程師不小心關閉了 Amazon East 的所有系統（該名工程師手滑打錯了一道命令，想輸入 `kill 10`，結果打了 `kill 100`），這充分體現了混沌工程的一般有效性，更彰顯了 Simian Army 的特殊威力。不過，在那次故障期間，Netflix 一直保持正常運作，它的架構師被「混沌大猩猩」逼得不得不繞過這種可能發生的情況來進行設計。

Doctor Monkey

Doctor Monkey（醫師猴）可以檢查服務的總體健康狀況（CPU 使用率、磁碟空間等），並在資源緊張時發出警報。

Latency Monkey

基於雲端的資源一直讓人頭疼的一點在於，尤其是在早期，是解析資源（resolving resources）的高延遲。雖然最初的 Chaos Monkey 也會隨機影響延遲，但「Latency Monkey（延遲猴）」更是專門針對這一常見故障而設計的。

Janitor Monkey

Netflix 擁有一個演化式的生態系統：新服務逐步出現，取代並增強了現有服務，但變化的這種流動性並不強制要求團隊在新功能出現後立即使用。取而代之，他們可以在方便時再轉用新功能。由於許多服務沒有正式的發佈週期，因此有可能出現孤兒服務（*orphaned* services）：仍在雲端中執行但卻沒有任何使用者的服務，因為使用者都轉移到了更好的版本。Janitor Monkey（看門猴）透過搜尋仍在雲端中執行、但沒有任何其他服務會繞送給它的那些服務來解決這種問題，並將孤兒服務從雲端中解體，節省所消耗的雲端可替換資源。

Conformity Monkey

Conformity Monkey（合規猴）為 Netflix 架構師提供一個實作特定治理適應性函數的平台。舉例來說，架構師可能會擔心所有 REST 端點是否都支援正確的動詞、展現正確的錯誤處理行為並正確地支援詮釋資料（metadata），因此他們可能會建置一個持續執行的工具來呼叫 REST 端點（就像普通客戶端一樣）以驗證結果。

Security Monkey

顧名思義，「Security Monkey（安全猴）」是「合規猴（Conformity Monkey）」的特化版本，專門針對安全問題。舉例來說，它會掃描開放的除錯通訊埠、缺少的身分驗證，以及其他可自動驗證的問題。

Simian Army 是開放原始碼的，後來隨著 Netflix 工程師們建立起更進階的治理機制，它最終被棄用了。不過，有些猴子找到了新家。舉例來說，非常有用的「看門猴（Janitor Monkey）」已重生為了 Swabbie（*https://oreil.ly/WvKxj*），成為基於雲端的適應性函數開源套件的一部分。

混沌工程背後的原理令人信服：問題不在於系統是否最終會出現某種故障，而在於何時出現故障。透過設計（和治理）已知可能發生的事件，架構師和營運人員可以合作開發出更穩健的系統。

請注意，Chaos Monkey 並非依據排程表執行的測試工具，而是在 Netflix 的生態系統中持續運行。這不僅迫使開發人員建置能夠承受問題的系統，而且它會持續測試系統的有效性。將這種持續驗證內建於架構中，使 Netflix 得以建立世界上最穩健的系統之一。Simian Army 是全面、持續、可運營的適應性函數之絕佳典範。它針對架構的多個部分同時執行，確保架構特性（彈性、可擴充性等）得以維持。

企業架構

到目前為止，我們所展示的大多數適應性函數都與應用程式或整合架構有關，但它們適用於可從治理中受益的架構的任何部分。企業架構師（enterprise architects）會對生態系統的其他部分產生重大影響，尤其是當他們在生態系統中定義**平台**（*platforms*）以封裝業務功能之時。這項努力與我們明確表示過的願望一致，也就是盡可能將實作細節控制在最小的範疇內。

請看圖 4-22 中的範例。

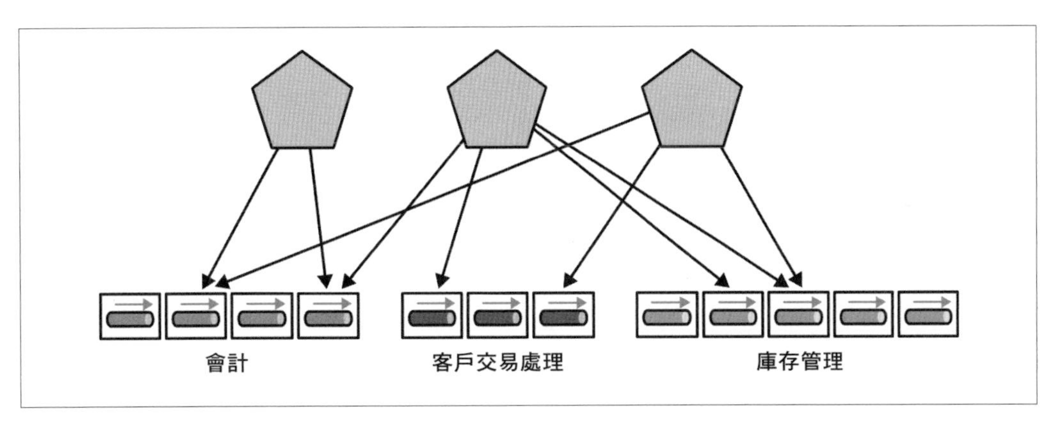

圖 4-22　應用程式作為服務的臨時組合

在圖 4-22 中，應用程式（如頂部所示）從企業的多個不同部分消費服務。從應用程式到服務有精細的存取方式，導致各部分之間互動方式的實作細節外洩到應用程式中，進而使它們更為脆弱。

意識到這一點後，許多企業架構師在設計平台時，都會將業務功能封裝在受到管理的契約（managed contracts）之後，如圖 4-23 所示。

在圖 4-23 中，架構師建置平台以隱藏組織解決問題的方式，改為建置一個理想上變動緩慢的一致 API，透過平台契約描述生態系統其他部分所需的設施。藉由將實作細節封裝在平台層級，架構師減少了實作耦合的擴散，從而使架構不那麼脆弱。

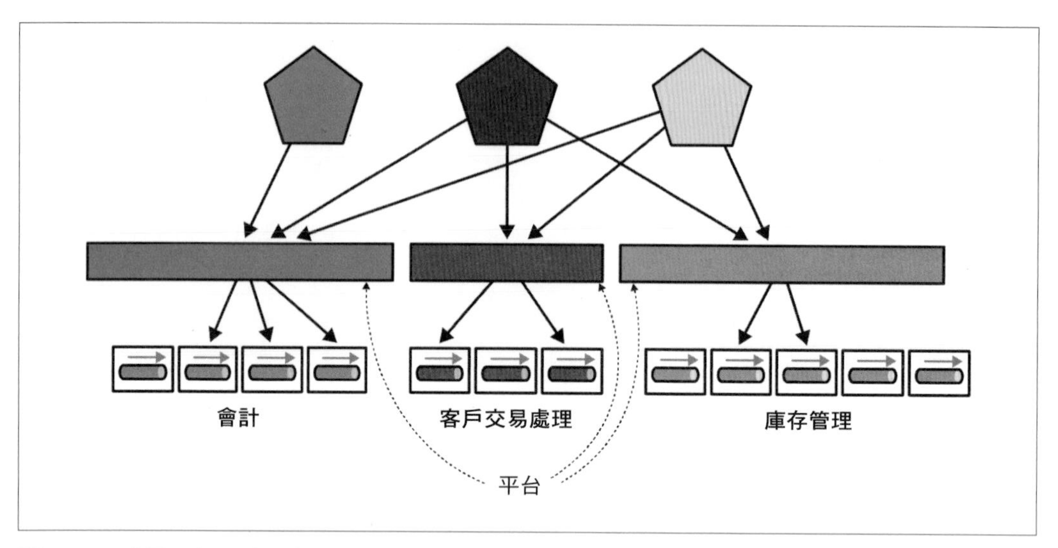

圖 4-23　建置平台以隱藏實作細節

企業架構師為這些平台和適應性函數定義 API，以治理平台及其實作的功能、結構和其他可治理面向。這反過來又提供另一個好處，使企業架構師不需要做出技術抉擇！取而代之，他們可以專注在能力上，而不是如何實作它們，這就解決了兩個問題。

首先，企業架構師通常遠離實作細節，因此無法及時了解技術領域和自身生態系統中的前沿變化；他們經常遭受「冰凍穴居人（Frozen Caveman）」反模式的不良影響。

冰凍穴居人反模式（Frozen Caveman Antipattern）

在實務上常觀察到的一種行為反模式（behavioral antipattern），即*冰凍穴居人反模式*（*Frozen Caveman Antipattern*），描述的是架構師總是對每一種架構都抱有他們所鍾愛的非理性考量。舉例來說，Neal 的一位同事曾參與開發一個採用集中式架構的系統。然而，每次他們把設計方案交給客戶的架構師時，他們總是會問「但如果我們失去了義大利怎麼辦？」。幾年前，一個突如其來的通訊問題導致總部無法與義大利的分店進行通訊，造成了很大的不便。雖然再次發生的機率極小，但架構師們卻對這一特殊的架構特性耿耿於懷。

一般來說，這種反模式會表露在架構師身上，他們過去曾因決策失誤或意外事件而蒙受損失，因此在之後的工作中都格外謹慎。風險評估固然重要，但也應切合實際。了解真正的技術風險與感知到的技術風險之間的區別，是架構師持續學習過程的一部分。要像架構師一樣思考，就必須克服這些「冰凍穴居人」的想法和經驗，看到其他解決方案，並提出更多「有關緊要」的問題。

無論企業架構師在當前的實作趨勢上多麼落伍，他們最了解企業的長期戰略目標，並能將這些目標編纂成適應性函數。他們不是指定技術選擇，而是在平台層級定義具體的適應性函數，確保平台持續支援適當的特性和行為。這也進一步解釋了我們的建議：分解架構特性，直到可以客觀地測量它們，可以測量的東西就能夠治理。

此外，讓企業架構師專注於建置適應性函數來管理策略願景，還能解放領域和整合架構師，讓他們在實作為適應性函數的防護欄之保護下，做出有結果的技術決策。這又使組織能夠培養下一代企業架構師，因為較低層的角色也被允許做出決策並權衡利弊。

我們曾為幾家公司提供諮詢，這些公司的企業架構角色是**演化式架構師**（*evolutionary architect*），其任務是在組織內探索機會，找出並實作適應性函數（通常是從特定專案中獲取並使其更加通用），並建置具有適當量子邊界和契約的可重用生態系統（reusable ecosystems），以確保平台之間的鬆散耦合。

案例研究：在每天部署 60 次的情況下進行架構重組

GitHub（*http://github.com*）是一個以開發人員為中心的知名網站，其工程實務做法非常激進，平均每天部署 60 次。GitHub 在其部落格「Move Fast and Fix Things」（*https://oreil.ly/zJQ1x*）中描述一個令許多架構師不寒而慄的問題。原來，GitHub 長期以來一直使用包裹在命令列 Git 外面的 shell 指令稿來處理合併問題，雖然能正確運作，但規模擴充性不夠好。Git 工程團隊為許多命令列 Git 功能建立了一個名為 libgit2 的替代程式庫，在此基礎上實作了合併功能，並在本地端進行了全面的測試。

但現在他們必須將新解決方案部署到生產環境中。自 GitHub 成立以來，這種行為一直是 GitHub 的一部分，而且一直運行無誤。開發人員最不想做的事情就是在現有功能中引入錯誤，但他們也必須處理技術債。

幸運的是，GitHub 開發人員建立了 Scientist（*https://oreil.ly/bl2hN*），這是一個用 Ruby 編寫的開源框架，提供全面、持續的測試，以審查程式碼變更。範例 4-11 給出 Scientist 測試的結構。

範例 *4-11 Scientist* 的實驗設定

```
require "scientist"

class MyWidget
  include Scientist

  def allows?(user)
    science "widget-permissions" do |e|
      e.use { model.check_user(user).valid? } # 舊有方式
      e.try { user.can?(:read, model) } # 新方法
    end # 回傳控制值
  end
end
```

在範例 4-11 中，開發人員用 use 區塊（稱為 *control*）封裝了現有行為，並在 try 區塊（稱為 *candidate*）中添加了實驗行為。在程式碼調用的過程中，science 區塊會處理以下細節：

決定是否執行 try 區塊

開發人員設定 Scientist，以確定實驗的執行方式。舉例來說，在本案例研究（其目標是更新合併功能）中，1% 的隨機使用者嘗試了新的合併功能。無論在哪種情況下，Scientist 都一定會回傳 use 程式碼區塊的結果，確保呼叫者在出現差異時始終接收現有的行為。

隨機化 use 和 try 區塊的執行順序

Scientist 這樣做是為了防止由於未知的依存關係而意外掩蓋臭蟲。有時，順序或其他偶然因素會導致誤報（false positives）；藉由隨機調整順序，該工具可降低出現這些錯誤的可能性。

測量所有行為的持續時間

Scientist 的部分工作是進行 A/B 效能測試，因此內建了效能監控功能。事實上，開發人員可以零星地使用該框架：例如，他們可以在不進行實驗的情況下使用它來測量呼叫。

比較 try 和 use 的結果

因為目標是重構現有行為，所以 Scientist 會比較並記錄每次呼叫的結果，以檢視是否存在差異。

吞下（但記錄）在 try 區塊中提出的任何例外

新程式碼總是有可能擲出非預期的例外。開發人員絕不希望終端使用者看到這些錯誤，因此該工具會讓終端使用者無法看到這些錯誤（但會記錄下來供開發人員分析）。

釋出所有的這些資訊

Scientist 以各種格式提供所有的資料。

對於合併的重構，GitHub 開發人員使用以下調用來測試新的實作（稱為 create_merge_commit_rugged)），如範例 4-12 所示。

範例 *4-12* 試驗新的合併演算法

```
def create_merge_commit(author, base, head, options = {})
  commit_message = options[:commit_message] || "Merge #{head} into #{base}"
  now = Time.current

  science "create_merge_commit" do |e|
    e.context :base => base.to_s, :head => head.to_s, :repo => repository.nwo
    e.use { create_merge_commit_git(author, now, base, head, commit_message) }
    e.try { create_merge_commit_rugged(author, now, base, head, commit_message) }
  end
end
```

在範例 4-12 中，對 create_merge_commit_rugged 的呼叫發生在 1% 的調用中，但正如本案例研究所述，在 GitHub 的規模下，所有邊緣情況（edge cases）都會很快出現。

執行這段程式碼時，終端使用者始終會收到正確的結果。如果 try 程式碼區塊回傳的值與 use 的值不同，就會被記錄下來，並回傳 use 的值。因此，對於終端使用者來說，最糟糕的情況與重構前得到的結果完全相同。實驗運行了 4 天，在 24 小時內沒有出現緩慢的情況或不匹配的結果，於是他們移除舊的合併程式碼，保留了新的程式碼。

從我們的角度來看，Scientist 就是一種適應性函數。本案例研究是戰略性地使用整體、持續型適應性函數，讓開發人員能夠放心地重構基礎設施關鍵部分的傑出範例。他們透過在執行新版本的同時執行現有版本，變更了架構的一個關鍵部分，實質上等同於將舊有實作轉變為一種一致性測試。

忠實度適應性函數

這個 Scientist 工具實作了一種名為**忠實度適應性函數**（*fidelity fitness function*）的通用驗證：維持新系統與正被更換的舊系統之間的忠實還原程度。許多組織在沒有足夠的測試或紀律的情況下，花費長時間打造重要功能，直到最後卻不得不用新技術替換舊的應用程式，同時還得保留與舊系統相同的行為。舊系統越老、說明文件越少，團隊就越難複製所需的行為。

忠實度適應性函數允許**新**（*new*）系統和**舊**（*old*）系統的並列比較。在替換過程中，兩個系統平行執行，並有一個代理（proxy）允許團隊以可控的方式呼叫 `old`（舊系統）、`new`（新系統）或 `both`（兩者），直到團隊已經移植了每一點的個別功能為止。有些團隊不願意建立這樣的機制，因為他們意識到分割舊行為和精確複製的複雜性，但最終他們還是屈服於建立信心的必要性。

適應性函數作為一種檢查表而非懲罰工具

我們意識到，我們為架構師提供了隱喻性的尖銳棍子，他們可以用這根棍子戳打開發人員、折磨他們；但這完全不是重點所在。我們希望阻止架構師躲回象牙塔，設計出越來越複雜、更加環環相扣的適應性函數，從而增加開發人員的負擔，卻無法為專案帶來相應的價值。

取而代之，適應性函數是要提供一種方式來強制施加架構原則。許多職業，如外科醫生和飛行員，都會使用（有時是強制性的）檢查表（checklists）作為工作的一部分。這並不是因為他們不了解自己的工作或容易心不在焉，而是為了避免人們在重複執行複雜任務時不小心跳過步驟的自然傾向。舉例來說，每個開發人員都知道他們不應該在部署容器時啟用除錯通訊埠（debug ports），但他們可能會在包含許多其他任務的推送過程中忘了這點。

許多架構師都會在 wiki 或其他共享知識入口中闡述架構和設計原則，但在進度壓力和其他限制因素面前，沒有執行力的原則就會被棄置一旁。將這些設計和治理規則編碼為適應性函數，可確保它們在面對外力時不會被跳過。

架構師經常負責編寫適應性函數，但始終應與開發人員合作，因為他們必須理解那些函數，並在偶爾出現故障時對其進行修復。雖然適應性函數會增加開銷，但它們能防止源碼庫逐漸退化（**位元腐爛**），使其能在未來繼續演化。

以文件記錄說明適應性函數

測試是很好的說明文件，因為讀者永遠不會懷疑測試的真實性，因為他們可以隨時執行測試來檢查結果。信任但要驗證！

架構師可以透過各種方式記錄適應性函數，所有的這些方式都適用於其組織內的其他說明文件。有些架構師認為適應性函數本身就足以記載他們的意圖。然而，測試（無論多麼流暢）對於非技術人員來說，都更難閱讀。

許多架構師喜歡用架構決策紀錄（Architectural Decision Record，ADR）（*https://adr.github.io*）來記錄架構決策。使用適應性函數的團隊會在 ADR 中新增一個段落，說明如何治理包含在內的設計決策。

另一種替代方法是使用行為驅動的開發（behavior-driven development，BDD）（*https://oreil.ly/r6lKy*）框架，如 Cucumber（*https://cucumber.io*）。這些工具旨在將自然語言（native language）映射到驗證程式碼。舉例來說，請看範例 4-13 中的 Cucumber 測試。

範例 4-13　Cucumber 假設

```
Feature: Is it Friday yet?
  Everybody wants to know when it's Friday

  Scenario: Sunday isn't Friday
    Given today is Sunday
    When I ask whether it's Friday yet
    Then I should be told "Nope"
```

範例 4-13 中描述的 `Feature` 映射到一個程式語言方法；一個映射到 Java 例子出現在範例 4-14 中。

範例 4-14　映射到描述的 Cucumber 方法

```
@Given("today is Sunday")
public void today_is_sunday() {
    // 在此編寫程式碼，將上述片語轉化為具體行動
    throw new io.cucumber.java.PendingException();
}
@When("I ask whether it's Friday yet")
public void i_ask_whether_it_s_friday_yet() {
    // 在此編寫程式碼，將上述片語轉化為具體行動
    throw new io.cucumber.java.PendingException();
}
```

```
@Then("I should be told {string}")
public void i_should_be_told(String string) {
    // 在此編寫程式碼，將上述片語轉化為具體行動
    throw new io.cucumber.java.PendingException();
}
```

架構師可以使用範例 4-13 中的自然語言宣告、和範例 4-14 中方法定義之間的映射，或多或少地用單純的自然語言定義適應性函數，並將執行映射到相應的方法中。這為架構師提供一種既能記錄決策又能執行它們的方法。

使用 Cucumber 這樣的工具的缺點在於，捕捉需求（它原本的任務）和記錄適應性函數之間存在阻抗不匹配（impedance mismatch）。

Literate programming（*https://oreil.ly/bnICD*）是 Donald Knuth 的一項創新，他試圖將說明文件（documentation）與原始碼（source code）合併，目的是讓說明文件更為簡潔。他為當時流行的語言編寫了專門的編譯器，但幾乎沒有得到支持。

不過，在現代生態系統中，像是 Mathematica（*https://oreil.ly/5mJXr*）和 Jupyter notebooks（*https://jupyter.org*）之類的工具在資料科學（data science）等學科中非常熱門。特別是，架構師可以使用 Jupyter notebooks 來記錄和執行適應性函數。

在某個案例研究（*https://oreil.ly/P99wA*）中，有團隊建立了一個 notebook，使用結構化程式碼分析器 jQAssistant（*https://jqassistant.org*）結合 Neo4j（*https://neo4j.com*）這種圖資料庫（graph database）來檢查架構規則。jQAssistant 掃描多個工件（Java 位元組碼、Git 歷程記錄、Maven 依存關係等），並將結構資訊儲存到 Neo4j 資料庫中，如圖 4-24 所示。

在圖 4-24 中，源碼庫各部分之間的關係被放置在圖資料庫中，讓團隊可以執行如下的查詢：

```
MATCH (e:Entity)<-[:CONTAINS]-(p:Package)
WHERE p.name <> "model"
RETURN e.fqn as MisplacedEntity, p.name as WrongPackage
```

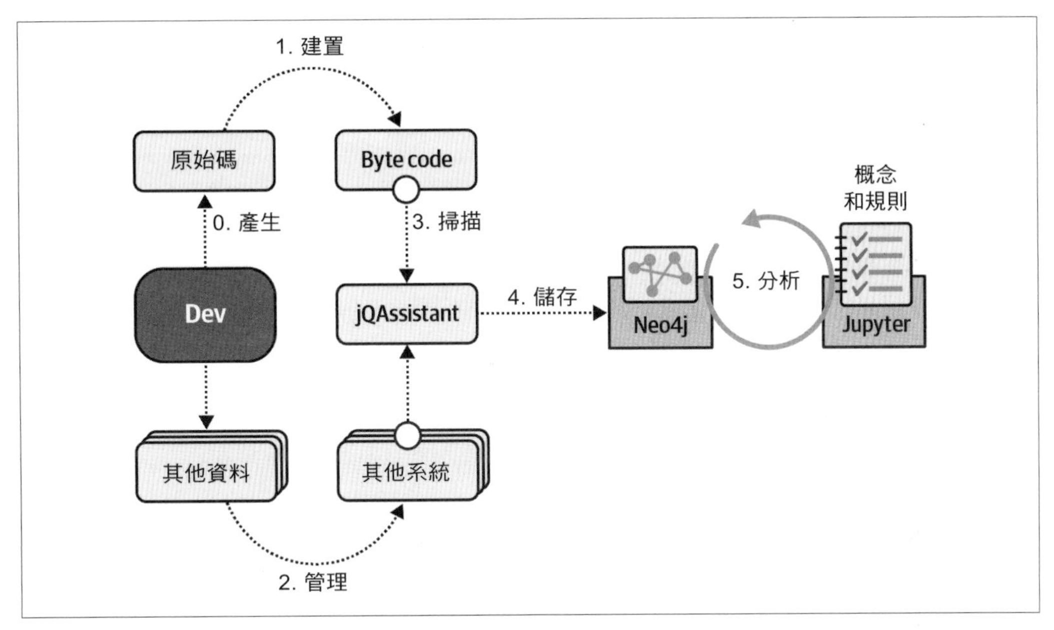

圖 4-24　使用 Jupyter notebook 的治理工作流程

在針對 PetClinic 範例應用程式執行分析時，會產生圖 4-25 所示的輸出。

Out[4]:

MisplacedEntity	WrongPackage
org.springframework.samples.petclinic.repository.PetType	repository

圖 4-25　圖分析的輸出結果

在圖 4-25 中，結果顯示有治理的違規行為出現，即 `model` 套件中的所有類別都應實作一個 `@Entity` 注釋。

Jupyter notebooks 允許架構師定義治理規則的文字並視需要執行。

為適應性函數撰寫說明文件之所以重要，是因為開發人員必須了解它們存在的原因，這樣修復起來才不會麻煩。在企業現有的說明文件框架內找到一種方法來整合適應性函數定義，可以達成最一致的存取。適應性函數的執行仍然是最重要的，但可理解性（understandability）也很重要。

總結

對於架構治理（architecture governance）而言，適應性函數（fitness functions）就像單元測試（unit tests）對於領域變更（domain changes）的作用一樣。然而，適應性函數的實作取決於構成特定架構的各種因素。不存在通用的架構，每個架構都是各種決策和後續技術的獨特組合，通常需要數年或數十年的發展。所以，架構師在創建適應性函數時，經常需要發揮聰明才智。然而，這並不是一個需要編寫整個測試框架的例子。取而代之，架構師通常會用 Python 或 Ruby 等指令稿語言（scripting languages）編寫這些適應性函數，撰寫 10 或 20 行的「黏著劑」程式碼來組合其他工具的輸出。舉例來說，範例 4-10 可以獲取日誌檔的輸出，並檢查特定的字串模式。

我們的一位同事提出了一個關於適應性函數很好的隱喻，如圖 4-26 所示。

圖 4-26　無論道路是由什麼材料製成的，適應性函數都能發揮護欄（guardrails）的作用

在圖 4-26 中，道路可以由各種材料製成，如瀝青、鵝卵石、碎石等。無論是什麼類型的車輛或道路，護欄的存在都是為了確保旅行者能夠維持在道路上行駛。適應性函數是架構特性的護欄，由架構師所建立，以防止系統腐爛並支援系統隨著時間的演化。

第二部分

結構

第一部分定義了演化式架構的**機制**（*mechanics*）：團隊如何建立適應性函數、部署管線和其他機制來治理和演化軟體專案。

第二部分涉及架構的**結構**（*structure*）。軟體系統的拓撲結構（topology）對其可演化性（evolvability）影響甚鉅。結構設計在架構師的工作中佔很大比重，如果設計得當，某些原則可以使系統隨著時間的推移進行更簡潔的演化。

現代系統迫使架構師考慮資料的影響及其與架構的共同演化，這反映在我們談論兩者交集的章節中。

第五章

演化式架構拓撲

關於架構的討論經常歸結為耦合（coupling）：架構的各個部分如何相互連接和彼此仰賴。許多架構師公開譴責耦合是必要之惡，但如果不仰賴其他元件（並與之耦合），就很難建置複雜的軟體。演化式架構關注的是適當的耦合：如何確定架構的哪些維度應該耦合，以最小的運營費用和成本提供最大效益。

在本章中，讀者將更深入地了解架構耦合（architecture coupling）、耦合如何影響架構結構，以及如何評估軟體架構的結構，從而更有效地對其進行演化。我們還將提供一些具體的術語，以及從元件層級一路往上到系統層級的架構拓撲建議。

可演化的架構結構

不同的架構風格具有不同的演化特性，但架構風格本身並不控制其演化能力。取而代之，這可以歸結為架構所支援的耦合特性。事實證明，過去至少有兩種不同的方法確定了軟體演化的關鍵因素。它們都為架構中的耦合提供有價值的視角。

共生性

1996 年，Meilir Page-Jones 出版了《*What Every Programmer Should Know About Object-Oriented Design*》（Dorset House 出版），這是一本雙重主題的書籍：其中一部分涉及物件導向設計（object-oriented design）技術，但事實證明這種技術並不流行。然而，這本書的長遠啟示是他命名為「*connascence*（共生性）」的概念。他是如此定義這個術語的：

> 如果為了保持系統的整體正確性，對其中一個元件的更改也需要變動另一個元件，那麼這兩個元件就是共生的（*connascent*）。
>
> —Meilir Page-Jones

從本質上講，connascence（共生性）是描述耦合的一種強化語言。這是一種非常適合架構師用來教授技術主管和開發人員的語言，因為它為他們提供了一種更簡潔的方式來討論耦合以及（更重要的）如何改良耦合。擁有更豐富的詞彙可以讓我們發揮 Sapir–Whorf 假說（hypothesis）所描述的好處。

> **Sapir-Whorf 假說**
>
> 這是描述語言的結構會影響語言使用者的世界觀或認知的一個原理，即人們的感知與看法會相對於他們的口頭語言。
>
> 舉例來說，與生活在赤道（equator）地區的人相比（他們不需要經常區分不同類型的雪），許多極北（Far North）文化中關於雪（*snow*）的詞彙更多。可以說，來自極北地區的人們對雪的理解更深刻。

Page-Jones 提出了兩種類型的共生關係：**靜態**（*static*）和**動態**（*dynamic*）。

靜態共生性

靜態共生性（*static connascence*）是指原始碼層級（source code–level）的耦合（相對於執行時期的耦合，後者涵蓋於第 98 頁的「動態共生性」）；它是對 *Structured Design*（結構化設計）所定義的傳入和傳出耦合度之改良。換句話說，架構師將以下類型的靜態共生性視為事物傳入耦合或傳出耦合的**程度**（*degree*）：

名稱的共生性（*Connascence of Name，CoN*）

多個元件必須就實體（entity）的名稱達成共識。

方法的名稱是源碼庫耦合最常見的方式，也是最理想的方式，尤其是在現代重構工具可以讓全系統的名稱更改變得輕而易舉的情況下。

型別的共生性（*Connascence of Type*，*CoT*）

多個元件必須就實體的型別（type）達成共識。

這種共生指的是許多靜態定型語言（statically typed languages）中將變數和參數限制為特定型別的通用機能。然而，這種能力並不純然是一種語言特色。一些動態定型語言（dynamically typed languages）也提供選擇性定型（selective typing），值得注意的有 Clojure（*https://clojure.org*）和 Clojure Spec（*https://clojure.org/about/spec*）。

意義的共生性（*Connascence of Meaning*，*CoM*）或慣例的共生性（*Connascence of Convention*，*CoC*）

多個元件必須就特定值的含義達成共識。

在源碼庫中，這種共生性最常見的明顯案例是寫定的數字而不是常數。舉例來說，某些語言通常會定義 `int TRUE = 1; int FALSE = 0`。試想一下，如果有人反轉了這些數值，會出現什麼問題？

位置的共生性（*Connascence of Position*，*CoP*）

多個元件必須在值的順序上達成共識。

即使在採用靜態定型的語言中，方法和函式呼叫的參數值也會出現這種問題。舉例來說，如果開發人員建立了一個 `void updateSeat(String name, String seatLocation)` 方法，並以 `updateSeat("14D", "Ford, N")` 這些值呼叫它，那麼即使型別正確，語意也是不正確的。

演算法的共生性（*Connascence of Algorithm*，*CoA*）

多個元件必須就特定演算法達成共識。

當開發人員定義了一種必須在伺服器和客戶端上執行、並產生相同結果以認證使用者身分的安全雜湊演算法（security hashing algorithm）時，就會出現這種共生性。顯然地，這代表了一種高度耦合：若有任一邊的演算法改變了任何細節，交握（handshake）過程將不再有效。

動態共生性

Page-Jones 定義的另一種共生性是**動態共生性**（*dynamic connascence*），它會在執行時期分析呼叫。以下描述不同類型的動態共生性：

執行的共生性（*Connascence of Execution*，*CoE*）

多個元件的執行順序非常重要。

請考慮這段程式碼：

```
email = new Email();
email.setRecipient("foo@example.com");
email.setSender("me@me.com");
email.send();
email.setSubject("whoops");
```

由於某些特性（properties）必須按順序設定，因此它無法正常工作。

時間的共生性（*Connascence of Timing*，*CoT*）

多個元件執行的時機非常重要。

此類型的共生性常見於兩個執行緒（threads）同時執行所造成的競態狀況（race condition），從而影響聯合運算的結果。

值的共生性（*CoV*）

若有數個值相互關聯，必須一起更改時，就會出現這種情況。

舉例來說，開發人員將矩形定義為四個點，分別代表四個角。為了保持資料結構的完整性，開發人員不能隨意更改其中一個點，而不考慮對其他點的影響。

一種更常見也更容易出問題的情況涉及交易（transactions），尤其是在分散式系統（distributed systems）中。當架構師設計具有獨立資料庫的一個系統，但需要跨越所有資料庫更新單一個值時，所有的那些值必須一起改變，否則就全部都不能更改。

身分的共生性（*Connascence of Identity*，*CoI*）

當多個元件必須參考（reference）同一個實體（entity）時，就會出現這種情況。

這種共生性常見例子是，兩個獨立的元件必須共用並更新一個共通的資料結構，如分散式佇列（distributed queue）。

對於架構師來說，確定動態共生性更具挑戰性，因為我們缺乏像分析呼叫圖（call graph）那樣有效的執行時期呼叫（runtime calls）分析工具。

共生性的特性（Connascence properties）

共生性是架構師和開發人員的分析工具，它的一些特性有助於開發人員明智地運用它。下面將逐一介紹那些共生性的特性：

強度（*Strength*）

如圖 5-1 所示，架構師透過開發人員重構該類型耦合的難易程度，來確定共生性的**強度**；不同類型的共生性顯然更受歡迎。架構師和開發人員可以朝向更佳類型的共生性進行重構，來改善源碼庫的耦合特性。

與動態共生性相比，架構師應該更傾向於靜態共生性，因為開發人員可以透過簡單的原始碼分析來識別出它們，而且現代工具使得改善靜態共生性變得輕而易舉。譬如說，請考慮 *Connascence of Meaning*（**意義的共生性**）的情況：開發人員可以透過創建一個具名常數（而非「魔法值（magic value）」），將其重構為 *Connascence of Name*（**名稱的共生性**）。

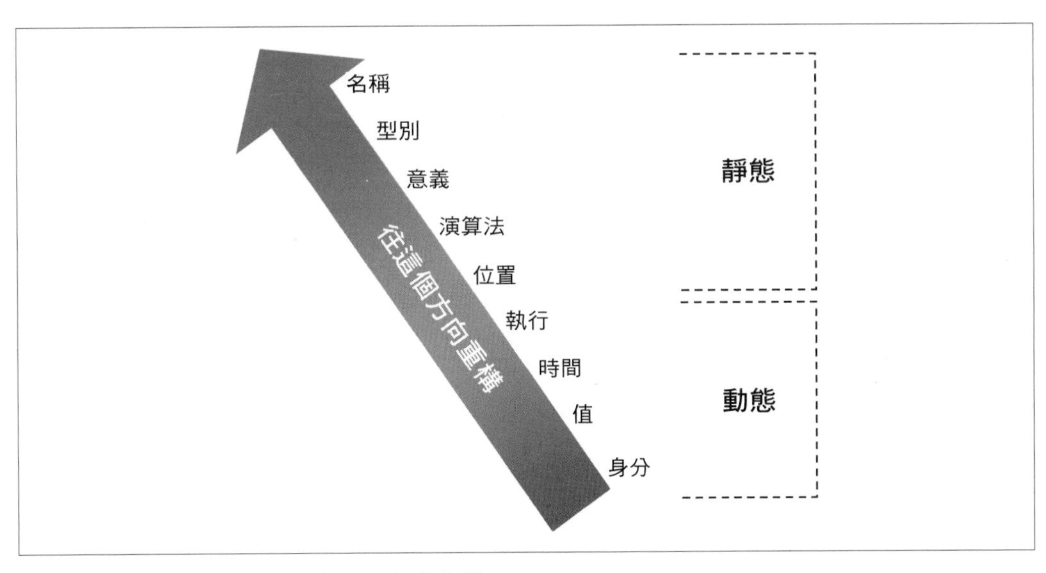

圖 5-1　共生性的強度為重構提供很好的指引

區域性（*Locality*）

共生性的區域性衡量模組在程式碼庫中相對於彼此的接近程度。一般情況下，相距較近的程式碼（在同一模組中）比相距較遠的程式碼（在不同模組或源碼庫中），具有更多和更高的共生性。換句話說，在相距較遠時表現出不良耦合的共生性形式，在相距較近時就不會有問題。舉例來說，如果同一元件中的兩個類別具有意義的共生性，那麼它對源碼庫的損害就會小於具有相同形式共生性的兩個元件。

開發人員必須同時考慮強度和區域性。在同一模組中找到的較強形式的共生性，比起分散各處的相同共生性，所帶有的程式碼壞氣味會更少。

程度（*Degree*）

共生性的**程度**與其影響的大小有關：是影響到少數幾個類別，還是很多類別？共生性的程度越低，對源碼庫的損害越小。換句話說，如果只有少數幾個模組，高度的動態共生性就不那麼可怕。然而，源碼庫往往會增長，從而使小問題相應變大。

Page-Jones 提出了使用共生性來改善系統模組性的三條準則：

1. 透過將系統拆解為封裝起來的元素，來最小化整體的共生性。
2. 盡量減少任何跨越封裝邊界的剩餘共生性。
3. 最大限度地提高封裝邊界內的共生性。

傳奇的軟體架構創新者 Jim Weirich 重新推廣了共生性的概念，並提出了兩條重要建議（*https://oreil.ly/7TKTO*）：

> *Rule of Degree*（程度的規則）：將強形式的共生性轉化為較弱形式的共生性。
>
> *Rule of Locality*（區域性的規則）：隨著軟體元素之間距離的增加，應使用較弱形式的共生性。

共生性與有界情境之交集

Eric Evans 的《*Domain-Driven Design*》（*https://martinfowler.com/bliki/DomainDrivenDesign.html*）一書深深影響了現代架構思想。**領域驅動設計**（*domain-driven design*，DDD）是一種建模（modeling）技巧，可對複雜的問題領域進行有組織的分解。DDD 定義了**有界情境**（*bounded context*），其中與該領域相關的所有內容在內部都是可見的，但其他有界情境都看不到。有界情境的概念認為，每個實體在某個區域化情境（localized context）之內最能發揮作用。因此，與其在整個組織內建立一個統一的 `Customer` 類別，不如讓每個問題領域建立它們自己的類別，並在整合點上協調差異。這種隔離也適用於資料庫結構描述（database schemas）等其他實作細節，從而促成了微服務中常見的資料隔離程度，這就是受到有界情境概念的啟發。

在設計基於 DDD 的系統（包括模組化單體和微服務）時，架構師的一個目標是防止實作細節「洩漏」到有界情境之外。這並不妨礙有界情境進行通訊的能力，但這種通訊是透過契約進行調解的（有關此主題的更多研究，請參閱第 114 頁的「契約」）。

敏銳的讀者會發現，1993 年關於共生性**區域性**的建議、與 2003 年關於**有界情境**的建議有共通之處：允許耦合散播到更廣的範疇會造成架構的**脆弱性**（*brittleness*）。架構的脆弱性是指一個地方的微小變化，可能會導致其他地方出現無法預料的非區域化破壞。

舉例來說，考慮一些架構中不幸出現的極端情況：將應用程式的資料庫結構描述，作為架構整合點（architecture integration point）公開。應用程式的資料庫結構描述（database schema）是 DDD 所稱的有界情境的一部分，是一種實作細節。將這一細節透露給其他應用程式就意味著，單個應用程式的資料庫之變化可能會無法預測地破壞其他應用程式。因此，在更大範疇內公開實作細節會損害架構的整體完整性。

至少從 1993 年開始（甚至可能更早），我們就知道架構的共同趨勢是將實作耦合限制在盡可能小的範疇內，只是我們一直在苦苦尋找表達這一點的最佳方式。無論我們稱之為**有界情境**（*bounded context*），還是**嚴守共生性的區域性原則**（*locality principle of connascence*），幾十年來，架構師一直在為處理、應對和協調耦合而努力。

雖然有界情境是表達有效耦合理念的最新嘗試，但它源於 DDD，並與 DDD 有關聯，因此指的是系統的抽象設計面向。我們需要一個能反映有界情境的架構概念，但它要用技術架構術語來表達，並允許與架構關注點（而非抽象設計的考量）更緊密地保持一致。

架構量子與細緻度

軟體系統以各種方式繫結在一起。作為軟體架構師，我們會從多個不同的角度來分析軟體。但元件層級的耦合並不是將軟體繫結在一起的唯一方式。許多業務概念在語意上將系統的各個部分繫結在一起，形成了**功能凝聚力**（*functional cohesion*）。要想成功演化軟體，開發人員必須考慮**所有**可能出現問題的耦合點。

根據物理學的定義，**量子**（*quantum*）是指參與互動的任何物理實體的最少數量（minimum amount）。一個**架構量子**（*architectural quantum*）是具有高功能凝聚力的可獨立部署元件，其中包括系統正常執行所需的所有結構元素。在單體架構（monolithic architecture）中，量子是整個應用程式；一切都高度耦合，因此開發人員必須全體部署它。

量子（*quantum*）一詞當然頻繁用於稱為**量子力學**（*quantum mechanics*）的物理學領域中。不過，作者選擇這個詞的原因與物理學家相同。*Quantum* 源於拉丁語的 *quantus*，意為「有多大」或「有多少」。在物理學將其納入之前，法律界用它來表示「要求或允許的數量」，例如用於損害賠償的支付。這個詞還出現在數學領域的拓撲學（topology）中，涉及形狀族系（families of shapes）的特性。由於其拉丁根源，其單數為 *quantum*，複數為 *quanta*，類似於 datum/data 的對稱。

一個架構量子測量軟體架構中拓撲和行為的幾個不同面向，這些面向與各部分如何相互連接和通訊有關。

靜態耦合（*Static coupling*）

代表架構內如何透過契約（contracts）來解析靜態依存關係（static dependencies）。這些依存關係包括作業系統、框架、或透過遞移性依存關係管理（transitive dependency management）所提供的程式庫，以及允許該量子執行的任何其他運營要求。

動態耦合（*Dynamic coupling*）

代表量子如何在執行時期進行同步或非同步通訊。因此，針對此特性的適應性函數必須是**持續型**的，通常使用監控器。

這裡定義的**靜態**和**動態**耦合與 connascence（共生性）的概念相匹配。要理解兩者的區別，一種簡單的方法是**靜態耦合**描述服務如何**連接**在一起，而**動態耦合**描述的是服務如何在執行時期相互**呼叫**。舉例來說，在微服務架構中，服務必須包含資料庫等依存元件，這就是**靜態耦合**：沒有必要的資料，服務就無法運行。在工作流程中，該服務可能會**呼叫**其他服務，這就代表了**動態耦合**。除了執行中的工作流程，兩個服務都不需要對方在場就能正常運作。因此，靜態耦合分析的是作業依存關係（operational dependencies），而動態耦合分析的是通訊依存關係（communication dependencies）。

架構量子

架構量子是一種可獨立部署的工件（independently deployable artifact），具有高度的功能凝聚力、高靜態耦合和同步的動態耦合。

架構量子的一個常見例子是工作流程（workflow）中設計完善的微服務。

這些定義包括一些重要的特徵，讓我們逐一詳細介紹，因為書中的大部分例子都與這些特徵有關。

可獨立部署

可獨立部署（*independently deployable*）意味著架構量子的幾個不同面向：每個量子都代表特定架構中的一個獨立的可部署單元。因此，單體架構，也就是作為單一單元部署的架構，依照定義，就會是一個單一的架構量子。在微服務等分散式架構中，開發人員傾向於能夠獨立部署的服務，通常是以高度自動化的方式。因此，從**可獨立部署**的角度來看，微服務架構中的一個服務代表了一種架構量子（取決於耦合，見下文）。

讓每個架構量子代表架構內的某個可部署資產（deployable asset），有幾個實用的目的。首先，架構量子所代表的邊界可作為架構師、開發人員和維運人員之間有用的通用語言，讓每個人都能理解相關的共通範疇：架構師理解耦合特性、開發人員理解行為的範疇，而維運人員理解可部署特性。

其次，它代表了架構師在分散式架構中努力尋找適當的服務細緻度（granularity of services）時必須考慮的因素之一（靜態耦合）。在微服務架構中，開發人員經常會面臨一個難題：什麼樣的服務細緻度才能提供最佳的權衡。其中一些權衡是圍繞著可部署性展開的：這項服務需要什麼樣的發佈節律（release cadence）、可能會影響到哪些其他服務、涉及到哪些工程實務做法等等。在分散式架構中，架構師若能精確掌握部署邊界的所在，將會受益良多。

第三，**獨立可部署性**（*independent deployability*）迫使架構量子包括資料庫等常見的耦合點。大多數關於架構的討論都會忽略資料庫和使用者介面等問題，但現實世界中的系統通常必須處理那些問題。因此，任何使用共享資料庫的系統都不符合獨立部署的架構量子標準，除非資料庫部署與應用程式同步。許多分散式系統本來可以劃分為數個量子，但如果它們分享一個有自己部署節律的共用資料庫，則無法滿足獨立部署部分的標準。因此，僅僅考慮部署邊界並不足以提供有效的衡量手段。架構師還應考慮架構量子的第二個標準，即**高功能凝聚力**（*high functional cohesion*），以便將架構量子限制在有用的範疇內。

高功能凝聚力

高功能凝聚力在結構上指的是相關元素（類別、元件、服務等）的鄰近性（proximity）。縱觀歷史，電腦科學家定義了各種類型的凝聚力，在本例中，凝聚力的範疇是泛用的**模組**（generic *module*），根據平台的不同，可以表示為**類別**（*classes*）或**元件**（*components*）。從領域的角度來看，**高功能凝聚力**（*high functional cohesion*）的技術定義與領域驅動設計中的**有界情境**（*bounded context*）之目標重疊：實作特定領域工作流程的行為和資料。

純粹從**獨立可部署性**的角度來看，一個巨型單體架構符合架構量子的條件。但幾乎可以肯定的是，它並不具有高度的功能凝聚力，而是包含了整個系統的功能性。單體越大，它單獨具有高功能凝聚力的可能性就越低。

理想情況下，在微服務架構中，每個服務都是單一領域或工作流程的模型，因此展現很高的功能凝聚力。這裡所說的凝聚力並不是指服務如何互動執行工作，而是指一個服務與另一個服務的獨立和耦合程度。

高度靜態耦合

高度靜態耦合（*high static coupling*）意味著架構量子內的元素緊密連接在一起，這實際上是契約的一個面向。架構師將 REST 和 SOAP 等視為契約格式（contract formats），但方法特徵式（method signatures）和作業依存關係（透過 IP 位址和 URL 等耦合點）也代表契約，我們將在第 114 頁的「契約」中介紹這一點。

架構量子在某種程度上是對靜態耦合的一種度量，對於大多數架構拓撲來說，這種度量都非常簡單。舉例來說，下圖展示了《*Fundamentals of Software Architecture*》一書中的架構風格，並說明了架構量子的靜態耦合。

如圖 5-2 所示，任何單體架構風格必然只會有一個量子單元。

如圖 5-2 所示，任何作為一個單元部署並使用單個資料庫的架構將始終具有單個量子：靜態耦合的架構量子度量包括資料庫，因此依存於單個資料庫的系統不可能具有超過一個的量子。因此，架構量子的靜態耦合度量有助於識別出架構中的耦合點，而不僅僅是正在開發的軟體元件中的耦合點。大多數領域架構都包含單一耦合點，通常是一個資料庫，這使得它們的量子度量為 1。

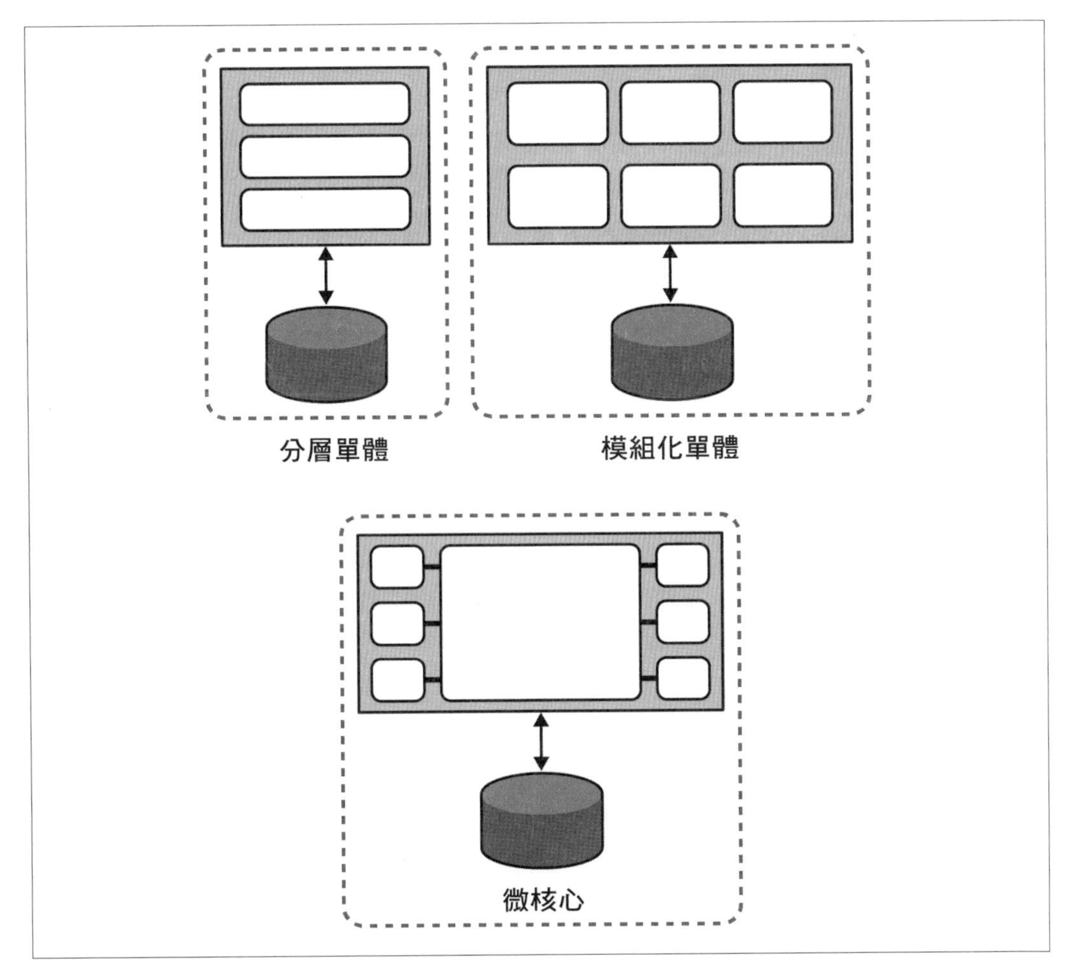

圖 5-2　單體架構永遠都只有一個架構量子

到目前為止，對架構量子的靜態耦合度量已將所有拓撲結構評估為一個。然而，分散式架構創造了多個量子的可能性，但並不一定能保證這一點。舉例來說，如圖 5-3 所示，事件驅動架構（event-driven architecture）的調停者風格（mediator style）將始終被評估為單一架構量子。

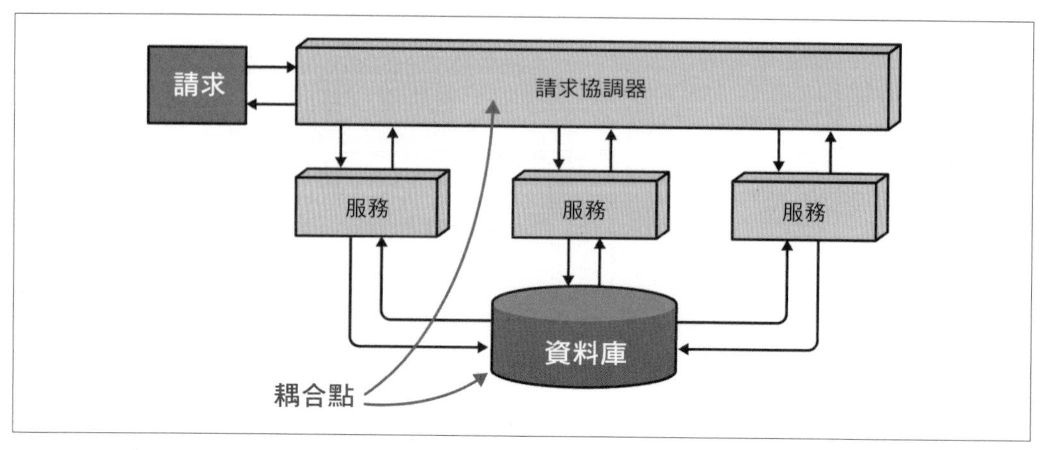

圖 5-3　中介式的事件驅動架構有單一架構量子

在圖 5-3 中，儘管該風格代表了一種分散式架構，但有兩個耦合點將該架構推向了單一架構量子：資料庫，這在上述單體架構中很常見，但也包括 `Request Orchestrator`（請求協調器）本身；架構執行所需的任何整體耦合點都會圍繞著它形成一個架構量子。

代理式事件驅動架構（broker event-driven architectures，沒有中央調停者的架構）的耦合度較低，但這並不能保證完全解耦。請看圖 5-4 所示的事件驅動架構。

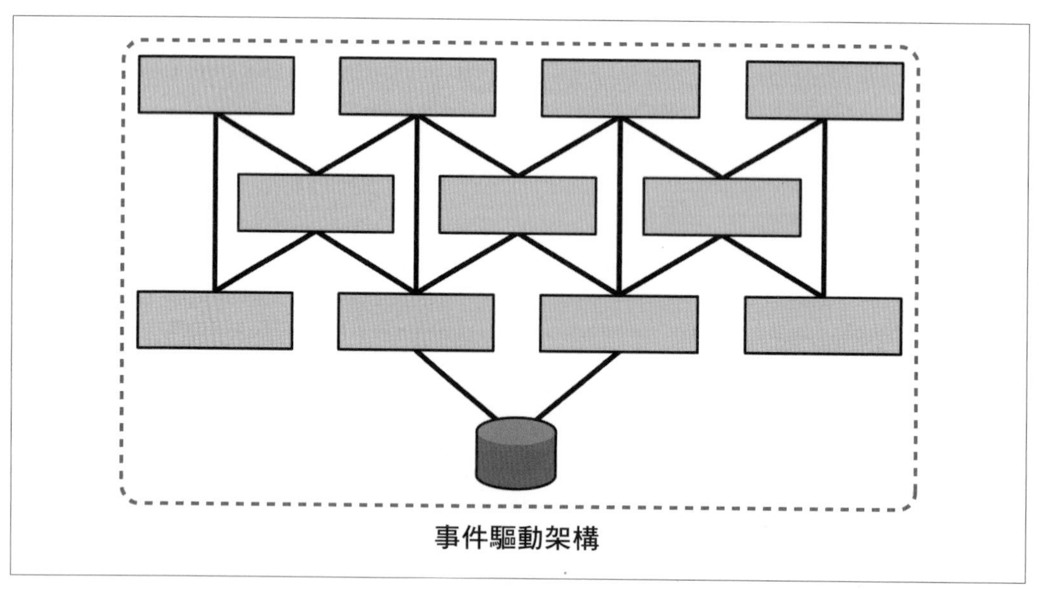

圖 5-4　即使是分散式架構，如代理式事件驅動架構，也可以是單一量子架構

圖 5-4 展示了一個代理人風格的事件驅動架構（沒有中央調停者），但它仍然是一個單一架構量子，因為所有服務都使用同一個關聯式資料庫，它作為一個共通的耦合點而存在。對架構量子進行**靜態分析**（*static analysis*）所要回答的問題是，它是否依存於引導服務啟動所需的架構。即使在事件驅動架構中，有些服務並不存取資料庫，但如果它們仰賴於會存取資料庫的服務，那麼它們就成為架構量子靜態耦合的一部分。

但是，在分散式架構中，如果不存在共通的耦合點，情況又會怎樣呢？請看圖 5-5 所示的事件驅動架構。架構師設計的事件驅動系統有兩個資料儲存區，兩組服務之間沒有靜態依存關係。請注意，任一架構量子都可以在類似生產環境的生態系統中執行。它可能無法參與系統所需的所有工作流程，但它可以成功執行並運作，在架構內傳送請求和接收請求。

架構量子的靜態耦合度量評估的是架構和營運元件之間的耦合依存關係。因此，作業系統、資料儲存、訊息代理人、容器協調和所有其他作業依存關係構成了一個架構量子的靜態耦合點，並使用盡可能嚴格的契約（關於契約在架構量子中的角色，更多的資訊請參閱第 114 頁「契約」）。

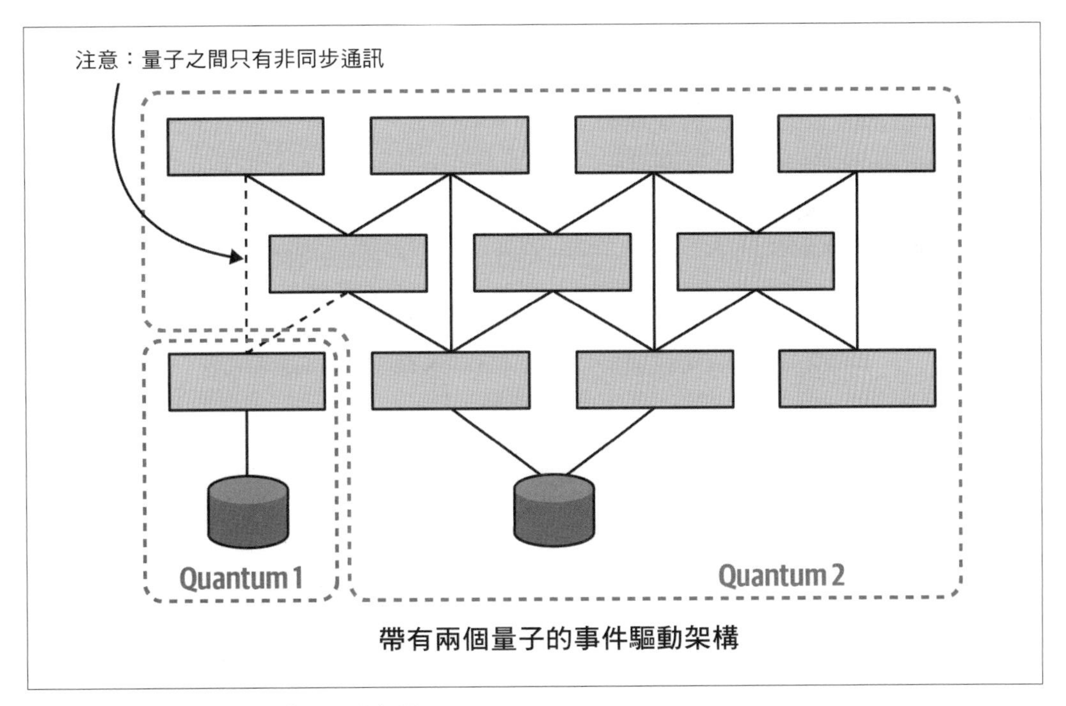

圖 5-5　具有兩個量子的事件驅動架構

微服務架構風格的特點是高度解耦（highly decoupled）的服務，包括資料依存關係。這些架構的架構師傾向於高度解耦，並特別小心不在服務之間建立耦合點，讓各個服務構成自己的量子，如圖 5-6 所示。

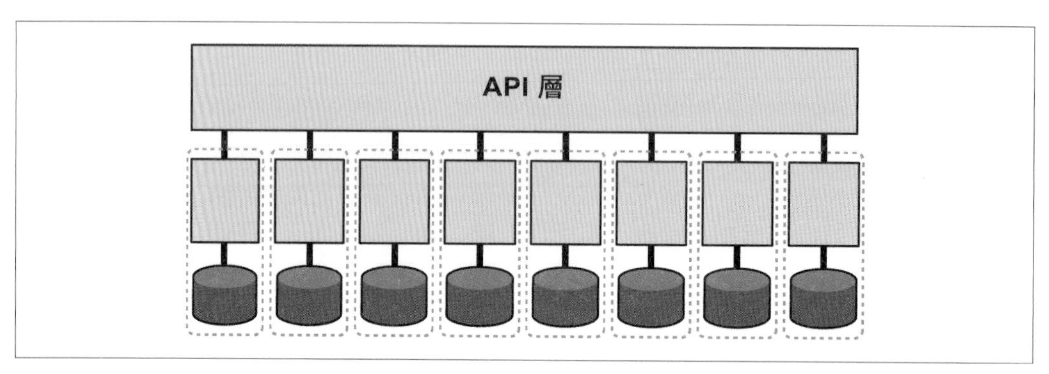

圖 5-6　微服務可形成自己的量子

在圖 5-6 中，每個服務（作為一個有界情境）都可能有自己的一套架構特性：一個服務可能比另一個服務具有更高的規模可擴充性或安全性。架構特性範疇劃分的這種細緻程度體現了微服務架構風格的優勢之一。高度的解耦允許致力於某個服務的團隊儘快採取行動，而不必擔心破壞其他依存關係。

但是，如果系統與某個使用者介面緊密耦合，則架構會形成單一架構量子，如圖 5-7 所示。

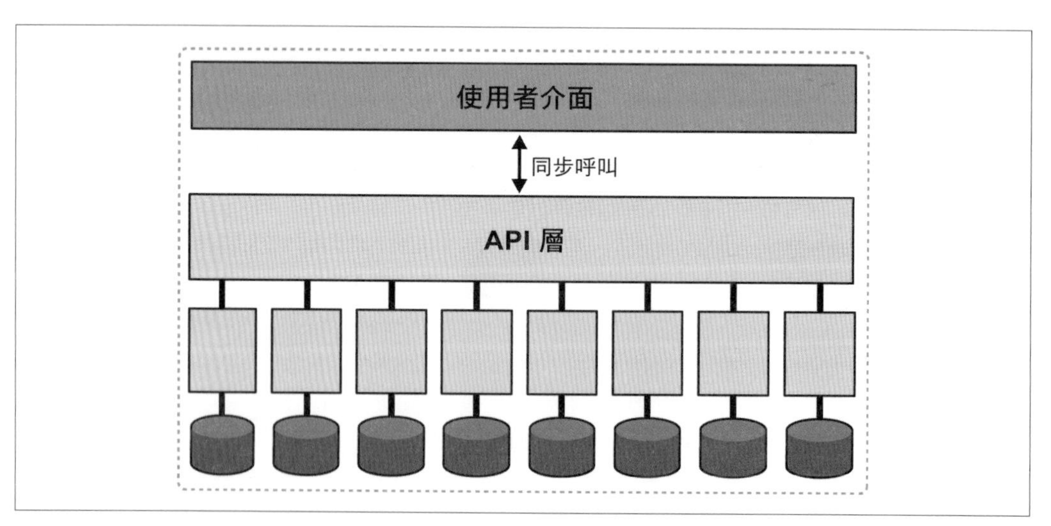

圖 5-7　緊密耦合的使用者介面可將微服務架構的量子數縮減為一個

傳統上，使用者介面會在前端和後端之間產生耦合點，如果後端的部分功能不可用，大多數使用者介面就無法執行。

此外，如果所有服務都必須在同一個使用者介面上協同作業（特別是在同步呼叫的情況下，請參閱第 110 頁的「動態量子耦合」），那麼架構師就很難為每項服務設計不同級別的營運架構特性（效能、規模、彈性、可靠性等）。

架構師利用非同步性（asynchronicity）來設計使用者介面，不會在前後端之間產生耦合。許多微服務專案的趨勢是在微服務架構中為使用者介面元素使用**微前端框架**（*micro-frontend* framework）。在這種架構中，代表服務進行互動的使用者介面元素是從服務本身所發出的。使用者介面的表面就像一塊畫布，使用者介面元素可以在那裡出現，同時也便於元件之間進行鬆散耦合的通訊，通常使用事件。這種架構就如圖 5-8 所示。

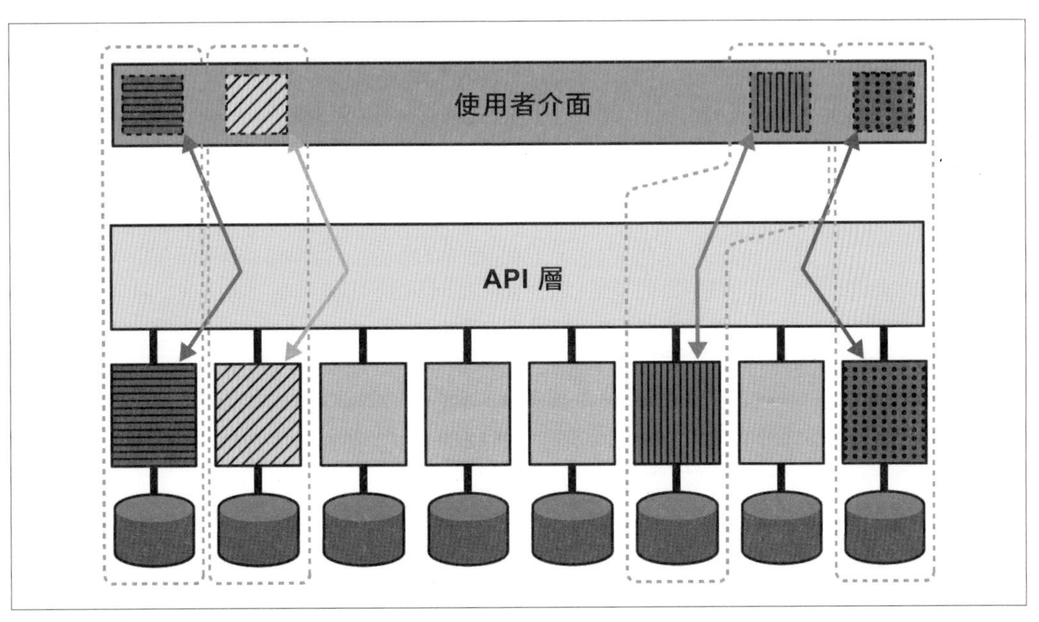

圖 5-8　在微前端架構中，每個服務及其使用者介面元件構成一個架構量子

在圖 5-8 中，四個陰影部分的服務及其相應的微前端構成了架構量子，其中每個服務都可以有不同的架構特性。

從量子角度看，架構中的任何耦合點都可能產生靜態耦合點。請考慮由兩個系統共享的一個資料庫所帶來的影響，如圖 5-9 所示。

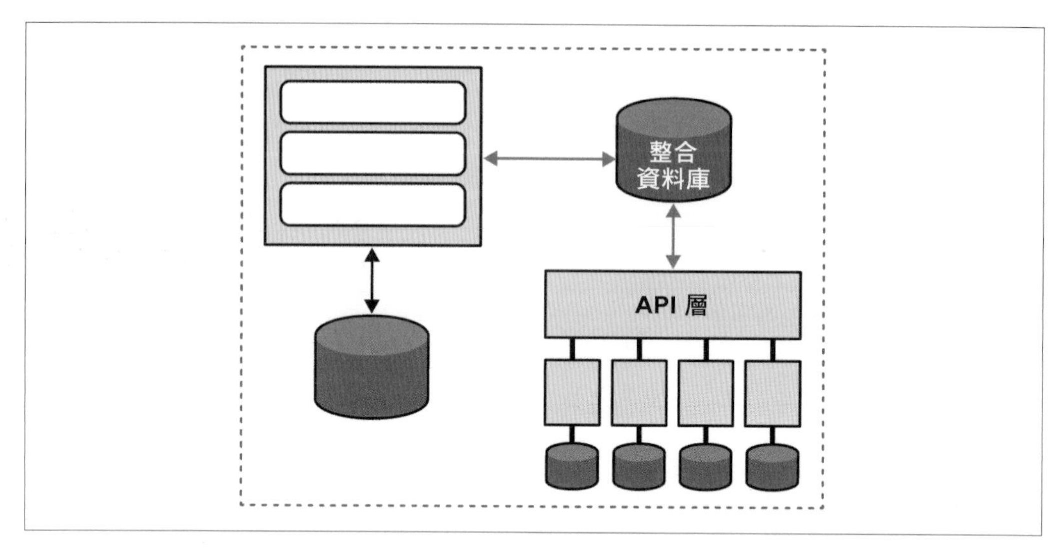

圖 5-9　共享資料庫在兩個系統之間形成一個耦合點，建立了單一量子

即使在涉及整合架構的複雜系統中，系統的靜態耦合也能提供有價值的見解。為了解舊有架構，越來越常見的一種架構技巧是建立一個靜態量子圖，說明各種事物是如何「連接」在一起的，這有助於確定哪些系統會受到變革的影響，並提供一種了解（和可能解耦）架構的方式。

靜態耦合只是分散式架構中的一種作用力，另一種作用力是**動態耦合**。

動態量子耦合

架構量子定義的最後一部分涉及執行時期（runtime）的同步耦合（synchronous coupling），換句話說，就是架構量子在分散式架構中彼此互動以形成工作流程時的行為。

服務之間**如何**相互呼叫造成了艱難的權衡決策，因為它代表了一個多維的決策空間，受到三股相互交織的力量之影響：

通訊（*Communication*）

　指所使用的連接同步性（connection synchronicity）：同步（*synchronous*）或非同步（*asynchronous*）。

一致性（*Consistency*）

描述工作流程的通訊是需要原子性（atomicity）、還是可以利用最終一致性（eventual consistency）。

協調（*Coordination*）

描述工作流程是否使用**協調器**（*orchestrator*），或者服務是否透過**編排**（*choreography*）進行通訊。

通訊

當兩個服務相互通訊時，架構師要考慮的一個基本問題是，通訊應該是**同步**的還是**非同步**的。

同步通訊要求請求方等待接收方的回應，如圖 5-10 所示。

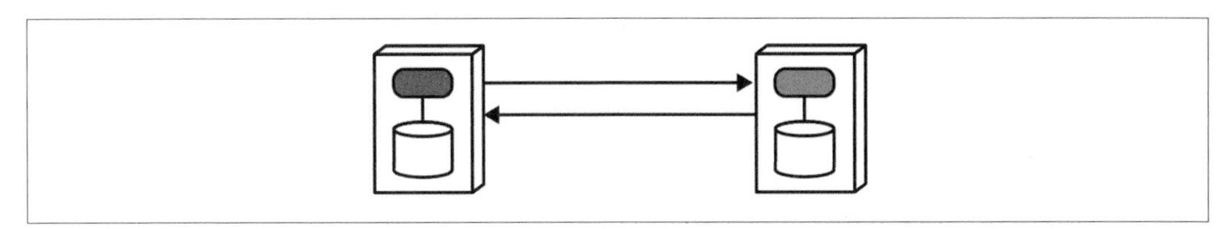

圖 5-10　同步呼叫等待接收方的回應

在圖 5-10 中，呼叫端的服務（calling service）發出呼叫（使用支援同步呼叫的眾多協定之一，如 gRPC）並**阻斷**（不做進一步處理），直到接收方回傳某些值（或表示某些狀態變化或錯誤情況的狀態值）。

當呼叫方對接收方釋出一個訊息時（通常透過某種機制，如訊息佇列），一旦呼叫者得到訊息將被處理的確認，就會回頭繼續工作，這兩個服務之間就發生了**非同步**通訊。如果請求需要回應值，接收方可以使用回覆佇列（非同步地）通知呼叫方已有結果，如圖 5-11 所示。

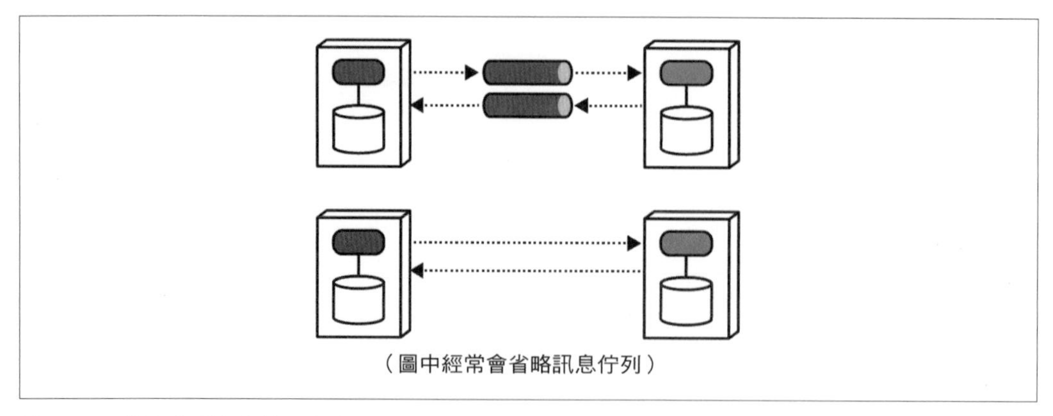

圖 5-11　非同步通訊允許平行處理

在圖 5-11 中，呼叫者向訊息佇列（message queue）釋出一條訊息，並繼續進行處理，直到接收者透過回傳呼叫通知已可獲得所請求的資訊，再回頭使用該項資訊。一般來說，架構師會使用訊息佇列（如重疊在通訊箭頭上的隱喻管線所示）來實作非同步通訊，但佇列很常見，而且會在圖中產生雜訊，因此許多架構師都會省略它們，如該圖下方所示。當然，架構師也可以使用各種程式庫或框架，在沒有訊息佇列的情況下實作非同步通訊。圖 5-11 中的兩個圖都暗示了非同步的訊息傳遞，但底部那個提供視覺化的捷徑和較少的實作細節。

在選擇服務的通訊方式時，架構師必須考慮許多重要的權衡因素。與通訊有關的決策會影響同步、錯誤處理、交易性（transactionality）、規模可擴充性和效能。本書的其餘部分將深入探討其中的許多議題。

一致性

一致性是指通訊呼叫必須遵循之交易完整性的嚴格程度。原子式交易（在處理請求期間要求一致的全有或全無交易）是一致性頻譜的一端，而不同程度的最終一致性則是另一端。

交易性，也就是讓數個不同的服務參與一個全有或全無的交易（all-or-nothing transaction），是分散式架構中最難建模的問題之一，因此一般建議都是盡量避免跨服務的交易。這個複雜的主題在《**軟體架構：困難部分**》（O'Reilly 出版）一書中有涵蓋，但超出了本書的範疇。

協調

協調是指通訊所建模的工作流程需要多少協調（coordination）。微服務的兩種常見的泛用模式是**統籌**（*orchestration*）和**編排**（*choreography*）。簡單的工作流程，如回覆一個請求的單一服務，並不需要這個維度的特殊考量。但是，隨著工作流程複雜性的增加，對協調的需求也會增加。

這三個因素，即通訊、一致性和協調，都影響著架構師必須做出的重要決定。但關鍵的是，架構師不能單獨做出這些選擇，因為每個選項都會對其他選項產生衝擊。舉例來說，在具有協調功能的同步架構中，交易性更容易達成；而在最終具有一致性的非同步編排（asynchronous-choreographed）系統中，則可以實現更高水平的規模。

可以將這些相互關聯的作用力視為一個三維空間來思考，如圖 5-12 所示。

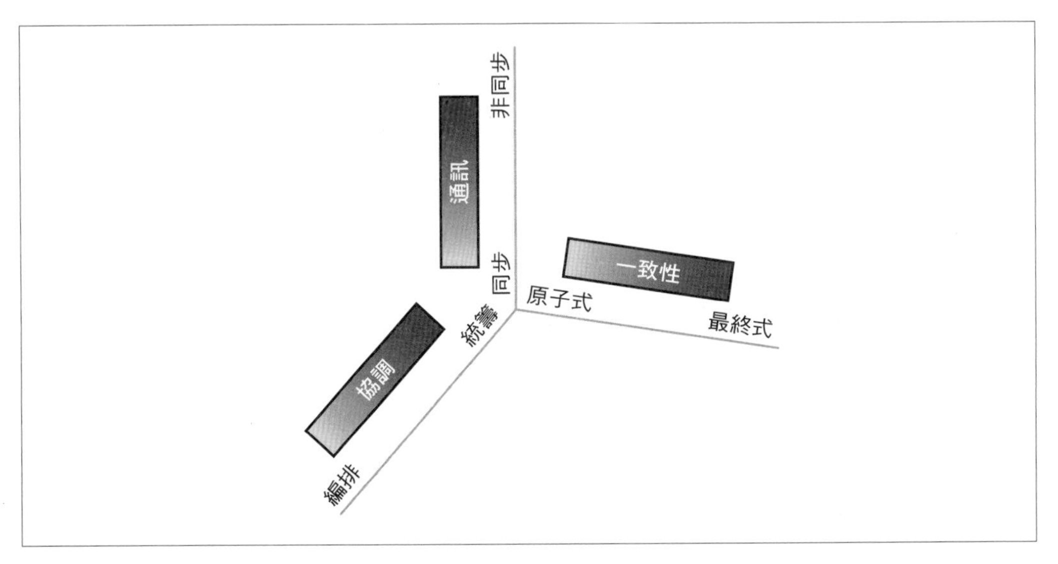

圖 5-12　動態量子耦合的維度

在圖 5-12 中，服務通訊過程中的每種作用力都是一個維度。對於某個特定的決策，架構師可以在空間中繪製出代表這些力量強度的位置圖。從實際的角度來看，架構師必須建立矩陣（matrices），以研究改變其中任何一種聯合力量之影響。

契約

在軟體架構中，有一個不變的因素貫穿並影響著架構師決策的幾乎每一個面向，那就是契約（*contracts*），廣義上的契約是指架構的不同部分如何相互連接。契約的字典定義（*https://oreil.ly/bJa12*）是：

Contract（契約，或「合約」、「合同」）

A written or spoken agreement, especially one concerning employment, sales, or tenancy, that is intended to be enforceable by law.（旨在透過法律強制執行的書面或口頭協議，特別是與就業、銷售或租賃有關的那種。）

在軟體中，我們廣泛使用契約來描述架構中的整合點（integration points）之類的東西，許多契約格式都是軟體開發設計過程的一部分：SOAP、REST、gRPC、XML-RPC 以及各種其他縮寫字母組合。不過，我們擴大了這一定義的範疇，使其更加一致：

Contract（契約）

The format used by parts of an architecture to convey information or dependencies.（架構各部分用來傳達資訊或依存關係的格式。）

契約的這個定義涵蓋用來將系統各部分「連接在一起（wire together）」的所有技術，包括框架和程式庫的遞移依存關係（transitive dependencies）、內部和外部整合點、快取，以及各部分之間的任何其他通訊。

如圖 5-13 所示，軟體架構中的契約從嚴格（strict）到寬鬆（loose）都有。

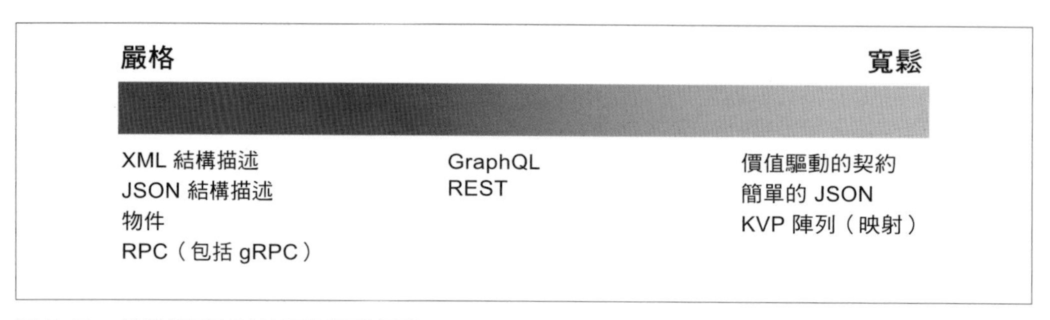

圖 5-13　從嚴格到寬鬆的契約類型頻譜

在圖 5-13 中，出現了幾種範例契約類型以做說明，嚴格的契約要求遵守名稱、型別、順序和所有其他細節，不留任何歧義。軟體中最嚴格契約的一個例子是，使用平台機制（如 Java 中的 RMI）的遠端方法呼叫（remote method call）。在這種情況下，遠端呼叫會模仿內部的方法呼叫，匹配名稱、參數、型別和所有其他細節。

許多嚴格的契約格式都模仿了方法呼叫的語意（semantics）。舉例來說，開發人員可以看到許多協定（protocols）都包含「RPC」（傳統上是 *Remote Procedure Call* 的首字母縮寫）的某些變體。gRPC（*https://grpc.io*）就是預設使用嚴格契約的遠端調用框架（remote invocation framework）的熱門例子。

許多架構師喜歡嚴格的契約，因為它們可以模擬內部方法呼叫的語意行為。然而，嚴格的契約會造成整合架構的脆弱性，這是需要避免的。正如第 123 頁的「重用模式」中所討論的，同時被多個不同的架構部分頻繁更改和使用的東西會在架構中產生問題；契約符合這一描述，因為它們構成了分散式架構中的黏合劑：它們必須改變的頻率越高，對其他服務造成的問題就越多。但是，架構師並沒有被強迫使用嚴格的契約，他們應該只在有利的情況下才這樣做。

即使是 JSON（*https://www.json.org/json-en.html*）這種表面上寬鬆的格式，也提供在簡單的名稱與值對組（name/value pairs）上，選擇性添加結構描述資訊（schema information）的方法。範例 5-1 展示一個附加了結構描述資訊的嚴格 JSON 契約。

範例 *5-1*　嚴格的 *JSON* 契約

```
{
    "$schema": "http://json-schema.org/draft-04/schema#",
    "properties": {
      "acct": {"type": "number"},
      "cusip": {"type": "string"},
      "shares": {"type": "number", "minimum": 100}
   },
    "required": ["acct", "cusip", "shares"]
}
```

在範例 5-1 中，第一行參考了我們所用並將藉以驗證的結構描述定義。我們定義了三個特性：`acct`、`cusip` 和 `shares`，以及它們的型別，最後一行還定義了哪些特性是必要的（required）。這就建立了一個嚴格的契約，其中指定了必要的欄位和型別。

較寬鬆的契約之例子包括 REST（*https://oreil.ly/3PFvE*）和 GraphQL（*https://graphql.org*）等格式，它們是截然不同的格式，但與基於 RPC 的格式相比，它們的耦合較為鬆散。就 *REST* 而言，架構師是對資源（resources）而非方法（method）或程序端點（procedure endpoints）進行建模，從而降低了契約的脆弱性。舉例來說，如果架構師建置了一個 RESTful 資源來描述飛機的各個部分，以支援有關座位的查詢，那麼將來如果有人在該資源中新增有關引擎的詳細資訊，原本的查詢也不會中斷，也就是說，新增更多資訊並不會破壞現有資源。

同樣地，分散式架構也使用 *GraphQL* 來提供唯讀的彙總資料（aggregated data），而不是跨越各種服務執行昂貴的統籌呼叫（orchestration calls）。請看範例 5-2 和範例 5-3 中出現的兩個 GraphQL 表示法（representations）範例，它們提供 `Profile` 契約的兩種不同但卻實用的觀點。

範例 *5-2* *Customer* `Wishlist Profile` 表示法

```
type Profile {
    name: String
}
```

範例 *5-3* *Customer* `Profile` 表示法

```
type Profile {
    name: String
    addr1: String
    addr2: String
    country: String
    . . .
}
```

範例 5-2 和範例 5-3 中都出現了「*profile*（個人資料）」的概念，但帶有不同的值。在這種場景下，Customer `Wishlist` 沒有內部存取客戶名稱的能力，只能存取唯一識別碼。因此，它需要存取將識別碼映射到客戶名稱的 Customer `Profile`。除名稱外，Customer `Profile` 還包括大量有關客戶的資訊。就 `Wishlist` 而言，`Profile` 中唯一值得關注的就是名稱。

一些架構師常犯的一個錯誤是，他們假設 `Wishlist` 最終可能會需要所有其他部分，因此從一開始就將它們包含在契約中。這是「Stamp Coupling（結構耦合）」（*https://oreil.ly/Fk9tx*）的一個範例，在大多數情況下都是一種反模式（antipattern），因為它會在不需要的地方引入破壞性的變更，使架構變得脆弱，但帶來的好處卻很微小。舉例來說，如

果 `Wishlist` 只關心 `Profile` 中的客戶名稱，但契約規定了 `Profile` 中的每個欄位（以防萬一），那麼 `Wishlist` 不關心的 `Profile` 部分所發生的變化就會導致契約中斷，需要協調修復。

將契約保持在「需要知道（need to know）」的水平，可以在語意耦合和必要資訊之間取得平衡，同時又不會在整合架構中造成不必要的脆弱性。

契約耦合度頻譜的最末端是極其寬鬆的契約，通常以 YAML（*https://yaml.org*）和 JSON 等格式的名稱與值對組（name/value pairs）表達，如範例 5-4 所示。

範例 5-4　JSON 的名稱與值對組

```
{
  "name": "Mark",
  "status": "active",
  "joined": "2003"
}
```

範例 5-4 中，除了純粹的資料外，什麼都沒有！沒有額外的詮釋資料（metadata）、型別資訊或其他任何東西，只有名稱與值對組。

使用這種寬鬆的契約可以實作極度解耦的系統，這通常是微服務等架構的目標之一。不過，寬鬆的契約也會帶來一些取捨，包括缺乏契約的確定性、驗證以及應用邏輯的增加。以往的契約考量，現在經常由適應性函數來取代。

案例研究：微服務作為一種演化式架構

微服務架構定義了架構元素之間的物理有界情境，封裝了所有可能發生變化的部分。這種架構主要是設計來實現漸進式變更（incremental change）的。在微服務架構中，有界情境（bounded context）是量子邊界，包括資料庫伺服器等依存元件。如圖 5-14 所示，它還可能包括搜尋引擎（search engines）和報表工具（reporting tools）等架構元件，也就是有助於交付服務功能的任何元件。

在圖 5-14 中，該服務包括程式碼元件、一個資料庫伺服器，以及一個搜尋引擎元件。微服務的有界情境理念中，有部分就是動員服務的所有構成元素一起運作，這在很大程度上仰賴於現代的 DevOps 實務做法。在下一節中，我們將研究一些常見的架構模式及其典型的量子邊界。

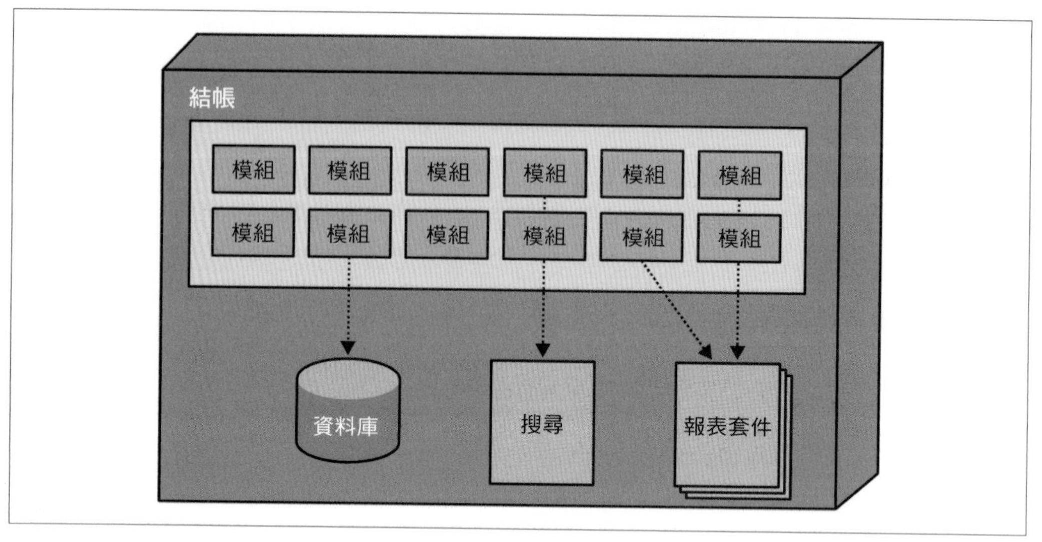

圖 5-14　微服務中的架構量子包括服務及其所有依存部分

傳統上孤立的角色，如架構師和營運人員，必須在演化式架構中相互協調。架構在開始運作之前都是抽象的；開發人員必須關注他們的元件如何在現實世界中相互配合。無論開發人員選擇哪種架構模式，架構師都應明確定義其量子規模。小量子意味著變化更快，因為範疇小。一般來說，小組件比大組件更容易處理。量子的大小決定了架構內可能發生的漸進式變更之下限。

將 Continuous Delivery（持續交付）的工程實務做法，與有界情境的物理分割相結合，構成了微服務架構風格的哲學基礎，以及我們的架構量子概念。

在分層架構中，重點是**技術維度**（*technical* dimension），即應用程式的執行機制：續存（persistence）、使用者介面、業務規則等。大多數軟體架構主要關注這些技術維度。然而，還有一個額外的視角存在。假設應用程式中的一個關鍵有界情境是「*Checkout*」。它在分層架構中會處於什麼位置？在這個架構中，像 **結帳**（*Checkout*） 這樣的領域概念遍佈各層。如圖 5-15 所示，由於架構是透過技術層隔離的，因此在此架構中沒有明確的**領域維度**（*domain* dimension）概念。

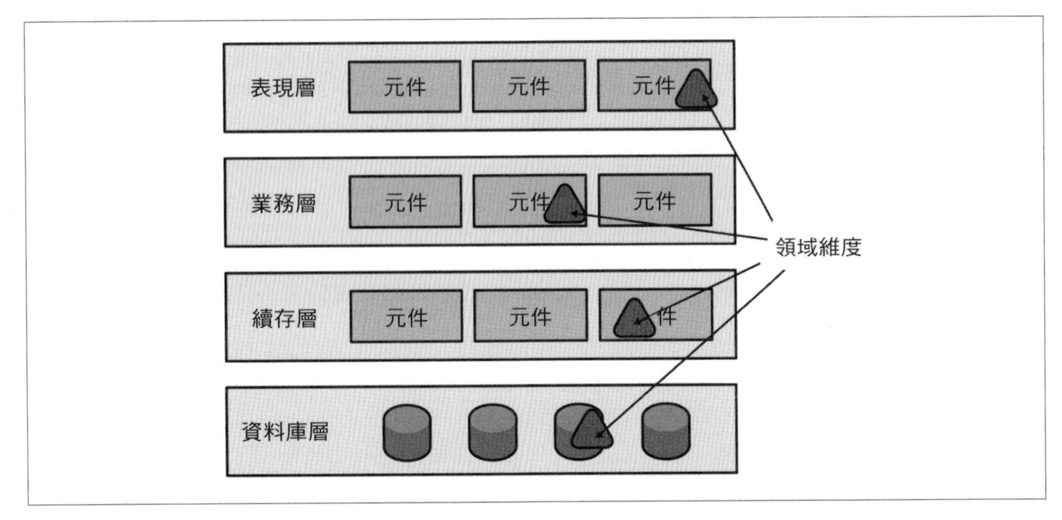

圖 5-15　領域維度內嵌在技術架構之中

在圖 5-15 中，*Checkout* 的一部分存在於 UI 中，另一部分存在於業務規則中，而續存（persistence）則由底層處理。由於分層架構並不是為適應領域概念而設計的，因此開發人員必須修改每一層才能對領域進行更改。從領域角度來看，分層架構的可演化性為零。在高度耦合的架構中，變更是困難的，因為開發人員想要變更的部分之間耦合度很高。然而，在大多數專案中，變革的共通單元都是圍繞領域概念展開的。如果軟體開發團隊的組織結構與他們在分層架構中的角色類似，都像是孤島一般，那麼對 *Checkout* 的更改就需要許多團隊的協調。

相較之下，考慮一下以領域維度作為架構主要分隔（primary segregation）的架構，如圖 5-16 所示。

如圖 5-16 所示，每個服務都是圍繞 DDD 概念定義的，將技術架構和所有其他依存元件（如資料庫）封裝到一個有界情境中，建立一個高度解耦的架構。每個服務都「擁有」其有界情境的所有部分，並透過訊息傳遞（如 REST 或訊息佇列）與其他有界情境進行通訊。因此，不允許任何服務知道另一個服務的實作細節（如資料庫結構描述），從而防止不適當的耦合。這種架構的運營目標是在不中斷其他服務的情況下，可用另一個服務取代某個服務。

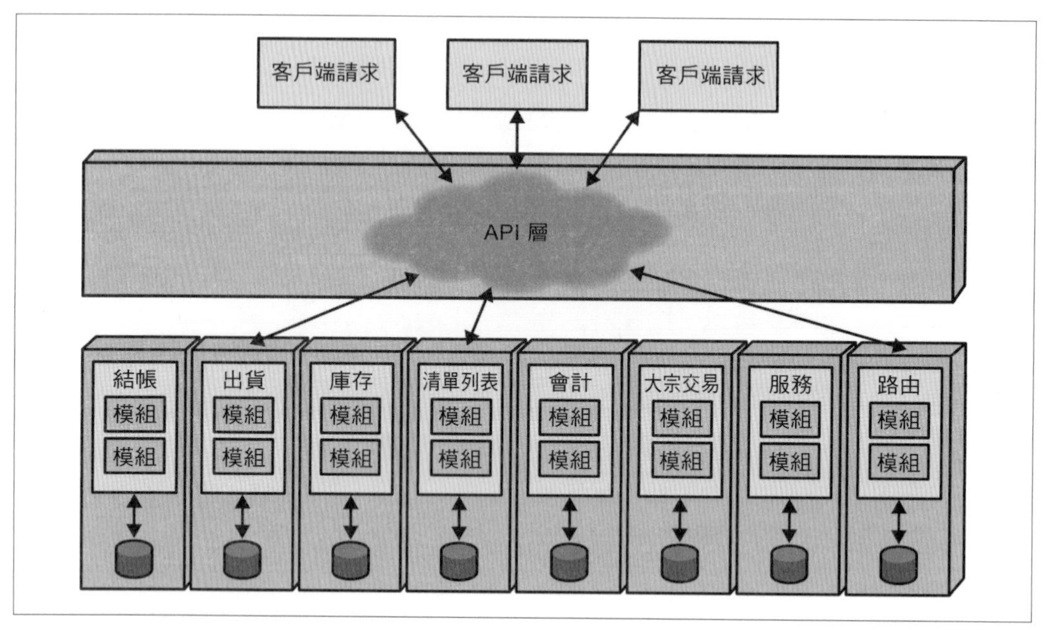

圖 5-16　微服務架構跨領域分割，內嵌技術架構

正如《*Building Microservices Architectures*》一書中所述，微服務架構一般遵循七項原則：

以業務領域為中心進行建模

微服務設計的重點在於業務領域（business domain），而不是技術架構。因此，量子反映出有界情境。有些開發人員錯誤地認為，有界情境代表的是單一實體，如 `Customer`；取而代之，它代表的是業務情境（business context）或工作流程（workflow），如 `CatalogCheckout`。微服務的目標不是看開發人員能把每個服務做得多小，而是建立一個實用的有界情境。

隱藏實作細節

微服務中的技術架構封裝在服務邊界內，而服務邊界則以業務領域為基礎。每個領域都形成了一個有物理邊界的情境。服務透過傳遞訊息或資源相互整合，而不是對外開放資料庫結構描述等細節。

自動化文化（*Culture of automation*）

微服務架構支援 Continuous Delivery，使用部署管線（deployment pipelines）來嚴格測試程式碼、並自動執行機器配置和部署等任務。自動化測試在快速變化的環境中極度有用。

高度去中心化

微服務構成了一種 *shared nothing*（什麼都不共用）的架構，其目標是盡可能減少耦合。一般來說，重複比耦合更可取。舉例來說，`CatalogCheckout` 和 `ShipToCustomer` 服務都有一個名為 `Item` 的概念。由於這兩個團隊具有相同的名稱和相似的特性，開發人員會嘗試在兩個服務中重複使用它，認為這樣可以省時省力。結果這反而會增加工作量，因為現在必須在共享該元件的所有團隊之間傳播變更。而每當服務發生變化時，開發人員就必須擔心共用元件的變化。另一面向，如果每個服務都有自己的 `Item`，並將所需資訊從 `CatalogCheckout` 傳到 `ShipToCustomer`，而不與元件耦合，那麼它就可以獨立地進行更改。

獨立部署

開發人員和營運人員都希望每個服務元件都能獨立於其他服務（和其他基礎設施）進行部署，這反映了有界情境的物理表現形式。開發人員能夠在不影響任何其他服務的情況下部署一項服務，這是此架構風格的決定性優勢之一。此外，開發人員通常會自動化所有部署和營運任務，包括平行測試（parallel testing）和 Continuous Delivery（持續交付）。

隔離故障

開發人員既要在微服務情境中隔離故障，也要在服務協調中隔離故障。每個服務都要處理合理的錯誤情況，可能的話，還要進行復原。許多 DevOps 最佳實務做法（Circuit Breaker 模式（*https://oreil.ly/l028d*）、bulkheads 等），通常出現在這些架構中。許多微服務架構都遵循 Reactive Manifesto（*http://www.reactivemanifesto.org*），這是運營和協調原則的一份清單，可使系統更加穩健。

高度可觀測

開發人員不可能手動監控成千上百個服務（一個開發人員能觀察幾個多播 SSH 終端工作階段呢？）。因此，在這種架構中，監控和日誌記錄就成了頭等大事。如果營運人員無法監控這些服務中的某一項，那麼它還不如不存在。

微服務的主要目標是透過有物理邊界的情境分隔領域，並強調對問題領域的理解。因此，架構量子就是服務，使其成為演化式架構的絕佳範例。如果一個服務需要演化以變更其資料庫，其他服務都不會受到影響，因為其他服務不被允許去了解如結構描述等實作細節。當然，進行變更之服務的開發人員，必須透過服務之間的整合點提供相同的資訊（希望能像**消費者驅動的契約**那樣受到適應性函數的保護），讓呼叫端服務的開發人員不用去知道有變化發生。

鑑於微服務是我們演化式架構的典範，從演化的角度來看，它的得分高也就不足為奇了。

漸進式變更

在微服務架構中，漸進式變更的兩個面向都很容易。每個服務都圍繞著一個領域概念形成一個有界情境，這樣就很容易做出只影響該情境的變更。微服務架構在很大程度上仰賴 *Continuous Delivery* 的自動化做法，利用部署管線和現代 DevOps 實務。

利用適應性函數引導變革

開發人員可以輕鬆地為微服務架構建置原子型（atomic）和整體型（holistic）適應性函數。每個服務都有明確定義的邊界，允許在服務元件內進行各種層級的測試。服務必須透過整合進行協調，這也需要測試。幸運的是，精密的測試技巧與微服務的開發同步成長。

如果有明顯的好處，那麼為什麼開發人員以往沒有採用這種方式呢？多年前，機器的自動配置（automatic provisioning）是不可能的。雖然當時我們有虛擬機器（virtual machine，VM）技術，但它們往往是手工打造的，需要長時間的前置作業。作業系統是商業授權的，幾乎不支援自動化。預算等現實限制因素會影響架構，這也是開發人員建立越來越複雜的共享資源架構，並在技術層進行隔離的原因之一。如果營運昂貴且繁瑣，架構師就會圍繞它進行建置，就像他們在企業服務匯流排驅動的服務導向架構（enterprise service bus-driven service-oriented architectures）中所做的那樣。

Continuous Delivery 和 DevOps 運動為此動態平衡增添了新的因素。現在，機器定義已納入版本控制並支援極端的自動化。部署管線平行啟動多個測試環境，以支援安全的持續部署（continuous deployment）。由於大部分軟體堆疊都是開源的，因此授權和其他問題對架構的影響較小。社群對軟體開發生態系統中出現的新能力做出反應，建立了更多以領域為中心的架構風格。

在微服務架構中，領域封裝了技術和其他架構，使跨領域的演化變得容易。沒有一種架構觀點是「正確」的，而是反映了開發人員內建在專案中的目標。如果把重點完全放在技術架構上，那麼在該維度上進行變更會較為容易。但是，如果會忽略領域視角，那麼在該維度內進行的演化就會比「Big Ball of Mud（大泥球）」好不了多少。

重用模式

作為一個產業，我們從他人建置的可重用（reusable）框架和程式庫中獲益匪淺，這些框架和程式庫通常是開源的，可以免費獲取。顯然地，程式碼的可重用性是件好事。然而，就像所有好的想法一樣，許多公司濫用了這一想法，給自己帶來了麻煩。每家公司都渴望程式碼重用（code reuse），因為軟體看起來非常模組化，就像電子元件一樣。然而，儘管對真正模組化的軟體充滿期待，但這個目標卻始終未能實現。

> 軟體重用更像是器官移植（*organ transplant*），而不是拼接樂高積木（*Lego blocks*）。
>
> —John D. Cook

雖然語言設計者向開發人員承諾樂高積木已經很久了，但我們有的似乎仍然是器官。軟體重用很難，而且不會自動實現。很多樂觀的管理者認為，開發人員編寫的任何程式碼本質上都是可重用的，但事實並非總是如此。許多公司都曾嘗試編寫真正可重用的程式碼，並取得了成功，但這必須是刻意為之，而且困難重重。開發人員往往花費大量時間試圖建置可重用的模組，但結果卻發現這些模組幾乎沒有實際的重用性。

在服務導向架構（service-oriented architectures，SOA）中，常見的做法是盡可能找到共通性並重複使用。舉例來說，設想一家公司有兩個情境：`Checkout` 和 `Shipping`。在 SOA 中，架構師發現這兩個情境都包含 `Customer` 的概念。這反過來又促使他們將這兩種客戶合併為單一個 `Customer` 服務，並將 `Checkout` 和 `Shipping` 與那個共用服務耦合在一起。架構師們努力實現 SOA 終極規範性（*canonicality*）的目標：讓每個概念都有一個單一（共享）的歸宿。

諷刺的是，開發人員為程式碼的可重用性付出的努力越多，程式碼就越難使用。要使程式碼具有可重用性，就必須增加選項和決策點，以適應不同的用途。開發人員為達成程式碼可重用性（reusability）而新增的掛接器（hooks）越多，就越會損害程式碼的基本易用性（*usability*）。

程式碼越可重用，易用性就越低。

換句話說，程式碼的易用性往往與程式碼的可重用性成反比。開發人員建置可重複使用的程式碼時，他們必須新增功能，以適應他們和其他開發人員最終使用程式碼的無數方式。所有的這些「為未來做準備」的功能都會增加開發人員將程式碼用於單一目的之困難度。

微服務摒棄程式碼重用，採用了「**寧可重複也不要耦合**（*prefer duplication to coupling*）」的理念：重用意味著耦合，而微服務架構是極度解耦的。然而，微服務的目標並不是擁抱重複，而將實體隔離在領域之內。共用一個類別的服務不再是獨立的。在微服務架構中，`Checkout` 和 `Shipping` 將各自擁有 `Customer` 的內部表示法。如果它們需要就客戶相關的資訊進行協作，則會相互發送關鍵資訊。架構師不會試圖調解和整併架構中不同版本的 `Customer`。重複使用的好處是虛幻的，它所帶來的耦合也有其弊端。因此，儘管架構師了解重複使用的缺點，但他們會將這種區域化的損害與過多耦合帶來的架構損害相抵消。

程式碼重用可以是一種資產，但也可能是一種負擔。請確保程式碼中引入的耦合點不會與架構中的其他目標相衝突。舉例來說，微服務架構通常使用服務網格（service mesh）將服務的各個部分耦合在一起，以幫忙統一特定的架構關注點，如監控或日誌記錄。

有效的重複使用 = 抽象 + 低波動性

如今，許多架構師面臨的一個共同問題是如何調和兩個不同的企業目標：整體重用（holistic reuse）vs. 受 DDD 啟發的透過有界情境所進行的隔離（isolation）。可以理解的是，大型企業希望在其生態系統中利用盡可能多的重用，因為重複使用越多，從頭開始編寫的工作量就越少。然而，重用會產生耦合，這是許多架構師都試圖避免的，尤其是過度的耦合。

Sidecars 和服務網格：正交的作業耦合

微服務架構的設計目標之一是高度解耦（high degree of decoupling），通常體現為「重複比耦合更可取」這種建議。舉例來說，假設有兩個 PenultimateWidgets 服務需要傳遞客戶資訊，但領域驅動設計的有界情境堅持要求服務的實作細節保持私有。一個常見的解決方案是，允許每個服務對 `Customer` 等實體使用自己的內部表示法（internal representation），以鬆散耦合的方式傳遞資訊，如 JSON 中的名稱與值對組（name/value pairs）。注意到這允許每個服務隨意更改其內部表示法，包括技術堆疊，而不會破壞整合。架構師通常不喜歡程式碼的重複，因為這會導致同步問題、語意漂移（semantic drift）和其他一系列問題，但有時存在比重複問題更糟糕的力量，而微服務中的耦合往往就符合這種情況。因此，在微服務架構中，「我們應該複製還是耦合某種能力」這個問題的答案很可能是**複製**（*duplicate*），而在另一種架構風格（如基於服務的架構）中，正確答案很可能是**耦合**（*couple*）。這取決於具體情況！

在設計微服務時，架構師們為了保持解耦，不得不接受重複實作的現實。但是，從高度耦合中**獲益**的能力類型，如監控、日誌記錄、身分驗證和授權、斷路器（circuit breakers）、以及每個服務都應具備的其他運營能力又怎麼說呢？讓每個團隊管理這些依存關係往往會陷入混亂。舉例來說，考慮到像 PenultimateWidgets 這樣的公司正試圖在共通的監控解決方案上進行標準化，以便更輕鬆地運營各種服務。如果每個團隊都負責為自己的服務實作監控，營運團隊如何確保他們做到了呢？此外，統一升級（unified upgrades）等問題怎麼辦？如果監控工具需要跨組織升級，團隊如何協調？

在過去幾年中，微服務生態系統中出現了一種常見的解決方案，它使用 *Sidecar*（**副載具**）**模式**以一種優雅的方式解決了這一問題，Sidecar 模式基於 Alistair Cockburn 所定義的一種更早的架構模式，即**六邊形架構**（*Hexagonal architecture*），如圖 5-17 所示。

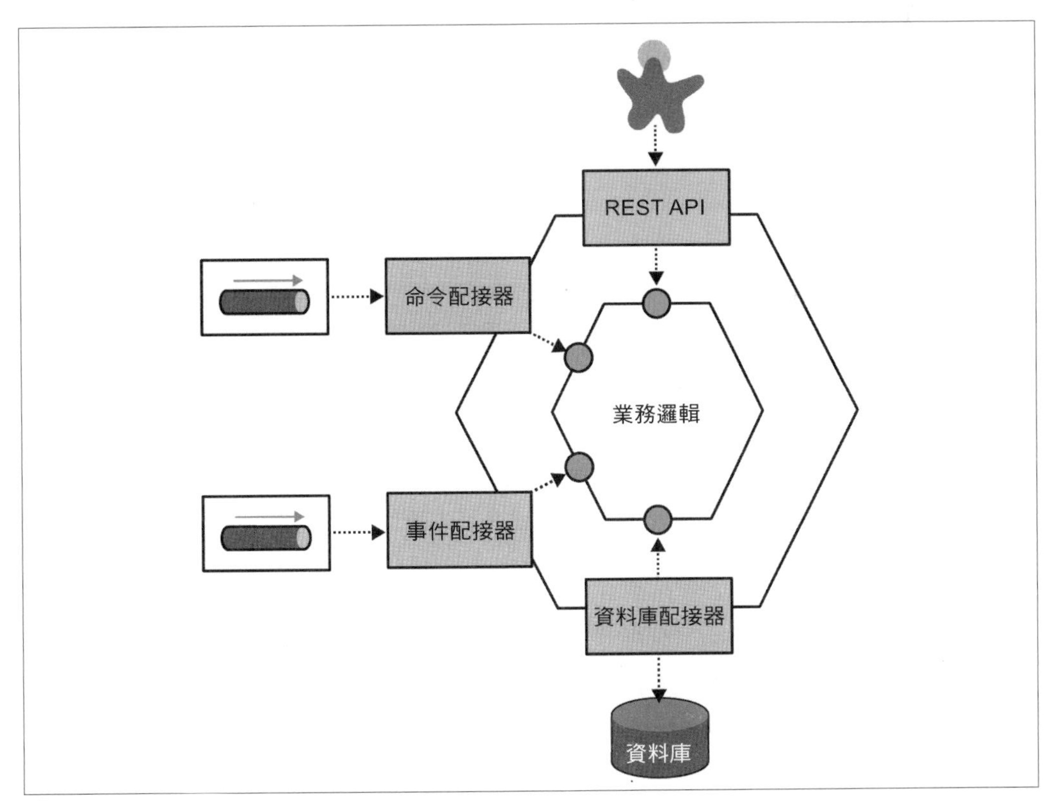

圖 5-17　六邊形模式將領域邏輯與技術耦合分離開來

在圖 5-17 中，我們現在所說的領域邏輯位於六邊形的中心，周圍是連接生態系統其他部分的通訊埠和配接器（事實上，這種模式也被稱為 *Ports and Adapters pattern*）。雖然這種模式比微服務早了數年，但它與現代微服務有相似之處，但有一個顯著區別：資料忠實度（data fidelity）。六邊形架構將資料庫視為另一個可以插入的配接器，但 DDD 的一個啟示是，資料結構描述和交易性應置於內部，就像微服務那樣。

Sidecar 模式利用了與六邊形架構相同的概念，即將領域邏輯與技術（基礎設施）邏輯分離開來。舉例來說，請看圖 5-18 所示的兩個微服務。

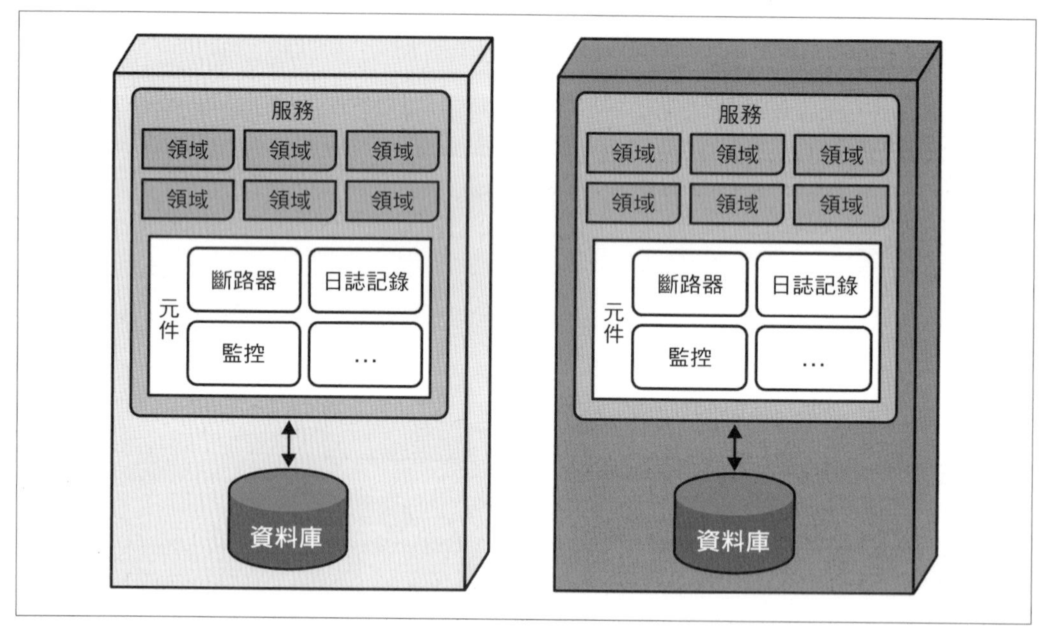

圖 5-18　共享相同運營能力的兩個微服務

在圖 5-18 中，每個服務都包含營運考量（服務底部較大型的元件）、和領域問題（服務頂端標有「領域」的方框中）。如果架構師希望運營能力保持一致，那麼可分離的部分就會被整合到一個 sidecar 元件中。sidecar 元件的名稱隱喻源自於摩托車上的副載具（sidecar）（*https://oreil.ly/YH5Uo*），其實作要麼由各團隊共同負責，要麼由一個集中的基礎設施小組管理。如果架構師可以假定每個服務都包含 sidecar，那麼 sidecar 就會形成一個跨服務的一致運營介面，通常透過服務平面（service plane）連接，如圖 5-19 所示。

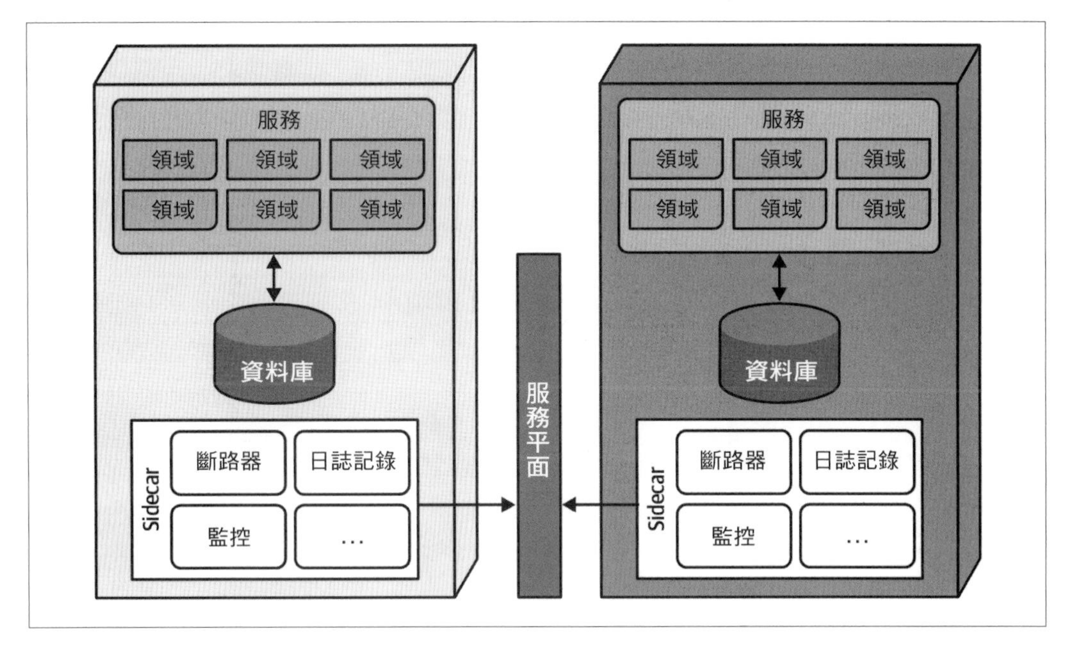

圖 5-19　當每個微服務都包含一個共通元件時，架構師可以在它們之間建立連結，以達成一致的控制

如果架構師和營運人員可以安全地假設每個服務都包含 sidecar 元件（由適應性函數所治理），那麼就會形成一個服務網格（service mesh），如圖 5-20 所示，每個服務右側的方框都相互連接，形成一個「網格（mesh）」。

有了網格，架構師和 DevOps 就可以建立儀表板（dashboards）、控制營運特性（如規模）並實作其他的眾多能力。

Sidecar 模式允許企業架構師等治理團隊，對過多的多語環境（polyglot environments）進行合理的約束：微服務的優勢之一是依存整合而非共通平台，允許團隊在逐個服務的基礎上選擇正確的複雜度和能力水平。然而，隨著平台數量的激增，統一的治理變得更加困難。因此，團隊通常使用服務網格的一致性作為驅動力，以支援跨多個異質平台的基礎設施和其他橫切關注點（cross-cutting concerns）。舉例來說，如果沒有服務網格，假設企業架構師希望圍繞著一種共通的監控解決方案進行統一管理，那麼團隊就必須為每個平台建置一個支援該解決方案的 sidecar。

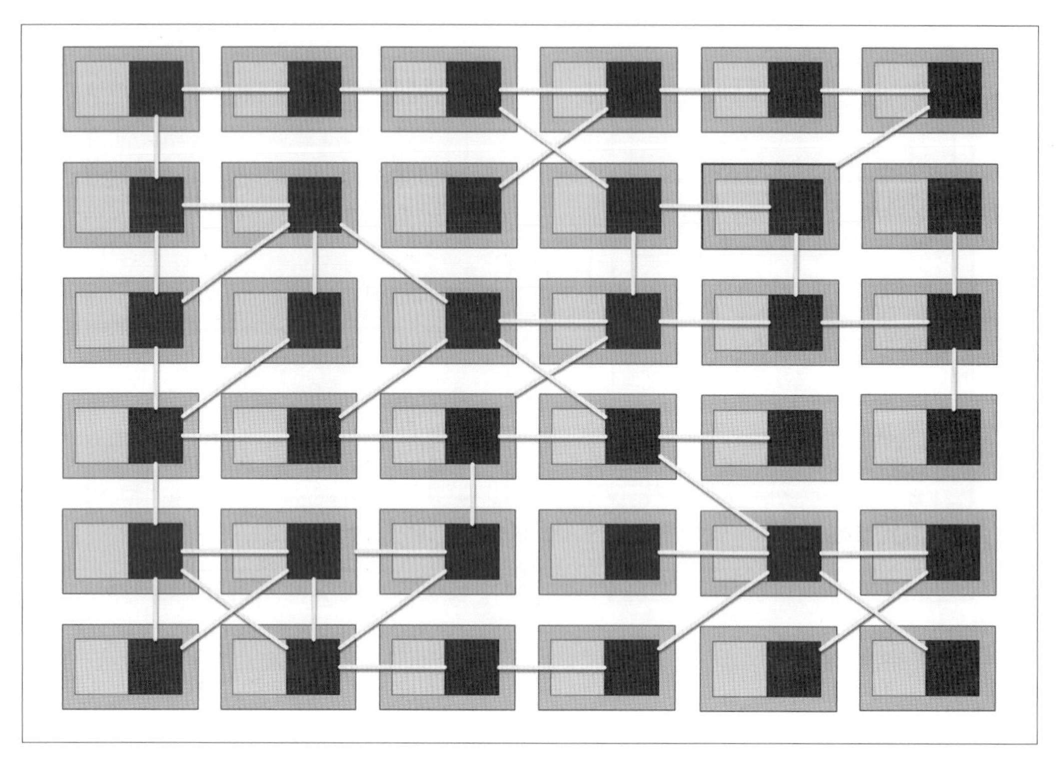

圖 5-20 服務網格是服務之間的一組作業連結

Sidecar 模式不僅是將運營能力與領域解耦的一種方法，也是一種處理正交耦合（orthogonal coupling，請參閱第 129 頁的「正交耦合」）的**正交重用**（*orthogonal reuse*）模式。通常，架構解決方案需要幾種不同類型的耦合，如我們當前領域耦合 vs. 作業耦合（operational coupling）的例子。正交重用模式讓人們能在違反架構常規區隔方式的情況下，重複使用架構中的某一部分。舉例來說，微服務架構是圍繞著領域（domains）來組織的，但作業耦合需要橫跨那些領域。Sidecar 讓架構師能夠在貫穿整個架構但仍保持一致的層面中，隔離那些顧慮。

正交耦合

在數學中，若兩條線相交成直角（right angles），那麼它們就是*正交的*（*orthogonal*），這也意味著獨立性。在軟體架構中，一個架構的兩個部分可能是*正交耦合*（*orthogonally coupled*）的：兩種截然不同的用途仍必須相交才能形成一個完整的解決方案。本章中的一個明顯範例涉及監控等運營問題，這些問題是必要的，但與服務型錄結帳（catalog checkout）等領域行為無關。認識到正交耦合後，架構師就能找到使關注點之間的糾纏最小化的交叉點。

Sidecar 模式和服務網格提供一種簡潔的方法，可以在分散式架構中傳播某種橫切關注點，而且不僅可用於作業耦合（見下一節）。它在架構上等同於 Gang of Four（四人幫）的《*Design Patterns*》一書中的 Decorator（裝飾器）模式（*https://oreil.ly/BSM1F*）：它允許架構師在整個分散式架構中「裝飾（decorate）」行為，而不依賴一般連接方式。

資料網格：正交的資料耦合

觀察到分散式架構的其他趨勢後，Zhamak Dehghani 和其他幾位創新者從領域導向的微服務解耦、服務網格和 Sidecar 模式中得出了核心思想，並將其應用於分析資料，同時進行了修改。正如我們在上一節中提到的，*Sidecar 模式*為正交耦合提供了一種非糾纏（nonentangling）的組織方式；運營資料和分析資料之間的分離正是這種耦合的另一個極佳範例，但比簡單的作業耦合更加複雜。

資料網格的定義

Data Mesh（資料網格）是以去中心化的方式共享、存取和管理分析資料（analytical data）的一種做法。它能滿足各種分析用例，如報表、訓練 ML 模型和產生洞見（generating insights）。與以前的架構相較之下，它透過將資料的架構和所有權與業務領域相統一，並以點對點的資料消費（peer-to-peer consumption of data）來實現這一目標。

Data Mesh 基於以下原則：

資料的領域所有權

資料由最熟悉該資料的領域擁有和共享：這些領域要麼是資料的源頭，要麼是資料的一級消費者（first-class consumers）。該架構允許多個領域以點對點的方式進行分散式資料共享和存取，而無須資料倉儲（data warehouses）中必要的中介轉換步驟，或 Data Lake（資料湖泊）的集中式儲存區。

資料作為一種產品

為防止資料孤島化並鼓勵領域共享資料，Data Mesh 引入了資料作為一種產品來提供的概念。它設定了必要的組織角色和成功衡量指標，以確保領域提供資料的方式，能為整個組織的資料消費者帶來正面的體驗。這一原則引入了一種新的架構量子，稱為資料產品量子（data product quantum），以維護並向消費者提供可發現、可理解、及時、安全且高品質的資料。本章將介紹資料產品量子的架構面向。

自助式資料平台

為了增強領域團隊建置和維護資料產品的能力，Data Mesh 推出了一套全新的自助服務平台功能。這些功能的重點是改善資料產品開發人員和消費者的體驗。它的功能包括資料產品的宣告式創建（declarative creation）、透過搜尋和瀏覽在整個網格中探索資料產品，以及管理資料譜系（lineage of data）和知識圖譜（knowledge graphs）等其他智慧圖譜（intelligent graphs）的生成。

計算式聯邦治理（*Computational federated governance*）

這一原則確保，儘管資料所有權分散，但全組織範疇的治理需求，如合規性（compliance）、安全性、隱私性、資料品質和資料產品的互通性（interoperability），在所有領域都能得到一致滿足。Data Mesh 引入了一種由領域資料產品所有者組成的聯合決策模型（federated decision-making model）。他們制定的政策是自動化的，並作為程式碼內嵌在每個資料產品中。這種治理做法的架構含義是在每個資料產品量子中嵌入一個平台提供的 sidecar，用來在存取點（資料的讀取或寫入）儲存和執行政策。

Data Mesh 是一個範圍廣泛的主題，在《*Data Mesh: Delivering Data-Driven Value at Scale*》（O'Reilly 出版）一書中有全面的介紹。在本章中，我們將重點討論核心架構元素，即**資料產品量子**。

資料產品量子

Data Mesh（資料網格）的核心原則奠基於微服務等現代分散式架構之上。如圖 5-21 所示，正如在**服務網格**（*service mesh*）中一樣，團隊會在服務相鄰處建置一個**資料產品量子**（*data product quantum*，DPQ），並與之耦合。

服務 *Alpha* 包含行為資料和交易（運營）資料。該領域還包括一個**資料產品量子**，其中也包含程式碼和資料，作為系統整體分析和報表部分的介面。DPQ 是一套作業上獨立但高度耦合的行為和資料。

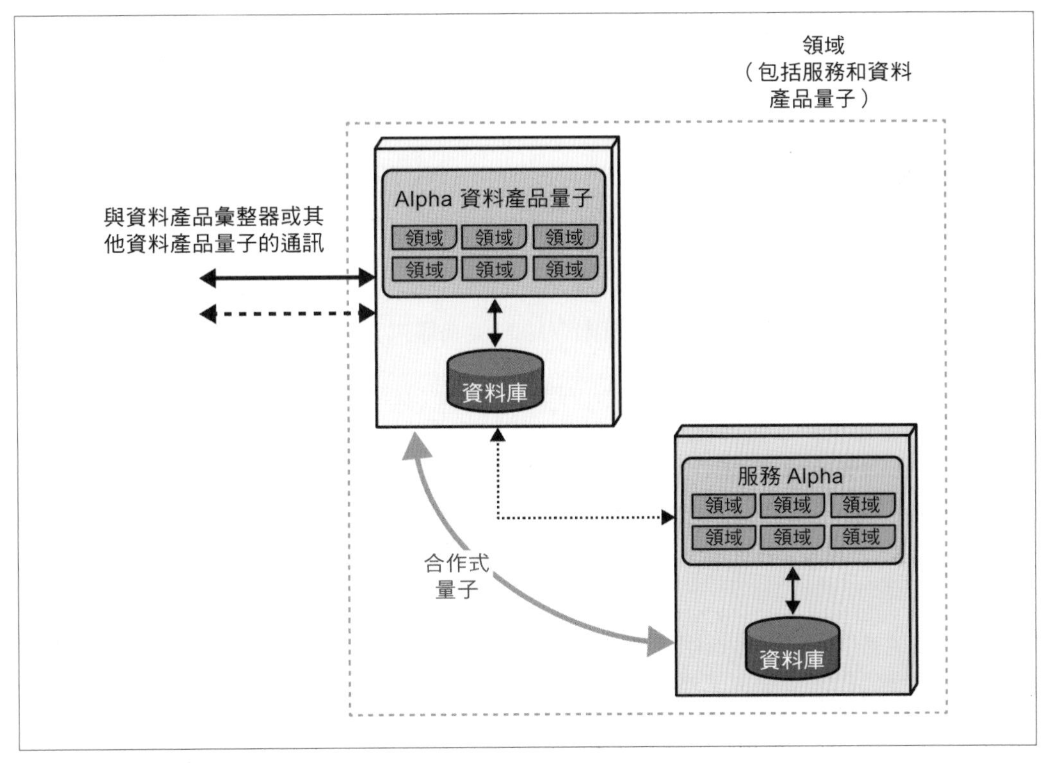

圖 5-21　資料產品量子的結構

現代架構中通常存在幾種類型的 DPQ：

與來源一致（原生）的 *DPQ*

代表協作的架構量子（通常是一個微服務）提供分析資料，作為一種合作式量子（cooperative quantum）。

彙整 *DQP*

同步或非同步彙整（aggregates）來自多個輸入端的資料。舉例來說，對於某些彙整工作，非同步請求可能就足夠了；而對於其他彙整工作，彙整器 DPQ（aggregator DPQ）可能需要對與來源一致的 DPQ（source-aligned DPQ）進行同步查詢。

符合特定用途的 *DPQ*

經過自訂以滿足特定需求的 DPQ，其中可能包括分析報表、商業智慧、機器學習或其他支援功能。

一個特定領域可能包括多個 DPQ，這取決於不同類型分析的不同架構特性。舉例來說，一個 DPQ 所需的效能水平可能與另一個 DPQ 不同。

如圖 5-22 所示，每個有助於分析和商業智慧的領域都包含一個 DPQ。

在圖 5-22 中，DPQ 代表負責實作服務的領域團隊所擁有的元件。它與資料庫中儲存的資訊重疊，並可能與某些領域行為進行非同步互動。資料產品量子也可能包含行為以及用於分析和商業智慧的資料。

每個*資料產品量子*都是服務本身的一個*合作式量子*（*cooperative quantum*）：

合作式量子

一個獨立運作的量子，透過非同步通訊和最終一致性（eventual consistency）與其合作者進行通訊，但與其合作者的契約緊密耦合，而與分析量子（負責報表、分析、商業智慧等的服務）的契約耦合一般較為鬆散。

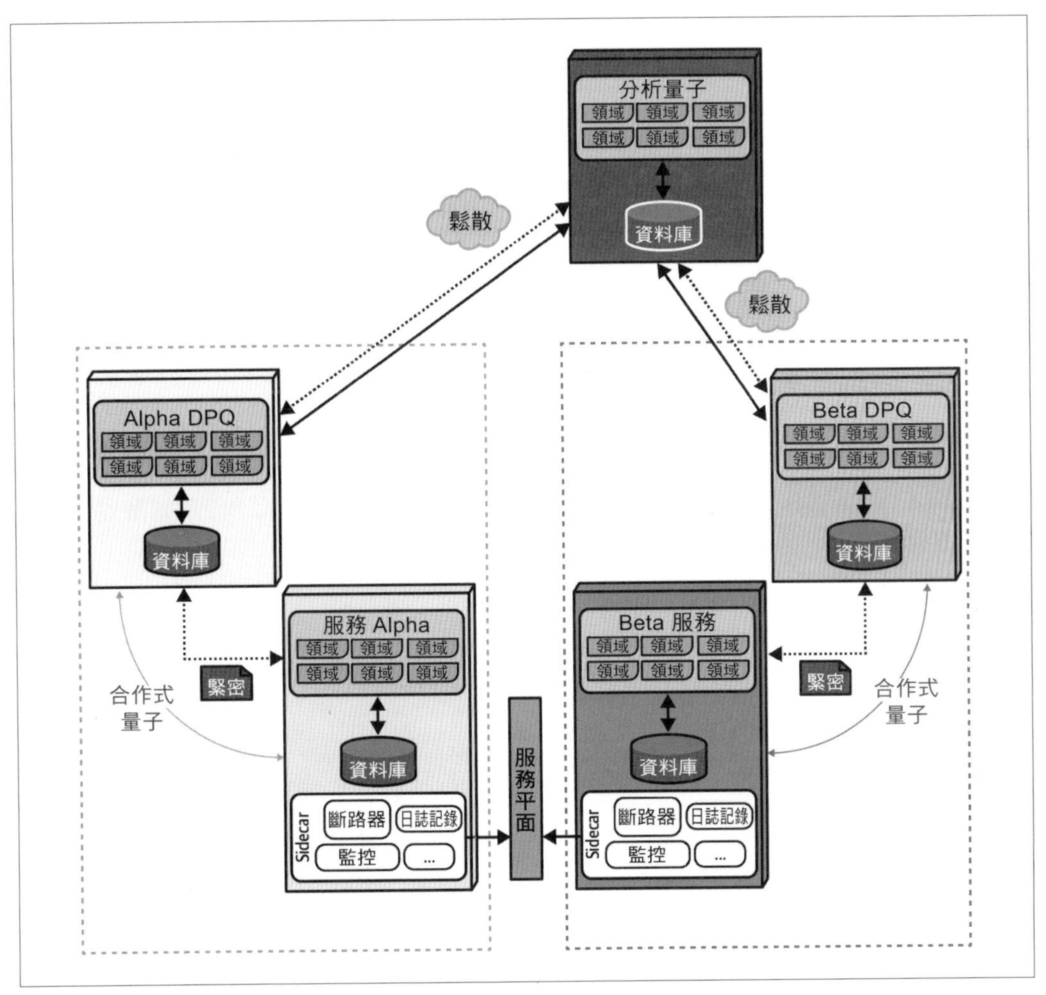

圖 5-22　資料產品量子作為服務的一個獨立但高度耦合的輔助工具

雖然這兩個彼此合作的量子在運作上是獨立的，但它們代表了資料的兩個面向：服務中的運營資料和資料產品量子中的分析資料。

系統的某些部分將負責分析和商業智慧，這將形成自己的領域和量子。為了運營，這個分析量子與它所需資訊的各個資料產品量子之間具有靜態量子耦合。該服務可根據請求的類型，對 DPQ 進行同步或非同步呼叫。舉例來說，有些 DPQ 會為分析用的 DPQ 提供一個 SQL 介面，允許同步查詢。其他需求可能會彙整多個 DPQ 的資訊。

Data Mesh（資料網格）是微服務架構與分析資料之間創新混搭的絕佳範例，也是管理分散式架構中正交耦合的路線圖。*Sidecar* 和**合作式量子**的概念允許架構師選擇性地將一種架構「疊加（overlay）」到另一種架構之上。這允許對領域進行更合適的建模（如 DDD），同時允許不同的關注點以經過良好治理的方式存取它們所需的內容。

總結

了解結構對軟體系統演化能力的影響對架構師來說至關緊要。雖然存在許多具名的架構風格，但那些架構中決定可演化性的主要特性是受控的耦合（controlled coupling）。無論是受到共生性（connascence）之區域（locality）特性的啟發，還是受到 DDD 中有界情境（bounded context）的啟發，控制實作耦合的程度都是建置可演化式架構的關鍵。

契約允許不同的架構部分進行交流，而不會產生緊密的耦合點。透過使用鬆散定義的耦合點、靈活的契約和契約適應性函數，架構師可以定義符合需求的系統，同時又不會對治理或變更造成阻礙。

第六章

演化式資料

關聯式（relational）和其他類型的資料儲存方式，在現代軟體專案中無處不在，這種形式的耦合往往比架構耦合更容易出問題。資料團隊通常更不習慣採用單元測試和重構等工程實務做法（這一點正在逐漸改善）。此外，資料庫通常會成為整合點，這使得資料團隊不願意進行更改，因為可能會產生副作用漣漪。

資料是建立可演化式架構時需要考慮的一個重要維度。像微服務這樣的架構需要更多的架構考量，例如資料分割、依存關係、交易性和其他一系列之前只屬於資料團隊範疇的問題。本書無法涵蓋演化式資料庫設計（evolutionary database design）的所有面向。幸運的是，我們的合著者 Pramod Sadalage 與 Scott Ambler 共同撰寫了《*Refactoring Databases*》一書（*http://databaserefactoring.com*），副標題即為 *Evolutionary Database Design*。我們只涵蓋資料庫設計中對演化式架構有影響的部分，並鼓勵讀者去閱讀那本書。

演化式資料庫設計

當開發人員可以根據需求的不斷變化來建置和演化資料庫的結構時，資料庫中的演化式設計就會出現。資料庫結構描述（database schemas）是一種抽象概念，類似於類別階層架構（class hierarchies）。隨著底層現實世界發生改變，那些變化必須反映在開發人員和資料團隊所建置的抽象層中。否則，那些抽象結構就會逐漸與現實世界脫節。

演化結構描述

架構師如何才能建置支援演化的系統，但仍使用關聯式資料庫（relational databases）等傳統工具呢？演化資料庫設計的關鍵在於與程式碼一起演化結構描述（schemas）。Continuous Delivery（持續交付）解決了如何將傳統的資料孤島融入現代軟體專案的持續反饋迴路（continuous feedback loop）的問題。開發人員必須像對待原始碼一樣對待資料庫結構的變化：測試、版本控制和逐步進行：

經過測試

資料團隊和開發人員應嚴格測試對資料庫結構描述的更動，以確保穩定性。如果開發人員使用物件對關聯式映射器（object-relational mapper，ORM）等資料映射工具，則應考慮新增適應性函數，以確保映射與結構描述保持同步。

有版本控制

開發人員和資料團隊應將資料庫結構描述和使用資料庫結構描述的程式碼，一起進行版本控制。原始碼和資料庫結構描述有共生（symbiotic）關係，二者缺一不可。人為地將這兩種必然耦合的事物分開的工程實務做法，會造成沒必要的效率低落。

漸進式

對資料庫結構描述的修改應該像原始碼變更的累積一樣，隨著系統的演化而逐漸產生。現代工程實務做法摒棄了手動更新資料庫結構描述的做法，而更傾向於使用自動遷移工具（automated migration tools）。

資料庫遷移工具是允許開發人員（或資料團隊）對資料庫進行小規模漸進式更改的實用工具，這些變更將作為部署管線（deployment pipeline）的一部分自動套用。這些工具的功能範圍很廣，從簡單的命令列工具到複雜的原始 IDE 都有。當開發人員需要對某個結構描述進行修改時，他們會編寫小型的資料庫遷移（database migration，又稱 delta）指令稿，如範例 6-1 所示。

範例 *6-1* 簡單的資料庫遷移

```
CREATE TABLE customer (
       id BIGINT GENERATED BY DEFAULT AS IDENTITY (START WITH 1) PRIMARY KEY,
       firstname VARCHAR(60),
       lastname VARCHAR(60)
);
```

遷移工具會將範例 6-1 中所示的 SQL 程式碼片段，自動套用到開發人員的資料庫實體（instance）中。如果開發人員後來發現要新增出生日期，他們可以建立一個新的遷移來修改原始結構，而不是更改原本的遷移，如範例 6-2 所示。

範例 *6-2* 使用一個遷移指令稿將出生日期新增到現有資料表中

```
ALTER TABLE customer ADD COLUMN dateofbirth DATETIME;
```

一旦開發人員執行了遷移，該遷移就被視為是不可變的：遷移的變更是依照複式簿記（double-entry bookkeeping）的模式來進行的。舉例來說，假設開發人員 Danielle 執行了範例 6-2 中的遷移作為專案的第 24 次遷移。後來，她發現 `dateofbirth` 根本不需要。她可以直接刪除第 24 次遷移，從而刪除 `dateofbirth` 欄（column）。但是，在 Danielle 執行遷移後編寫的任何程式碼都會假定 `dateofbirth` 欄的存在，如果專案需要退回到某個中介點（例如為了修復錯誤），則那些程式碼將無法繼續工作。此外，任何已經套用了此一變更的其他環境也會有該欄存在，並造成結構描述的不匹配。取而代之，她可以透過建立新的遷移來刪除該欄。

在範例 6-2 中，開發人員修改了現有的結構描述以添加新的一欄。有些遷移工具還支援*復原*（*undo*）功能，如範例 6-3 所示。支援*復原*功能可讓開發人員輕鬆地在結構描述的版本間向前或向後移動。舉例來說，假設一個專案在原始碼儲存庫（source code repository）中的版本是 101，但需要回復到版本 95。對於原始碼，開發人員只需從版本控制系統中 check out 第 95 版即可。但他們如何確保資料庫結構描述與程式碼版本 95 一致呢？如果使用具有*復原*能力的遷移工具，開發人員就可以一路「復原」到結構描述的第 95 版，依次套用每次遷移，回歸到所需的版本。

範例 *6-3* 在現有資料表中添加出生日期並復原遷移

```
ALTER TABLE customer ADD COLUMN dateofbirth DATETIME;
--//@UNDO

ALTER TABLE customer DROP COLUMN dateofbirth;
```

然而，出於三個原因，大多數團隊都放棄了建置*復原*功能。首先，如果所有的遷移都存在，開發人員就可以根據自己的需要逐步建立資料庫一直到他們需要的點，而無須退回到以前的版本。在我們的例子中，開發人員會從 1 建立到 95，以恢復版本 95。其次，為什麼要維護兩個版本的正確性，包括向前和向後呢？為了有信心地支援*復原*，開發人員必須測試程式碼，有時會使測試負擔加倍。第三，建置全面的*復原*功能有時會帶來艱鉅的挑戰。舉例來說，假設遷移過程中捨棄（drop）了一個資料表，那麼在*復原*運算的情況下，遷移指令稿（migration script）如何保留所有的資料呢？在資料表名稱前加上 *DROPPED_*，然後將其保留下來？這樣做很快就會變得複雜，因為資料表會發生各種變化，*DROPPED* 資料表中的資料很快就會失去意義。

透過資料庫遷移，資料庫管理員和開發人員可以將結構描述和程式碼的變更視為整體的一部分，以漸進的方式進行管理。將資料庫變更納入部署管線的反饋迴路，開發人員會有更多的機會將自動化和早期驗證，整合到專案的建置節律中。

共用資料庫整合

如圖 6-1 所示，這裡強調的一種常見的整合模式（integration pattern）是共用資料庫整合（*https://oreil.ly/NxSsk*），它使用資料庫作為資料共享機制。

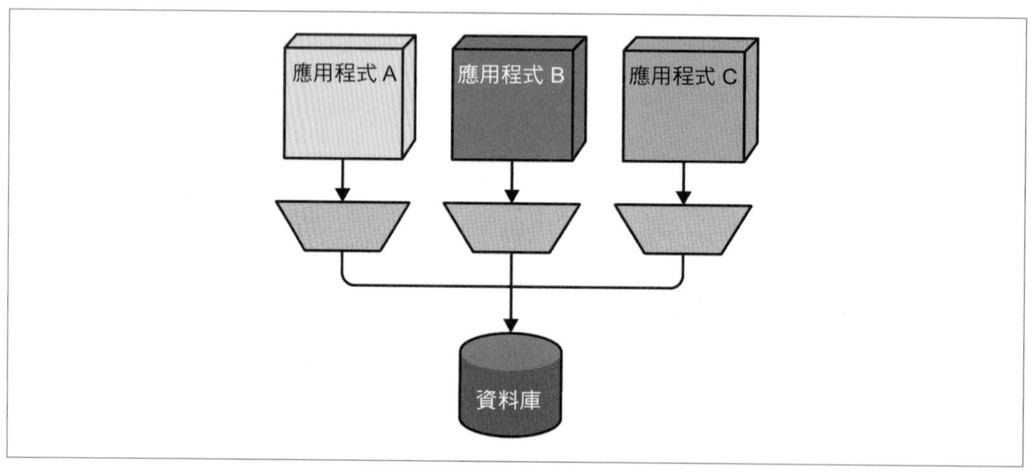

圖 6-1　將資料庫用作整合點

在圖 6-1 中，三個應用程式共用同一個關聯式資料庫。專案經常預設使用這種整合方式，出於治理的因素，每個專案都使用相同的關聯式資料庫，那麼為什麼不跨專案共享資料呢？然而，架構師很快就會發現，將資料庫作為整合點會使共享的所有專案的資料庫結構描述僵化。

如果其中一個耦合應用程式需要透過結構描述的變更來演化其功能，會發生什麼事呢？如果應用程式 A 對結構描述進行更改，這可能會破壞其他兩個應用程式。幸運的是，正如前面提到的《*Refactoring Databases*》一書中所討論的，一種常用的重構模式可用來解開這種耦合：*Expand/Contract*（展開 / 收縮）模式。如圖 6-2 所示，許多資料庫重構技巧都透過在重構中建立一個過渡階段（transition phase），來避免時機問題（timing problems）。

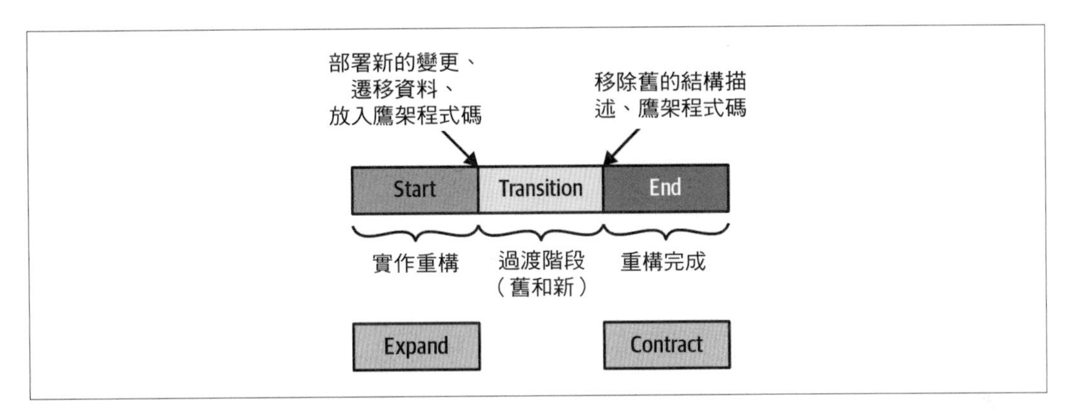

圖 6-2　資料庫重構的 Expand/Contract 模式

使用這種模式，開發人員會有一個起始狀態（starting state）和一個結束狀態（ending state），並在過渡期間保持舊（*old*）和新（*new*）兩種狀態。這種過渡狀態允許回溯相容（backward compatibility），也給企業中的其他系統足夠的時間趕上變化。對於某些組織來說，過渡狀態可能持續幾天到幾個月不等。

下面是一個 *Expand/Contract* 的實例。考慮這個常見的演化變更，也就是將 `name` 欄拆分為 `firstname` 和 `lastname`，這是 PenultimateWidgets 出於行銷目的需要做的。對於這種變化，開發人員有起始狀態、展開狀態（expand state）和最終狀態，如圖 6-3 所示。

在圖 6-3 中，全名（full name）顯示為單一欄。在過渡期間，PenultimateWidgets 資料團隊必須同時維護兩個版本，以防止破壞資料庫中可能存在的整合點。對於如何將 `name`（姓名）欄拆分為 `firstname`（名）和 `lastname`（姓），他們有幾種選擇。

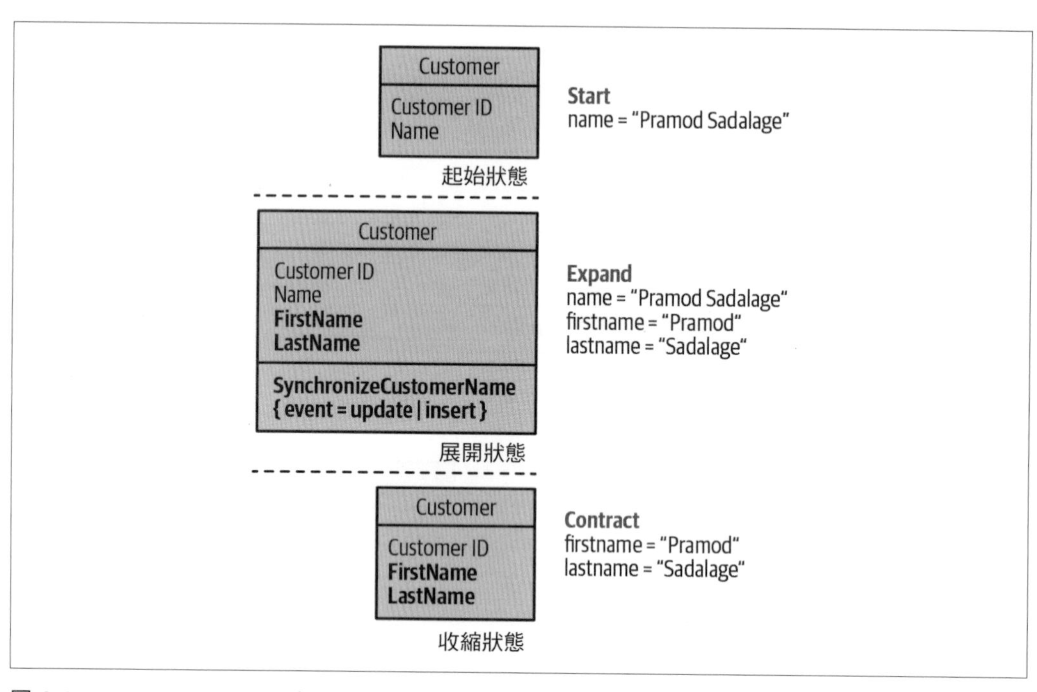

圖 6-3 Expand/Contract 重構的三種狀態

方案 1：無整合點，無舊有資料

在這種情況下，開發人員無須考慮其他系統，也無須管理現有資料，因此他們可以添加新欄並刪除舊欄，如範例 6-4 所示。

範例 6-4 沒有整合點和舊有資料的簡單案例

```
ALTER TABLE customer ADD firstname VARCHAR2(60);
ALTER TABLE customer ADD lastname VARCHAR2(60);
ALTER TABLE customer DROP COLUMN name;
```

對於*方案 1*，重構非常簡單：資料團隊可以進行相關變更，然後繼續工作。

方案 2：舊有資料，但沒有整合點

在這種情況下，開發人員假定要將現有資料遷移到新欄位，但他們沒有外部系統需要擔心。他們必須建立一個函式，從現有欄位中提取相關資訊來處理資料遷移，如範例 6-5 所示。

範例 6-5 舊有資料但沒有整合點

```
ALTER TABLE Customer ADD firstname VARCHAR2(60);
ALTER TABLE Customer ADD lastname VARCHAR2(60);
UPDATE Customer set firstname = extractfirstname (name);
UPDATE Customer set lastname = extractlastname (name);
ALTER TABLE customer DROP COLUMN name;
```

這種情況需要資料團隊取出並遷移現有資料，但除此之外就很簡單。

方案 3：現有資料和整合點

這是最複雜的情況，很遺憾地，也是最常見的情況。公司需要將現有資料遷移到新欄位，同時還有外部系統依存於 `name` 欄，其他團隊無法在預期時間內進行遷移，以使用新的欄位。所需的 SQL 述句請參閱範例 6-6。

範例 6-6 帶有舊有資料和整合點的複雜案例

```
ALTER TABLE Customer ADD firstname VARCHAR2(60);
ALTER TABLE Customer ADD lastname VARCHAR2(60);

UPDATE Customer set firstname = extractfirstname (name);
UPDATE Customer set lastname = extractlastname (name);

CREATE OR REPLACE TRIGGER SynchronizeName
BEFORE INSERT OR UPDATE
ON Customer
REFERENCING OLD AS OLD NEW AS NEW
FOR EACH ROW
BEGIN
  IF :NEW.Name IS NULL THEN
    :NEW.Name := :NEW.firstname||' '||:NEW.lastname;
  END IF;
  IF :NEW.name IS NOT NULL THEN
    :NEW.firstname := extractfirstname(:NEW.name);
    :NEW.lastname := extractlastname(:NEW.name);
  END IF;
END;
```

為了建置範例 6-6 中的過渡階段，資料團隊在資料庫中添加了一個觸發器（trigger），當其他系統向資料庫中插入資料時，觸發器會將資料從舊的 `name` 欄移動到新的 `firstname` 和 `lastname` 欄中，從而使新系統得以存取相同的資料。同樣地，當新系統插入資料時，開發人員或資料團隊會將 `firstname` 和 `lastname` 欄串接成一個 `name` 欄，以便其他系統可以存取其格式正確的資料。

一旦其他系統修改其存取方式，改用新結構（名和姓分開）後，就可以執行收縮階段並移除舊欄位：

```
ALTER TABLE Customer DROP COLUMN name;
```

如果存在大量資料，而捨棄該欄將耗費大量時間，資料團隊有時可以將該欄設為「not used（未使用）」（如果資料庫支援此功能的話）：

```
ALTER TABLE Customer SET UNUSED name;
```

捨棄舊有的欄位後，如果需要之前結構描述的唯讀版本，資料團隊可以新增一個功能欄，以保留對資料庫的這種讀取能力：

```
ALTER TABLE CUSTOMER ADD (name AS
          (generatename (firstname,lastname)));
```

如每個方案所示，資料團隊和開發人員可以利用資料庫的原生設施來建置可演化的系統。

Expand/Contract 是一種名為 Parallel Change 的模式（*https://oreil.ly/yd8FR*）之子集，這是一種廣泛的模式，用於安全地實作對介面的回溯相容變更。

不適當的資料纏結

資料和資料庫是大多數現代軟體架構不可分割的一部分，開發人員在嘗試演化自己的架構時，如果忽視了這一關鍵面向，就會遭受損失。

在許多組織中，資料庫和資料團隊構成了一種特殊的挑戰，因為無論出於什麼原因，與傳統的開發世界相比，他們的工具和工程實務做法都相對過時。舉例來說，與任何開發人員的 IDE 相比，資料團隊日常使用的工具都極為原始。開發人員常用的功能在資料團隊中並不存在：重構支援、容器外測試（out-of container testing）、單元測試、依存關係追蹤、linting、模擬（mocking）和殘根（stubbing）等等。

資料庫中的資料結構與應用程式碼耦合，如果沒有資料結構使用者（如應用程式開發人員、ETL（Extract, Transform, and Load）開發人員，以及報表開發人員）的參與，資料團隊很難重構資料庫。由於需要不同團隊的參與、資源協調和來自產品團隊的優先順序，資料庫重構的執行變得複雜，並經常被排在後面，從而導致次優的資料庫結構和抽象層。

> **資料團隊、供應商和工具選擇**
>
> 為什麼在工程實務做法上，資料世界遠遠落後於軟體開發世界呢？資料團隊有許多與開發人員相同的需求：測試、重構等。然而，雖然開發人員的工具在不斷進步，但同樣水平的創新卻沒有滲透到資料世界。並非是工具不存在，現在已有一些第三方工具可以提供更好的工程支援，但這些工具並不暢銷。為什麼呢？
>
> 資料庫供應商（database vendors）與其消費者之間形成了一種有趣的關係。舉例來說，專門負責 *DatabaseVendorX* 的資料團隊，對該供應商的忠誠度幾乎達到了非理性的程度，因為該資料團隊的下一份工作至少有部分來自於，他們是經過認證的 *DatabaseVendorX* 資料團隊，而不一定是因為他們現有的工作。因此，資料庫供應商在世界各地的企業中都有祕密軍隊，他們忠於供應商而非公司。在這種情況下，資料團隊會忽視那些並非來自其「母艦」的工具和其他開發工件。其結果就是工程實務做法的創新水平停滯不前。
>
> 資料團隊將他們的資料庫供應商視為宇宙中所有光和熱的泉源，而不關心來自他們宇宙中其他暗物質的東西。這種現象的不幸副作用是，與開發人員工具相比，相關工具的發展停滯不前。因此，開發人員和資料團隊之間的阻抗不匹配（impedance mismatch）變得更加嚴重，因為他們沒有共通的工程技術。說服資料團隊採用 Continuous Delivery 的實務做法會迫使他們使用新的工具，拉開他們與母艦的距離，而這正是他們試圖避免的。
>
> 幸運的是，開源資料庫和 NoSQL 資料庫的流行，已經開始打破資料庫供應商的霸權。

雙階段的提交交易

當架構師討論耦合時，主題通常圍繞類別、程式庫和技術架構的其他面向。然而，大多數專案中還存在其他耦合途徑，包括交易（transactions），對於單體架構和分散式架構來說都是如此。

交易是一種特殊形式的耦合，因為交易行為不會出現在傳統以技術架構為中心的工具中。架構師可以使用各種工具輕鬆確定類別之間的傳入（afferent）和傳出（efferent）耦合。但要確定交易情境（transactional contexts）的範疇則要困難得多。正如結構描述之間的耦合會損害演化一樣，交易耦合也會以具體的方式將各組成部分繫結在一起，從而使演化變得更加困難。

業務系統中出現交易有多種原因。首先，商業分析師們喜歡交易的概念，也就是一種短暫**讓世界停止**在某種情境中的運算，而不考慮技術上的挑戰。複雜系統中的全域性協調非常困難，而交易則是其中的一種形式。其次，交易邊界（transactional boundaries）通常可以說明業務概念在它們的實作中是如何實際耦合在一起的。第三，資料團隊可能擁有交易情境，因此很難協調說要將資料拆開，使其對映於技術架構中的耦合。

在第 5 章中，我們討論過架構量子邊界（architectural quantum boundary）的概念：架構上可部署的最小單元，它與傳統的凝聚力（cohesion）思想不同，包含了資料庫等依存元件。資料庫所建立的繫結比傳統的耦合更強，因為交易邊界通常定義了業務程序的運作方式。架構師有時會犯錯，試圖建置一個粒度（granularity）小於業務自然粒度的架構。舉例來說，微服務架構並不特別適用於交易性很強的系統，因為目標服務量子太小。

架構師必須考慮其應用程式的所有耦合特性：類別、套件 / 命名空間、程式庫和框架、資料結構描述和交易情境。如果會忽略其中任何一個維度（或它們之間的互動），都會在嘗試演化架構時產生問題。在物理學中，將原子結合在一起的**強核力**（*strong nuclear force*）是目前發現的最強大的力量之一。對於架構量子（architecture quanta）而言，交易情境就像一種強核力。

資料庫交易就像是一種強核力，將量子繫結在一起。

雖然系統經常無法避免使用交易，架構師應該盡可能地限制交易情境，因為它們會形成緊密的耦合結，妨礙了對某些元件或服務進行更改而不影響其他部分的能力。更重要的是，架構師在考慮架構變更時，應該將像交易邊界這樣的面向納入考量。

如第 9 章所述，當從單體架構風格遷移到更細緻的風格時，首先要從少數的較大型服務開始。建立所謂的「綠地（greenfield）」微服務架構時，開發人員應該謹慎地限制服務和資料情境的大小。然而，不要過於拘泥「**微服務**（*microservices*）」這個詞，不是每個服務都一定要很小，而是它應該捕捉到一個實用的有界情境（bounded context）。

重新調整現有的資料庫結構描述時，通常很難達到適當的粒度（granularity）。許多資料團隊花了數十年的時間來拼湊資料庫結構描述，對於進行反向操作沒有興趣。通常，為了支援業務而必需的交易情境會定義開發人員能將其轉換成服務的最小粒度。雖然架構師可能渴望創建更小的粒度，但如果這樣做與資料相關的考量不符，他們的努力就會變成不適當的耦合。建立一個與開發人員試圖解決的問題在結構上有衝突的架構，代表一種有損害的多餘工作，詳見第 164 頁的「遷移架構」。

資料的年齡與品質

大公司中另一個常見的問題是對資料和資料庫的過度迷戀。我們聽過不只一位 CTO 說過：「我其實不太在乎應用程式，因為它們壽命短暫，但**我的資料結構描述**（*data schemas*）**很寶貴，因為它們會永遠存在！**」。儘管結構描述的變化確實比程式碼少，資料庫結構描述仍然是現實世界的一種抽象層。儘管不方便，但現實世界總是會隨時間而改變。那些認為結構描述永遠不會變的資料團隊是在忽略現實。

但是，如果資料團隊從不重構資料庫以更改結構描述，那麼他們如何進行修改以適應新的抽象層呢？不幸的是，**新增另一個連接表**（*join table*）是資料團隊用來擴充結構描述定義的常用過程。與其修改結構描述並冒著破壞現有系統的風險，他們乾脆直接新增一個表，使用關聯式資料庫的原語（primitives）將其連接到原本的資料表。雖然這在短期內有效，但卻掩蓋了真正的基本抽象層：在現實世界中，一個實體（entity）由多個事物所代表。隨著時間的推移，很少真正重組結構描述的**資料團隊**會建立出一個日益僵化的世界，並採用錯綜複雜的分組和歸群策略。如果資料團隊不重組資料庫，就不是在保護珍貴的企業資源，而是在製造每個結構描述版本的固化殘骸，並透過連接表相互疊加。

舊有資料（legacy data）的品質是另一個大問題。通常，這種資料已歷經多代軟體，每一代軟體都有自己的續存怪癖，導致資料在最好的情況下是不一致的，在最壞的情況下則是垃圾。從很多方面來說，試圖保留每一個資料碎片都會將架構與過去耦合在一起，從而必須有精心設計的變通方法才能使系統成功運行。

在嘗試建置演化式架構之前，請確保開發人員也能在結構描述和品質方面演化資料。結構不良需要重構，資料團隊應接受一切必要的措施來保證資料有符合標準的品質。我們更傾向於儘早解決這些問題，而不是建立複雜、持續的機制一直處理這些問題。

舊有結構描述和資料有其價值，但它們也是對演化能力的一種徵稅。架構師、資料團隊和業務代表需要進行坦誠的對話，討論什麼對組織有**價值**：是永久保留舊有資料，還是有能力進行演化變革。找出真正有價值的資料並將其保留下來，同時提供舊資料以供參考，但使其脫離演化發展的主流。

拒絕重構結構描述或消除舊資料會使你的架構與過去相耦合，而你無法對此進行重構。

案例研究：演化 PenultimateWidgets 的路由功能

PenultimateWidgets 決定在頁面之間實作新的路由方案（routing scheme），為使用者提供巡覽軌跡（navigational breadcrumb trail）。這意味著要改變頁面之間的繞送方式（使用內部框架）。實作新路由機制的頁面需要更多的情境（來源頁面、工作流程狀態等），因此需要更多的資料。

在路由服務量子中，PenultimateWidgets 目前只有單一個表來處理路由。對於新版本，開發人員需要更多資訊，因此表格結構將更加複雜。請看圖 6-4 所示的起點。

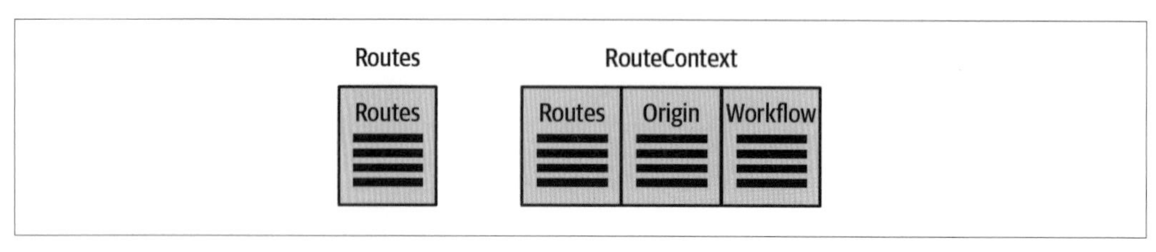

圖 6-4　新路由實作的起點

由於不同業務部門的工作速度不同，PenultimateWidgets 的所有頁面並不會同時實作新的路由。因此，路由服務必須同時支援新舊版本。我們將在第 7 章中了解如何透過路由進行處理。在這種情況下，我們必須在資料層面處理相同的情況。

開發人員可以使用 Expand/Contract 模式建立新的路由結構，並透過服務呼叫使其可用。在內部，兩個路由表都有一個與 `route` 欄相關聯的觸發器（trigger），因此對其中一個路由表的更改會自動複製到另一個路由表，如圖 6-5 所示。

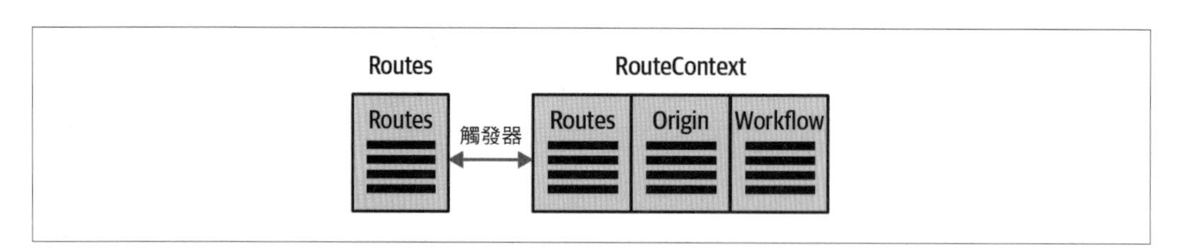

圖 6-5　過渡狀態，服務同時支援兩個版本的路由

如圖 6-5 所示，只要開發人員需要舊的路由服務，該服務就能同時支援兩種 API。實質上，應用程式現在等同於支援兩個版本的路由資訊。

不再需要舊服務時，路由服務開發人員可以刪除舊表和觸發器，如圖 6-6 所示。

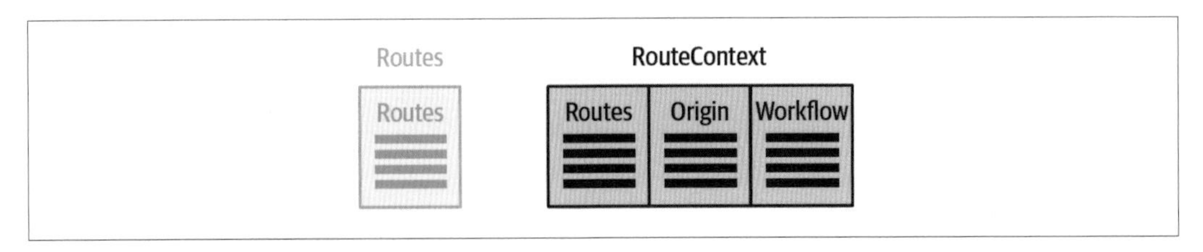

圖 6-6　路由表的結束狀態

在圖 6-6 中，所有服務都已遷移到新的路由功能，從而可以刪除舊服務。這與圖 6-2 所示的工作流程一致。

只要開發人員採用適當的工程實務做法，如持續整合、原始碼控制等，資料庫就能與架構一起演化。這種輕鬆更改資料庫結構描述的能力至關重要：資料庫是基於現實世界的抽象層，而現實世界可能會發生意想不到的變化。雖然資料抽象比行為更能抵禦改變，但它們仍必須不斷演化。在建置演化式架構時，架構師必須將資料作為首要關注點。

重構資料庫是資料團隊和開發人員需要磨練的一項重要技能和手藝。資料是許多應用程式的基礎。要建置可演化的系統，開發人員和資料團隊必須將有效的資料實務做法與其他現代工程實務做法結合起來。

從原生到適應性函數

有時，軟體架構的選擇會給生態系統的其他部分帶來問題。當架構師採用微服務架構時，這種架構建議每個有界情境使用一個資料庫，這改變了資料團隊對資料庫的傳統看法：他們更慣於使用單一的關聯式資料庫，以及那些工具和模型所提供的便利。舉例來說，資料團隊會密切關注參考完整性（referential integrity），以確保資料結構連接點的正確性。

但是，當架構師希望將資料庫分解成微服務之類，由各個服務分別提供資料的架構時，該如何說服持懷疑態度的資料團隊，讓他們相信為了微服務的優勢，值得去放棄一些他們信賴的機制？

由於這是一種治理（governance）形式，架構師可以透過在建置過程中加入持續型的適應性函數，來確保重要元件保持完整性並解決其他問題，從而讓資料團隊放心。

參考完整性

參考完整性是資料結構描述層面的一種治理形式，而不是架構耦合。然而，對於架構師來說，兩者都會因為增加耦合度而衝擊應用程式的演化能力。舉例來說，在很多情況下，資料團隊因為參考完整性而不願意將資料表拆分到單獨的資料庫中，但這種耦合會妨礙與之耦合的兩個服務發生改變。

資料庫中的參考完整性指的是主鍵（primary keys）及其連結。在分散式架構中，團隊也有實體（entities）的唯一識別碼（unique identifiers），通常表示為 GUID 或其他隨機序列。因此，架構師必須編寫適應性函數，以確保在資訊所有者刪除特定項目時，這個刪除動作會傳播到可能仍然參考著已被刪除的實體的其他服務。事件驅動（event-driven）架構中的許多模式都能處理這類背景任務；圖 6-7 就是其中一個例子。

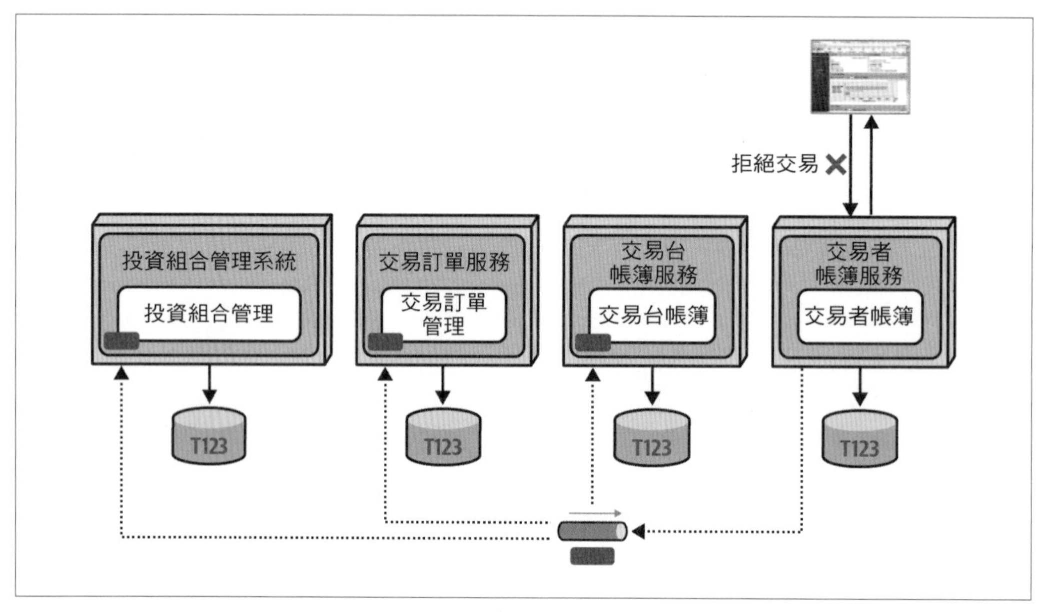

圖 6-7　使用基於事件的資料同步來處理參考完整性

在圖 6-7 中，當使用者介面透過 `Trader Blotter`（交易者帳簿）服務拒絕交易時，它會在持續存在的訊息佇列中傳播一條訊息，由對此感興趣的所有服務監控，並根據需要更新或刪除變更。

雖然資料庫中的參考完整性功能強大，但有時也會產生不必要的耦合，因此必須權衡利弊。

資料重複

如果團隊慣於使用單一關聯式資料庫，他們通常不會將**讀取**（*read*）和**寫入**（*write*）這兩種運算分開考慮。然而，微服務架構會迫使團隊更仔細地考慮哪些服務可以更新資訊，而哪些服務只能進行讀取。考慮一下許多剛接觸微服務的團隊所面臨的常見情況，如圖 6-8 所示。

一些服務需要存取系統的幾個關鍵部分，如 `Reference`、`Audit`、`Configuration` 和 `Customer`。團隊應如何處理這一需求？圖 6-8 所示的解決方案與所有感興趣的服務共用這些資料表，這樣做雖然方便，但卻違反了微服務架構的原則之一，即避免將服務耦合到共通的資料庫。如果其中任何一個表的結構描述發生變化，都會波及耦合的服務，可能會要求它們進行更改。

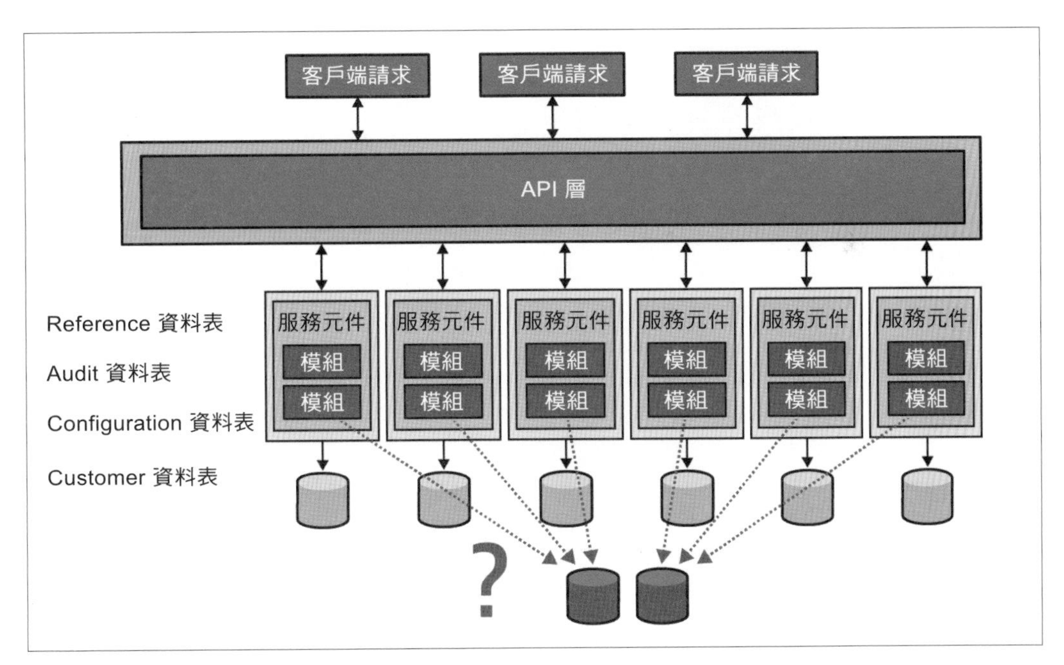

圖 6-8　管理分散式架構中的共享資訊

另一種做法請參閱圖 6-9。

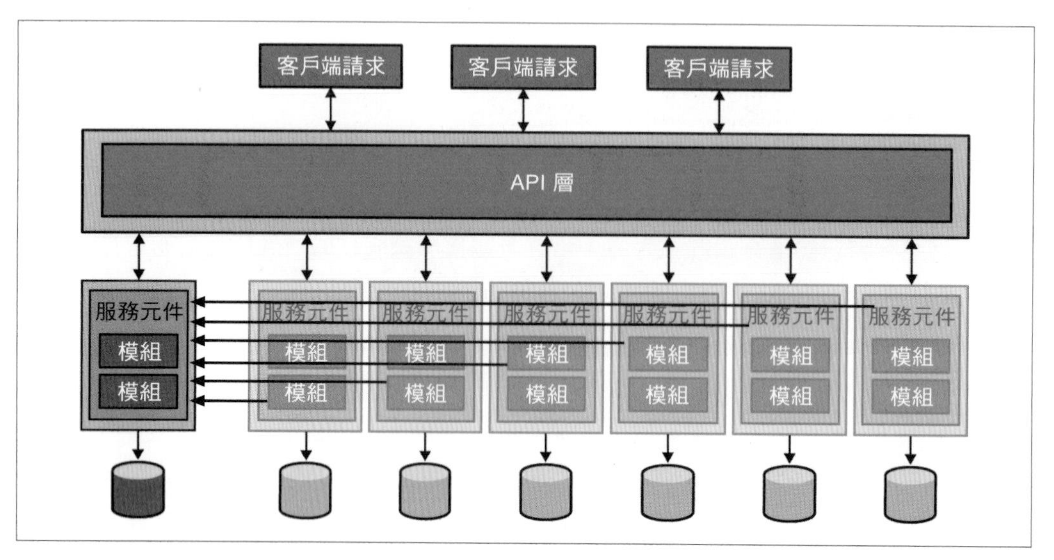

圖 6-9　將共享資訊建模為一個服務

在圖 6-9 中，依循微服務背後的理念，我們將共享的每筆資訊都作為一個獨立的服務來建模。然而，這揭露了微服務的一個問題：服務間通訊過多，會影響效能。

許多團隊常用的做法是仔細考慮誰應該**擁有**（*own*）資料（即誰可以更新資料），而誰可以**讀取**（*read*）資料的某個版本。圖 6-10 所示的解決方案使用行程內快取（in-process caching）進行讀取。

在圖 6-10 中，左邊的服務元件「擁有」資料。不過，在啟動時，每個感興趣的服務都會讀取並快取想要的資料，並以適當的頻率更新快取的資訊。如果右側的某個服務需要更新共享值，它會透過向擁有資料的服務發出請求的方式進行更新，而擁有資料的服務就可以發佈該變更。

在現代架構中，架構師使用各種做法來管理資料的存取和更新。這方面的例子包括變更控制、連線管理的規模可擴充性、容錯、架構量子、資料庫型別最佳化、資料庫交易和資料關係，這在《**軟體架構：困難部分**》（O'Reilly 出版）一書中有更詳細的介紹。

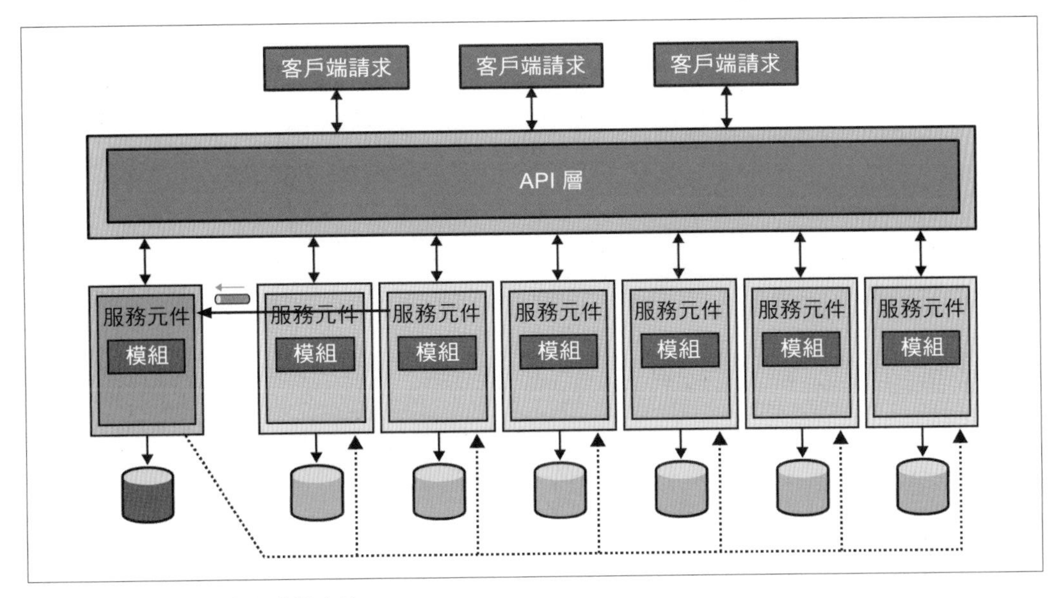

圖 6-10　使用快取進行唯讀存取

取代觸發器和預存程序

資料團隊仰賴的另一個常見機制，是以資料庫原生的 SQL 所編寫的預存程序（stored procedures）。雖然這是一種功能強大且效能卓越的資料操作方式，但它在現代軟體工程實務上卻面臨著一些挑戰。舉例來說，預存程序很難進行單元測試，對重構的支援往往很差，而且會將行為與原始碼中的其他行為分離開來。

遷移到微服務經常會導致資料團隊需要重構預存程序，因為相關資料不再位於單一資料庫中。在這種情況下，行為必須轉移到程式碼中，團隊必須解決資料量和傳輸等問題。在現代 NoSQL 資料庫中，觸發器（triggers）或無伺服器函式（serverless functions）可能會根據某些資料變化而觸發。所有的資料庫程式碼都必須重構。

如圖 6-11 所示，架構師可以使用同樣的 Expand/Contract 模式，將當前預存程序中的行為提取到應用程式碼中，使用 Migrate Method from Database（從資料庫遷移方法）模式（*https://oreil.ly/afabK*）。

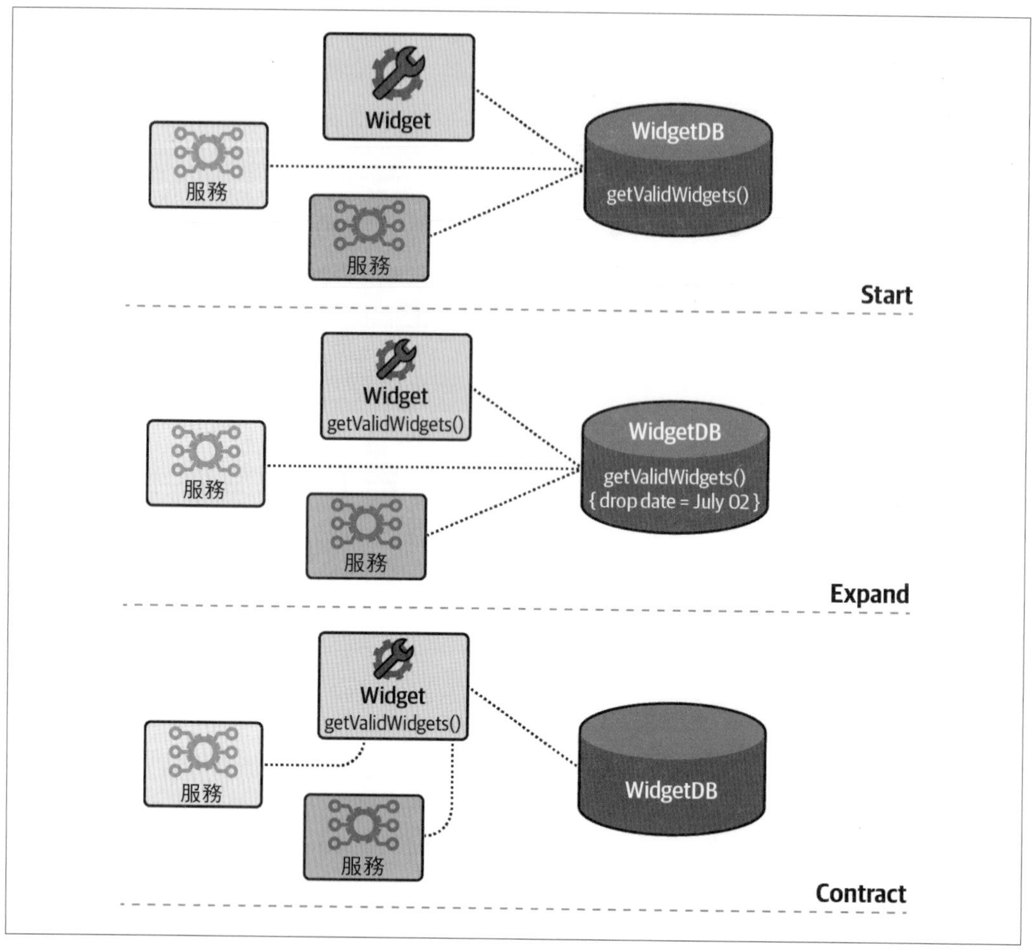

圖 6-11　將資料庫程式碼提取到服務中

在展開（Expand）階段，開發人員在 *Widgets Administration* 服務中新增替換方法，並重構其他服務以呼叫 *Widgets Administration* 服務。最初，新方法將作為預存程序的通道（pass-through），直到團隊能夠在經過良好測試的程式碼中無形地替換功能性為止。在此期間，應用程式支援對服務或預存程序的呼叫。在收縮（*Contract*）階段，架構師可以使用適應性函數來確保所有依存關係都已遷移為呼叫服務，並隨後捨棄預存程序。這是資料庫版的 Strangler Fig（絞殺者無花果樹）模式（*https://oreil.ly/BhDNV*）。

另一種選擇是避免重構預存程序，而改為建置更廣泛的資料情境，如圖 6-12 所示。

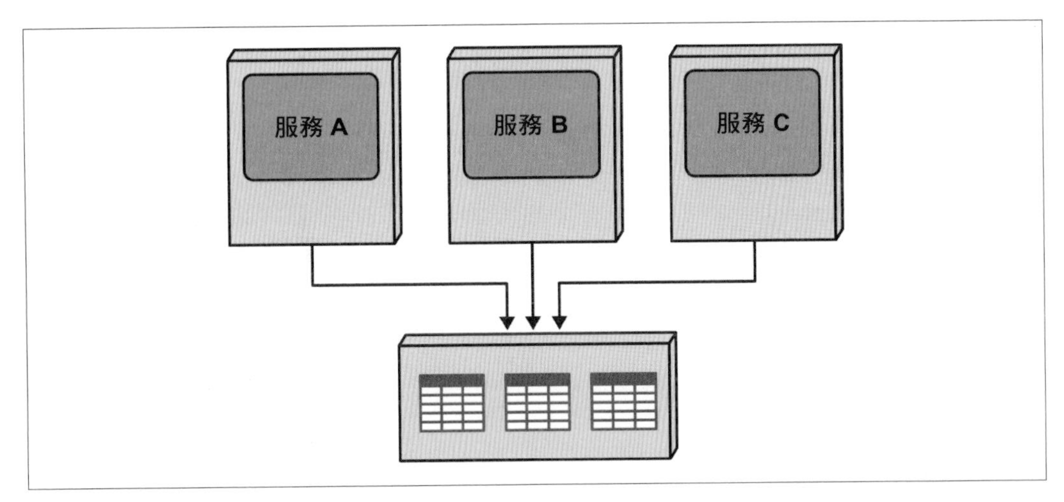

圖 6-12　建置更廣泛的資料情境以保留預存程序

在圖 6-12 中，團隊沒有用程式碼取代觸發器和預存程序，而是選擇了更大的服務粒度。這裡不可能提供通用建議；團隊必須根據具體情況評估其決策的利弊得失。

案例研究：從關聯式向非關聯式演化

許多組織（如 PenultimateWidgets）在開始使用單體應用程式（monolithic applications）時，都有很好的戰略理由：上市時間、簡單性、市場不確定性以及其他眾多理由。這些應用程式通常包括單一的關聯式資料庫，這是幾十年來的業界標準。

在分解單體時，團隊可能也會重新考慮其續存（persistence）方式。舉例來說，對於分類與編目分析，圖資料庫（graph database）可能比較好。對於某些問題領域，名稱與值對組（name/value pair）資料庫則是更好的選擇。微服務等高度分散式架構的優勢之一在於，架構師能夠根據問題而非任意標準選擇不同的續存機制。從單體遷移到微服務的過程可能如圖 6-13 所示。

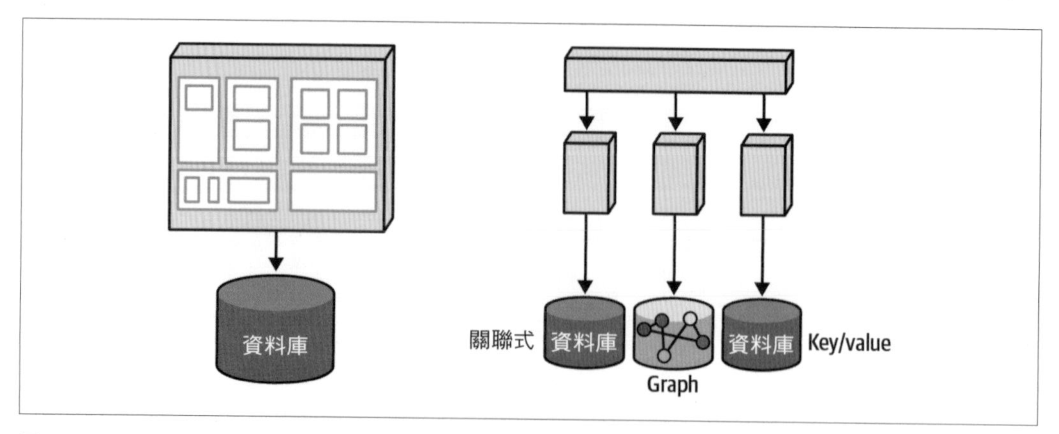

圖 6-13 PenultimateWidgets 從單體到微服務架構的遷移

在圖 6-13 中，目錄、分析（用於市場預測和其他商業智慧）和營運資料（如銷售狀態、交易等）都位於單個資料庫中，有時會扭曲關聯式資料庫的使用方式，以適應不同的用途。然而，轉向微服務時，團隊就有機會將單體資料拆分成不同的、更具代表性的類型。舉例來說，有些資料可能更適合鍵值與值對組（key/value pairs），而不是嚴格意義上的關聯式資料庫。同樣地，資料團隊可以用圖資料庫在幾秒鐘內解決的一些問題，在關聯式資料庫中可能需要幾小時或幾天。

但是，從單一類型的資料庫轉向多個資料庫（即使是同一類型的資料庫）可能會產生問題；軟體架構中的一切都需要權衡。架構師可能很難說服資料團隊接受微服務的架構需求，將續存拆分為多個資料儲存區，因此架構師應強調每種做法固有的取捨。

總結

我們對演化式架構定義的最後一部分包括**跨多個維度**，而資料是影響軟體系統演化的最常見的架構外問題。現代分散式架構（如微服務）的出現迫使架構師承擔起過去只屬於資料團隊的問題。圍繞著有界情境（bounded contexts）重組架構，意味著也對資料進行分割，這本身就會帶來一系列權衡。

架構師必須更認真地思考資料對架構的影響，並像與開發人員合作一樣與資料團隊協作。

第三部分

影響

雖然我們單獨介紹機制和結構，但在真實系統中，它們會自由互動。本書的第三部分所涵蓋的是，第一部分的工程實務做法和第二部分的結構考量之交集。

第七章

建立可演化的架構

到目前為止，我們一直在分別討論演化式架構的兩個主要面向，即其機制和結構。現在，我們有足夠的背景將它們關聯在一起。

我們討論的許多概念並不是新想法，而是透過新視角來看待的舊想法。舉例來說，測試已經存在多年，但並不像適應性函數（fitness function）把重點放在架構驗證上。*Continuous Delivery*（持續交付）定義了部署管線（deployment pipelines）的概念。演化式架構向架構師展示如何在自動化的基礎上增加治理功能。

許多企業將 Continuous Delivery 的實務做法作為提高軟體開發工程效率的一種方式，這本身就是一個值得追求的目標。然而，我們正在邁出下一步，利用這些功能建立更精密的架構，也就是能與現實世界一起演化的架構。

那麼，開發人員如何在現有專案和新專案中運用這些技巧呢？

演化式架構的原則

在演化式架構的機制和結構中，最重要的是五項一般原則。我們現在就來看看它們。

最後負責時刻

長遠以來，敏捷開發（agile development）的世界一直推崇「最後負責時刻（*last responsible moment*）」的美德：盡可能推遲決策時間，但不能再更久。過早做決定會導致過度工程化，而過晚做決定則會導致無法實現架構目標。

這樣做的目的不是為了不必要地拖延時間。取而代之，如果架構師能在決策過程中找到正確的轉折點，就能最大限度地增加可用資訊量。這一點很有幫助，因為歸根究柢，架構師的工作就是進行利弊分析，他們掌握的資訊越多，可用的權衡標準也就越多。

過早做決策時，架構師自然希望保持開放性，傾向於選擇更通用的解決方案。然而，這可能會使具體實作過於複雜，而無法為團隊帶來一般性的好處。

儘早決定目標的驅動因素是什麼，並據此確定決策的優先順序。

為可演化性進行架構與開發

架構師應將**可演化性**（*evolvability*）作為架構的首要關注點。這意味著在分析架構特性時要考慮客觀的衡量標準。這也意味著要思考適當的耦合以及如何避免架構的脆弱性。

正如我們在第 6 章中所討論的，架構師必須將資料和其他外部整合點（架構量子的靜態耦合）視為一級的設計考量。舉例來說，資料團隊應像整合程式碼一樣持續整合資料庫變更，而且架構師應同等看待資料依存關係和程式碼依存關係。

與架構的許多整體部分一樣，這一原則也適用於軟體開發過程和工具。兩者都選擇以達到最低的阻力和最高程度的反饋。

Postel's Law

> *Be conservative in what you do, be liberal in what you accept from others.*
> （做事要保守，接受別人的東西要開明。）
>
> —Jon Postel

在第 114 頁「契約」中圍繞著契約（contracts）的討論以外，我們還可以補充一個重要原則，即 *Postel's Law*（**波斯特爾定律**），這是一個試圖盡可能軟化耦合點的一般原則。應用於契約和溝通時，它為實現演化提供一個有用的指導原則：

對於你發送的東西要保守

不要發送超出需要的資訊，如果協作服務只需要電話號碼，就不要送出更大型的資料結構。契約中的資訊越多，其他耦合點就會越頻繁地利用那些資訊，從而收緊原本鬆散的契約。

對他人提供的東西保持寬容

　你接受的資訊可以比你要消耗的更多。即使有額外的資料可用，你也不需要消耗超出必要程度的資訊。如果你只想要電話號碼，就不要為整個地址建置協定，只需驗證電話號碼即可。這樣可以將服務與它不需要的資訊或耦合點分離開來。

打破契約時使用版本控制

　架構師必須在整合架構中遵守契約（透過消費者驅動的契約自動執行），這意味著要關注服務功能的演化。

在架構領域，關於 Postel's Law 的論述很多，這是有道理的：它為解耦（decoupling）提供很好的建議，而解耦反過來又有利於演化式架構。

為可測試性進行架構

許多架構師抱怨他們的架構有難以測試的區域，這並不令人意外，因為在設計架構時，可測試性往往不是優先考慮的問題。反過來說，如果架構師在設計架構時考慮到了測試，那麼他們就建立了更簡便的方法來單獨測試架構的各個部分。舉例來說，微服務生態系統中存在大量研究和工具來促進測試，從而提高其總體的可演化性。一般來說，難以測試的系統與難以維護和增強的系統之間存在著關聯性。

為可測試性（testability）進行架構的一個好例子還說明了**單一責任原則**（*single responsibility principle*）：系統的每個部分都應承擔單一責任。舉例來說，考慮一下以前常見的反模式，即透過 Enterprise Service Bus（企業服務匯流排）等工具將業務邏輯與訊息基礎設施混合在一起。我們意識到，將關注點混在一起會使得我們很難孤立地測試其中任何一種行為。

Conway's Law

在軟體開發過程中，有時會出現令人驚訝的耦合點。關注團隊結構（team structure）及其對架構的影響是演化式架構的關鍵；我們將在第 203 頁的「不要對抗 Conway's Law」中介紹 Conway's Law（康威定律）。

機制

架構師可以透過三個步驟來實施建立演化式架構的技巧。

Step 1：確認受演化影響的各個維度

首先，架構師必須確定他們希望在架構演化過程中保護哪些架構維度。這必定包括技術架構（technical architecture），通常也包含資料設計、安全性、規模可擴充性等架構師認為重要的其他「能力（-ilities）」。這必須有組織內其他相關團隊的參與，包括業務、營運、安全和其他受影響的團隊。*Inverse Conway Maneuver*（逆向康威策略，請參閱第 203 頁「不要對抗 Conway's Law」中的描述）在此很有幫助，因為它鼓勵多角色團隊（multirole teams）。基本上，這是架構師在專案初期確定他們想要支援的架構特性時的常見行為。

Step 2：為每一維度定義適應性函數

單個維度通常包含眾多適應性函數。舉例來說，架構師通常會在部署管線中加入一系列的程式碼度量指標，以確保源碼庫的架構特性，如防止元件依存循環（component dependency cycles）。架構師會將哪些維度值得持續關注的決策以 wiki 等輕量化格式記錄下來。然後，針對每個維度，他們決定哪些部分在演化時可能會表現出不可取的行為，最終定義出適應性函數。適應性函數可以是自動或手動的，而且在某些情況下需要創造力。

Step 3：使用部署管線（Deployment Pipelines）自動化適應性函數

最後，架構師必須鼓勵專案中的漸進式變更（incremental change），定義部署管線中的各個階段以套用適應性函數，並管理部署的實務做法，如機器配置、測試和其他 DevOps 考量。漸進式變更是演化式架構的引擎，它允許透過部署管線和高度自動化來積極驗證適應性函數，從而使部署等瑣碎工作變得無形。週期時間（cycle time）是 Continuous Delivery 對工程效率的衡量標準。支援演化式架構的專案開發人員之部分職責就是保持良好的週期時間。週期時間是漸進式變更的一個重要面向，因為許多其他指標都源自於它。舉例來說，架構中出現新一代的速度與週期時間成正比。換句話說，如果一個專案的週期時間延長，就會降低專案交付新一代產品的速度，從而影響可演化性。

雖然維度和適應性函數的識別發生在新專案的開始階段，但它也是新專案和現有專案的一項持續性活動。軟體存在未知的未知數（*unknown unknowns*）的問題：開發人員無法預知一切。在建構過程中，架構的某些部分經常會展現令人擔憂的跡象，而建立適應性函數可以防止這種機能障礙的擴大。雖然有些適應性函數會在專案開始時自然顯現，但有許多要到架構壓力點出現時才會現身。架構師必須警惕非功能性需求的中斷情況，並用合適的適應性函數對架構進行翻新改良，以防止未來出現問題。

綠地專案

在新專案中建立可演化性要比改造現有專案容易得多。首先，開發人員有機會立即利用漸進式變更，在專案開始時就建立部署管線。由於鷹架（scaffolding）從一開始就已經存在，在任何程式碼存在之前，比較容易識別和規劃適應性函數，從而更容易容納複雜的適應性函數。其次，架構師不必去解開現有專案中出現的任何不良耦合點。架構師還可以制定衡量標準並進行其他驗證，以確保專案變化時的架構完整性。

如果開發人員選擇正確的架構模式和工程實務做法來促進演化式架構，就能更輕鬆地建置可應對意外變化的新專案。舉例來說，微服務架構提供極低的耦合度和高度的漸進式變更，使這種風格成為顯而易見的候選者（這也是它受歡迎的另一個因素）。

翻新現有架構

在現有架構中增加可演化性取決於三個因素：元件耦合、工程實務做法成熟度以及開發人員打造適應性函數的難易程度。

適當的耦合和凝聚力

元件耦合在很大程度上決定了技術架構的可演化性。然而，如果資料結構描述僵化死板，那麼再好的可演化技術架構也註定失敗。簡潔的解耦系統使演化變得容易，而過度旺盛耦合則會損害演化。要建置真正可演化的系統，架構師必須考慮架構所有受影響的維度。

除了耦合的技術層面，架構師還必須考慮並維護系統元件的功能凝聚力（functional cohesion）。從一種架構遷移到另一種架構時，功能凝聚力決定了被重組的元件最終的粒度（granularity）。這並不意味著架構師不能將元件分解到離譜的程度，而是說元件應根據問題情境確定適當的大小。舉例來說，有些業務問題的耦合比其他問題更高，如交易量很大的系統。如果試圖建立一個與問題背道而馳的極端解耦架構，只會適得其反。

在定義架構有多麼可以演化時，工程實務做法（engineering practices）非常重要。雖然 Continuous Delivery 的實務做法並不能保證架構的演化性，但沒有它們，這幾乎是不可能的。許多團隊為了提高效率而著手改良工程實務做法，而一旦這些實務做法得到鞏固，它們就會成為演化式架構等進階能力的基石。因此，建立演化式架構的能力是提高效率的一種誘因。

許多公司處於新舊實務做法的過渡地帶。他們可能已經解決了持續整合等相對容易的問題，但仍主要採用手動測試。雖然這會減慢週期時間，但在部署管線中包含手動階段是很重要的。首先，它將應用程式建置的每個階段都視為管線中的一個階段。其次，隨著團隊慢慢實作更多部署環節的自動化，手動階段可能會在不中斷的情況下變成自動化階段。第三，對每個階段的闡釋都會讓人意識到建造過程中的機械部分，從而形成更好的反饋迴路並鼓勵改進。

建置演化式架構常見的最大障礙是難以營運。如果開發人員無法輕鬆部署變更，反饋循環的所有部分都會受到阻礙。

我們鼓勵架構師開始將各種架構驗證機制視為適應性函數，包括他們以前只是臨時考慮過的事情。舉例來說，許多架構都有圍繞規模可擴充性的服務等級協議（service-level agreement）和相應的測試。它們也有關於安全要求的規則以及伴隨的驗證機制。架構師通常認為這些是不同的分類，但兩者的意圖是相同的：驗證架構的某些功能。藉由將所有架構驗證都視為適應性函數，在定義自動化和其他有益的協同互動時就會更加一致。

Refactoring（重構）vs. Restructuring（重組）

開發人員有時會採用一些聽起來很酷的術語，並把它們變成更廣泛的同義詞，*refactoring*（重構）就是其中之一。根據 Martin Fowler 的定義，refactoring 是在不改變外部行為的情況下，重組現有電腦程式碼的過程。對於許多開發人員來說，*refactoring*（重構）已成為 *change*（變更）的同義詞，但兩者之間存在著關鍵的區別。

團隊重構架構的情況非常罕見；取而代之，他們會對架構進行重組（*restructure*），對結構和行為進行實質性的修改。架構模式的存在部分是為了使某些架構特性在應用程式中佔據首要地位。切換模式需要切換優先序，這並不是重構（refactoring）。舉例來說，架構師可能會為了規模可擴充性而選擇事件驅動架構。如果團隊改用另一種架構模式，很可能無法支援相同等級的規模可擴充性。

COTS 衍生的影響

在許多組織中，開發人員並不擁有構成其生態系統的所有元件。COTS（commercial off-the-shelf，現成商用軟體）和套裝軟體（package software）在大公司中非常普遍，這給建置可演化系統的架構師帶來了挑戰。

COTS 系統必須與企業內的其他應用程式一起演化。遺憾的是，這些系統並不能很好地支援演化。以下是 COTS 系統普遍不善於支援演化式架構的幾個面向：

漸進式變更

大多數商業軟體在自動化和測試方面遠遠達不到業界標準。架構師和開發人員通常必須在整合點之間建立邏輯屏障，並盡可能地進行測試，經常將整個系統視為黑盒子。在部署管線、DevOps 和其他現代實務做法方面強制施加敏捷性，為開發團隊帶來了挑戰。

適當的耦合

在耦合面向，套裝軟體往往犯下最嚴重的罪行。一般來說，系統是不透明的，開發人員使用定義好的 API 進行整合。這種 API 不可避免地會出現第 189 頁的「反模式：最後 10% 陷阱和 Low Code/No Code」中所述的問題，只允許開發人員以幾乎（但不完全）足夠的靈活性來完成有用的工作。

適應性函數

在套裝軟體中新增適應性函數可能是實作可演化性的最大障礙。一般來說，這類工具不會對外公開足夠的內部資訊，來讓單元或元件測試變得可行，因此行為式整合測試（behavioral integration testing）就成了最後的手段。這些測試並不理想，因為它們必定是粗粒度的（coarse grained），必須在複雜的環境中執行，而且必須測試系統大量的行為。

努力將整合點維持在你的成熟水平上。如果不可能做到這一點，就要認識到系統的某些部分對開發人員來說比其他部分更容易演化。

許多套裝軟體供應商引入的另一個令人擔憂的耦合點是不透明的資料庫生態系統。在最好的情況下，套裝軟體能完全管理資料庫的狀態，透過整合點對外公開選定的適當值。在最壞的情況下，供應商的資料庫就是與系統其他部分的整合點，從而使 API 兩側的更改變得非常複雜。在這種情況下，架構師和 DBA 必須將資料庫的控制權從套裝軟體手中奪走，才有希望實現可演化性。

如果受困於必要的套裝軟體，架構師應盡可能建立一套穩健的適應性函數，並在一切可能的機會自動化這些功能的執行。由於無法存取其內部，測試只能採用不那麼理想的技術。

遷移架構

許多公司最終會從一種架構風格遷移到另一種架構風格。舉例來說，架構師在公司 IT 歷史初期會選擇簡單易懂的架構模式，通常是分層架構單體。隨著公司的成長，架構也會面臨壓力。最常見的遷移路徑之一是從單體架構到某種基於服務的架構，原因是架構思維普遍轉變為以領域為中心，這在第 117 頁的「案例研究：微服務作為一種演化式架構」中有涵蓋。許多架構師傾向於將高度演化式的微服務架構作為遷移目標，但這往往相當困難，主要是因為現有耦合的存在。

當架構師考慮遷移架構時，他們通常會想到類別和元件的耦合特性，但卻會忽略受演化影響的許多其他維度，如資料。交易耦合與類別之間的耦合一樣真實，在架構重組時也同樣難以消除。試圖將現有模組拆分成太小的部分時，這些類別外耦合點（extra-class coupling points）就會成為龐大的負擔。

許多資深開發人員年復一年地建置相同類型的應用程式，並對這種千篇一律感到厭倦。大多數開發人員寧願編寫一個框架，也不願使用一個框架來建立有用的東西：**為了幫助工作進行而做的工作（*metawork*）比工作本身更有趣**。工作是枯燥、乏味且重複的，而打造新東西則令人興奮。

這表現在兩個面向。首先，許多資深開發人員開始編寫其他開發人員使用的基礎設施（infrastructure），而不是使用現有的（通常是開源的）軟體。我們曾合作過的某家客戶，一直走在技術的最前沿。他們建置了自己的應用程式伺服器、Java 的 Web 框架、以及幾乎所有的其他基礎設施。有一次，我們問他們是否也建置了自己的作業系統，當他們說「沒有」時，我們問道：「為何不？！你們不是從零開始建置了其他一切嗎？」

回想起來，該公司當時需要的功能確實沒有現成的可用。然而，當有開源工具可用時，他們已經擁有了自己精心打造的基礎設施。由於做法上的細微差別，他們沒有轉用更標準的堆疊，而是保留了自己的技術堆疊。十年後，他們最優秀的開發人員開始全職從事維護工作，修復他們的應用程式伺服器，為 Web 框架新增功能，並進行其他瑣碎的工作。他們沒有將創新能力發揮在建置更好的應用程式，而是長期埋頭於基礎設施的維護。

架構師也會因為聽起來有趣或能改善履歷而去建造一些東西。一般來說，建置框架和程式庫等*重要*的東西，要比解決平凡的業務問題更令人愉快，但那就是工作！

為了幫助工作進行而做的工作（metawork，或稱「元工作」）比工作本身更有趣。

不要陷入為了實作而實作的陷阱。踏上不能回頭的道路之前，請確保你已經考慮並衡量了所有的利弊得失。

遷移步驟

許多架構師發現自己面臨的挑戰是將過時的單體應用程式遷移到更現代化的基於服務的做法。經驗豐富的架構師意識到，應用程式中存在大量耦合點，而解開糾結源碼庫的首要任務之一就是了解事物是如何連接在一起的。分解單體時，架構師必須將耦合（coupling）和凝聚力（cohesion）考慮在內，以找到適當的平衡點。舉例來說，微服務架構風格最嚴格的限制之一就是堅持資料庫必須位於服務的有界情境（bounded context）中。在分解單體時，即使可以將類別分解成足夠小的部分，但要將交易情境（transactional contexts）分解成類似的部分，可能會帶來難以逾越的障礙。

許多架構師最終會從單體應用程式遷移到基於服務的架構。請看圖 7-1 所示的起點架構。

在新專案中，建置細粒度極高的服務比較容易，但在現有遷移專案中卻很困難。那麼，如何才能將圖 7-1 中的架構遷移到圖 7-2 所示的基於服務的架構呢？

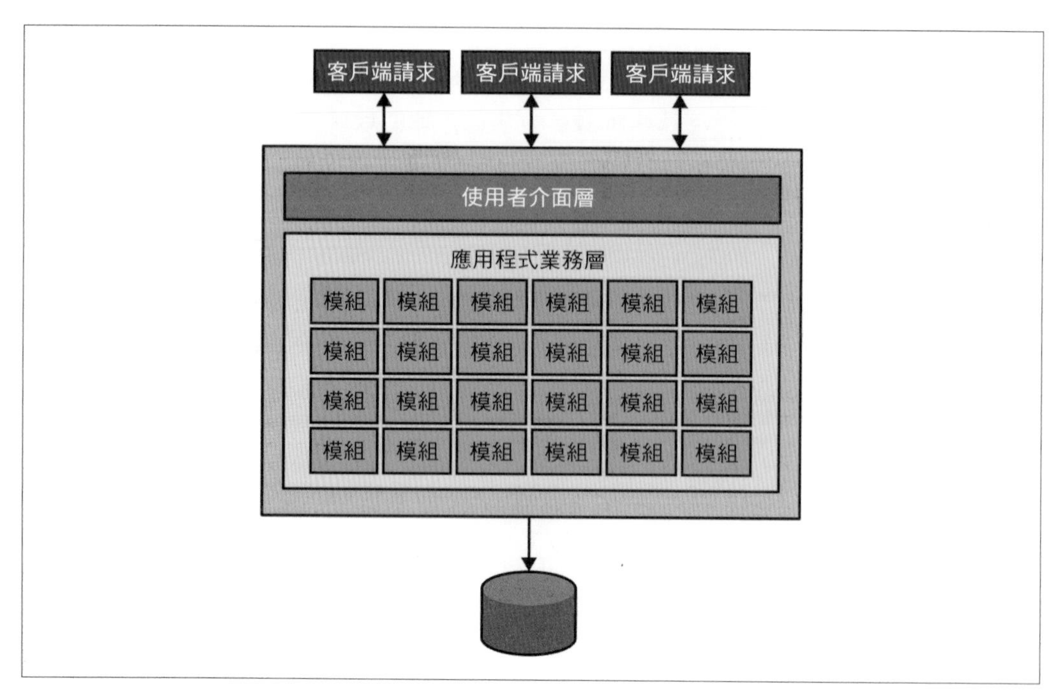

圖 7-1　作為遷移起點的單體架構，一種「共用一切」的架構

執行圖 7-1 和圖 7-2 所示的遷移會面臨一系列挑戰：服務粒度（service granularity）、交易邊界、資料庫問題以及如何處理共用程式庫等問題。架構師必須明白為什麼要進行這種遷移，而且必須要有比「這是當前趨勢」更好的理由。將架構劃分為不同領域（domains），再加上更好的團隊結構和運作隔離，可以更容易地進行漸進式變更，這也是演化式架構的構建組塊（building blocks）之一，因為工作重點與實體工作的工件（artifacts）相匹配。

在分解單體架構時，找到正確的服務粒度（service granularity）是關鍵。建立大型服務可以緩和交易情境和協調等問題，但卻無法將單體拆分成更小的部分。過於細粒度的元件會導致過多的協調、通訊開銷以及元件間的相互依存。

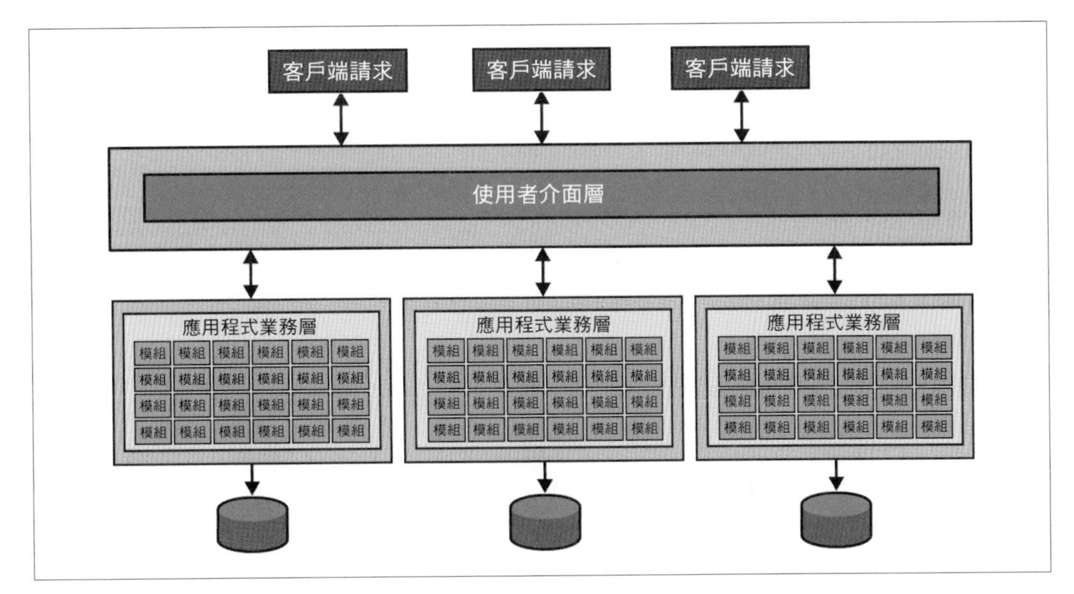

圖 7-2　基於服務的「盡可能少共享」遷移之最終結果

在遷移架構的第一步，開發人員要確定新的服務邊界（service boundaries）。團隊可決定透過以下各種分割方式將單體分解為服務：

業務功能分組

企業可能有直接對映 IT 功能的明確分組。建置模仿現有業務通訊階層架構的軟體，明顯屬於 Conway's Law 的適用範疇（請參閱第 203 頁的「不要對抗 Conway's Law」）。

交易邊界

許多企業必須遵守廣泛的交易邊界。在分解單體時，架構師通常會發現交易耦合是最難拆分的，如第 143 頁的「雙階段的提交交易」中所述。

部署目標

漸進式變更允許開發人員有選擇性地按照不同的時間表釋出程式碼。舉例來說，市場行銷部門可能需要比庫存部門更高的更新節律。如果發佈速度這一標準非常重要，那麼圍繞著發佈速度等運營考量對服務進行分割就很合理。同樣地，系統的一部分可能具有極端的營運特性（如規模可擴充性）。以營運目標為中心對服務進行分割，可以讓開發人員（透過適應性函數）追蹤服務的健康狀況和其他運作指標。

較粗的服務粒度意味著微服務中固有的許多協調問題都不復存在，因為單一服務中存在的業務情境更多。不過，服務規模越大，營運困難度就越容易升高（這是另一種架構上的權衡）。

演化模組互動

遷移共用模組（包括元件）是開發人員面臨的另一個常見挑戰。請看圖 7-3 所示的結構。

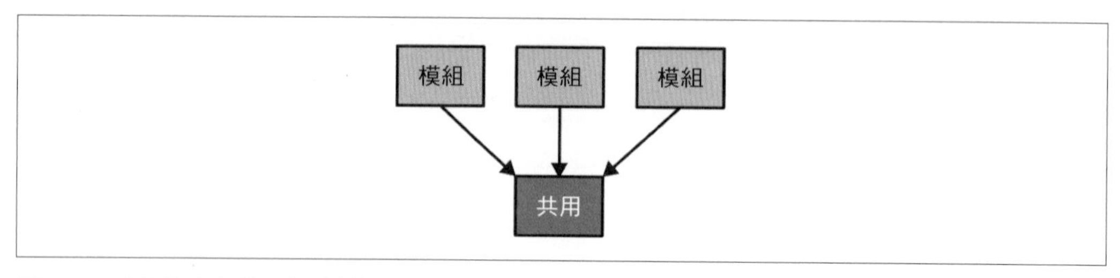

圖 7-3 具有傳出和傳入耦合的模組

在圖 7-3 中，所有的三個模組都共用同一個程式庫。但是，架構師需要將這些模組拆分成個別的服務。她該如何維持這種依存關係呢？

有時，可以將程式庫潔淨俐落地拆分，保留每個模組所需的獨立功能。請考慮圖 7-4 所示的情況。

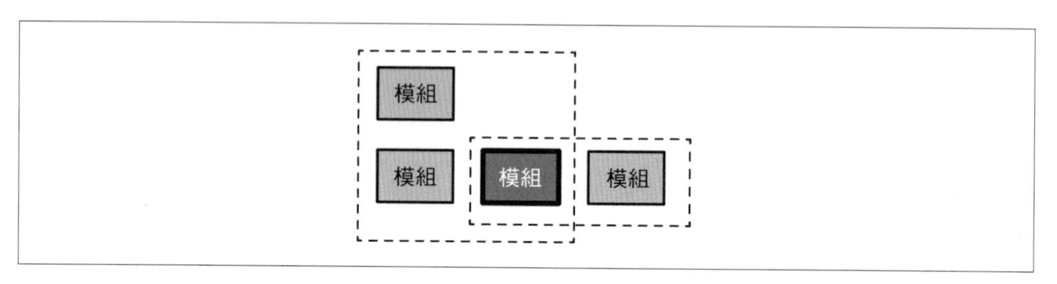

圖 7-4 具有共同依存關係的模組

在圖 7-4 中，兩個模組都需要紅色（粗邊框）顯示的衝突模組。如果開發人員運氣好的話，這些功能或許可以從中間完全劃分，將共用程式庫分割為每個依存模組所需的相關部分，如圖 7-5 所示。

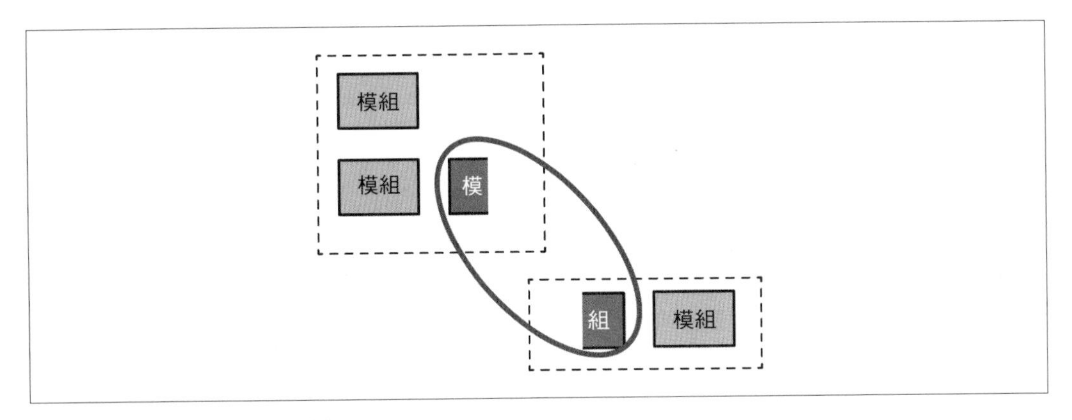

圖 7-5 拆分共用的依存關係

架構師沒有太多實用的程式碼層級度量指標，但這裡有一個罕見的便利指標。Chidamber & Kemerer 指標組合（*https://oreil.ly/Gklqp*）包含了一些有用的指標，用於判斷模組是否適合拆分，或者架構師是否應該使用一種名為 LCOM（*https://oreil.ly/EvhWN*）（Lack of Cohesion in Methods，「方法中缺乏凝聚力」）的做法。LCOM 衡量類別或元件的結構凝聚力，有幾種不同的變體（LCOM1、LCOM2 等）以衡量稍微不同的東西。不過，這一指標的核心衡量的是**缺乏**凝聚力的程度。請看圖 7-6 中的三種情況。

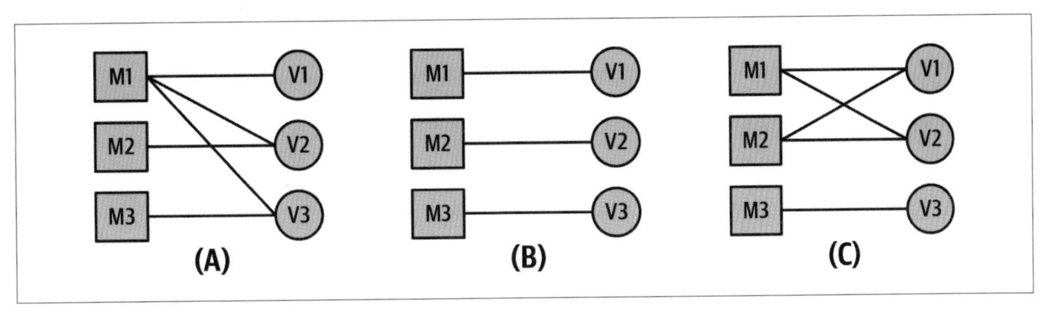

圖 7-6 凝聚力程度不同的三個類別

在圖 7-6 中，*M* 代表一個方法（method），*V* 代表類別中的某個欄位（field）。在此例中，*A* 代表一個凝聚力較高的類別，其中有較多的方法使用欄位，而 *B* 則缺乏凝聚力。事實上，*B* 可以毫無困難地分成三個獨立的類別。

LCOM 衡量的是利用耦合點的失敗機會：在本例中，*B* 的 LCOM 得分會高於 *A* 或 *C*，後兩者的凝聚力各有不同。

該指標適用於任何支援 CK 指標組合的平台；舉例來說，一個常見的開源 Java 實作是 ckjm（*https://oreil.ly/dPKf8*）。

LCOM 對於執行架構遷移的架構師來說非常有用，因為遷移過程的一個共通部分就是處理共用的類別或元件。分解單體時，架構師可以很容易地確定如何劃分問題領域的主要部分。但是，輔助類別和其他元件又如何？它們有多耦合呢？舉例來說，建置單體時，如果多個地方都需要 `Address`（位址）這樣的概念，團隊就會共用一個 `Address` 類別，這是很合理的。然而，當需要拆分這個單體時，他們應該如何處理這個 `Address` 類別呢？LCOM 指標可以幫助架構師確定該類別是否從一開始就不應該是單一類別：如果該指標得分很高，說明它不具有凝聚力。然而，如果 LCOM 得分較低，架構師就必須選擇不同的做法。

剩下兩種選擇：首先，開發人員可以將模組提取到一個共用程式庫中（如 JAR、DLL、gem 或其他元件機制），然後從兩個位置來使用該模組，如圖 7-7 所示。

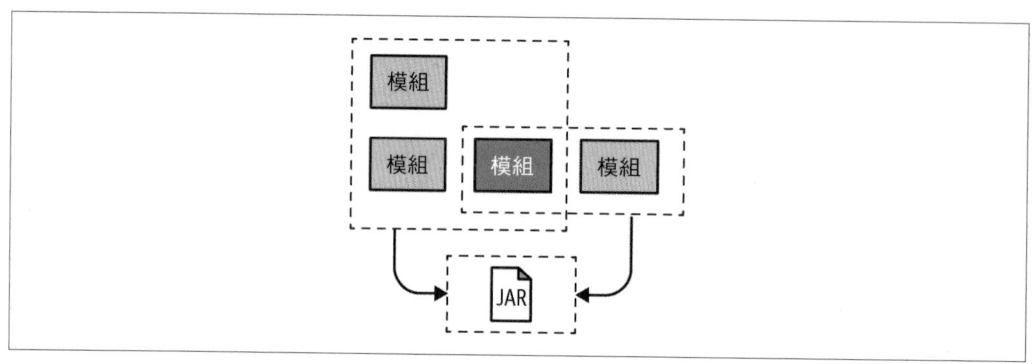

圖 7-7　透過一個 JAR 檔案共享依存關係

共用是耦合的一種形式，在微服務等架構中是極不推薦的。共用程式庫的替代選擇是複製（replication），如圖 7-8 所示。

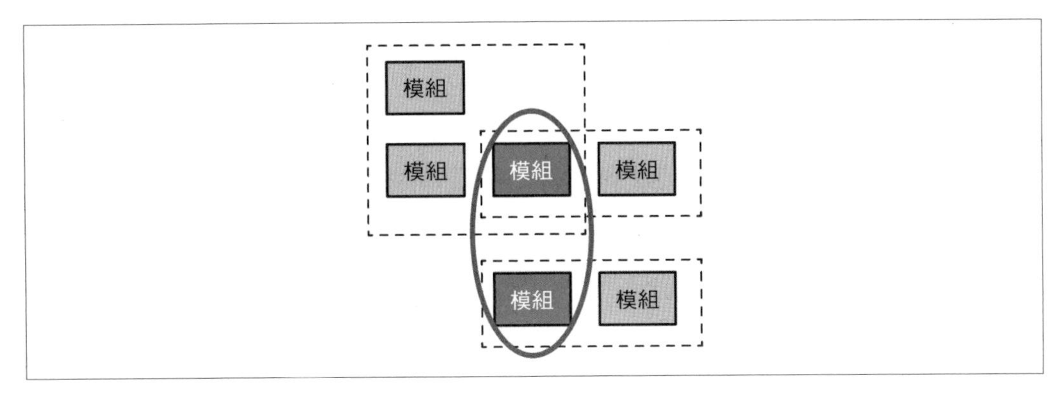

圖 7-8 複製共用程式庫以消除耦合點

在分散式環境中，開發人員可以使用訊息傳遞（messaging）或服務調用（service invocation）來達成同樣的共用。

當開發人員確定了正確的服務分割方式後，下一步就是業務層與 UI 的**分離**（*separation*）。即使是在微服務架構中，UI 也經常會是單體，畢竟開發人員總是得在某些時候展示統一的 UI。因此，開發人員通常會在遷移初期將 UI 分離，在 UI 元件和它們呼叫的後端服務之間建立一個映射代理層（mapping proxy layer）。分離 UI 還能建立一個反腐層，將 UI 的變化與架構的變化隔離開來。

下一步是**服務探索**（*service discovery*），讓服務找到並呼叫彼此。最後，架構將由必須進行協調的服務所組成。透過儘早建立探索機制，開發人員可以慢慢遷移系統中準備好改變的部分。開發人員通常將服務探索作為一個簡單的代理層來實作：每個元件都會呼叫代理，而代理又會映射到具體的實作。

> *All problems in computer science can be solved by another level of indirection, except of course for the problem of too many indirections.*（電腦科學中的所有問題都可以透過另一層間接來解決，當然，間接層過多的問題除外。）
>
> —Dave Wheeler 和 Kevlin Henney

當然，開發人員新增的間接層級越多，找尋服務的過程就變得越混亂。

將應用程式從單體應用程式架構遷移到更基於服務的架構時，架構師必須密切關注現有應用程式中模組的連接方式。天真的分割方式會帶來嚴重的效能問題。應用程式中的連接點將成為整合架構的連線，隨之而來的是延遲、可用性和其他問題。更務實的方法是將單體架構逐步分解為服務，而不是一次性處理整個遷移過程，考慮交易邊界、結構耦合和其他固有的特性等因素，以建立多次的重組迭代。首先，將單體分解成幾個大型的「應用程式部分」區塊，修復整合點，然後反覆修訂。在微服務世界中，漸進式遷移是偏好的做法。

> *When migrating from a monolith, build a small number of larger services first.*
> （從單體遷移時，首先建置少數幾個較大型的服務。）
>
> —Sam Newman，《*Building Microservices*》的作者

接下來，開發人員選出服務並將其從單體中分離出來，同時修復任何呼叫點。適應性函數在此發揮著至關重要的作用：開發人員應建置適應性函數，確保新引入的整合點不會改變，並新增消費者驅動的契約（consumer-driven contracts）。

建置演化式架構指導方針

我們在本書各處使用一些生物學的隱喻，這裡是另外一個。我們的大腦並不是在一個良好、潔淨的環境中演化而來的，並非其中的每一種能力都是精心打造的。取而代之，每一層都基於其下的原始層。我們的許多核心自主行為（如呼吸、進食等）都存在於我們大腦中與爬蟲類大腦差別不大的部分。演化並不是對核心機制進行全面替換，而是在其基礎上建立新的層級。

大型企業的軟體架構也遵循類似的模式。大多數公司不會重新打造每種能力，而是嘗試調整現有功能。儘管我們喜歡在潔淨、理想化的環境中談論架構，但現實世界往往呈現出技術債、優先序衝突和預算有限等相反的混亂局面。大公司的架構之建置方式就像人的大腦一樣：低階系統仍在處理關鍵的基礎設施細節，但有一些舊的包袱。公司很不願意讓還能正常運作的系統退役，從而導致整合架構之挑戰不斷升級。

翻新現有架構並加入可演化性，很有挑戰性。如果開發人員從未在架構中建置過簡易變更，那麼這種變更就不太可能自發出現。無論多麼有才華的架構師，都無法在不付出巨大努力的情況下將一個 Big Ball of Mud（大泥球）轉變為現代微服務架構。幸運的是，透過在現有架構中加入一些彈性點，專案可以在不改變整個架構的前提下獲得好處。

移除非必要的變異性

Continuous Delivery（持續交付）的目標之一是穩定性（stability），也就是以已知的良好部分為基礎，繼續建構。這一目標的常見表現形式是現代 DevOps 對建置不可變基礎設施（immutable infrastructure）的看法。我們在第 1 章中討論過軟體開發生態系統的動態平衡（dynamic equilibrium），而這一點在軟體依存關係的基礎不斷變動的情況下最為明顯。軟體系統會不斷變化，因為開發人員會更新功能、釋出服務套件（service pack），並對軟體進行總體微調。作業系統就是一個很好的例子，因為它們不斷經歷著持續的變化。

現代 DevOps 用**不可變的基礎設施**（*immutable infrastructure*）取代了**雪花**（*snowflakes*），從而區域性解決了動態平衡問題。**雪花基礎設施**（*snowflake infrastructure*）代表的是由營運人員手工製作的資產，所有未來的維護工作都由人工完成。Chad Fowler 在他的部落格文章「Trash Your Servers and Burn Your Code: Immutable Infrastructure and Disposable Components」中創造了 *immutable infrastructure*（*https://oreil.ly/5f7rT*）這個術語。不可變的基礎設施是指完全以程式化的方式定義的系統。對系統的所有更動都必須透過原始碼進行，而不是修改執行中的作業系統。因此，從營運的角度來看，整個系統都是不可變的：一旦系統啟動，就不會再發生其他變化。

雖然不變性聽起來似乎是可演化性的對立面，但事實恰恰相反。軟體系統由數以千計的互動部分組成，所有的這些元件之間都存在緊密的依存關係。遺憾的是，開發人員仍在為這些元件中的某一個發生變化所帶來的意外副作用而苦惱。藉由鎖定意外變化的可能性，我們可以控制更多導致系統脆弱的因素。開發人員努力用常數取代程式碼中的變數，以縮簡變化的維度。DevOps 將這一概念引入營運工作，使其更具宣告性（declarative）。

不可變的基礎設施遵循我們「**去除不必要的變數**」的建議。建置不斷演化的軟體系統意味著要盡可能控制越多的未知因素越好。要建置能夠預測作業系統最新的服務套件（service pack）會如何影響應用程式的適應性函數，幾乎是不可能的。取而代之，每次執行部署管線時，開發人員都要重新建置基礎設施，盡可能積極地捕捉破壞性變更。如果開發人員能夠從需要考量的要素中，移除像作業系統這種可變但已知的基礎組成部分，他們就能減輕持續測試的負擔。

架構師可以找到各種途徑將可變事物轉換為常數。許多團隊還將不可變基礎設施的建議推廣到開發環境中。有多少次，某個團隊成員感嘆：「但它在我的機器上就能執行！」？確保每個開發人員都擁有完全相同的映像，眾多不必要的變數就會消失。舉例來說，大多數開發團隊都會透過儲存庫（repositories）自動更新開發程式庫，但 IDE 等工具的更新呢？將開發環境捕捉為不可變的基礎設施，開發人員就可以始終在相同的基礎上工作。

建立不可變的開發環境還能讓實用的工具在專案間傳播。結對程式設計（pair programming）是許多以敏捷工程為焦點的開發團隊常見的做法，包括結對輪替（pair rotation），讓每個團隊成員定期更換，從每隔幾小時到每隔幾天輪替一次。然而，如果開發人員昨天使用的電腦上出現了一個工具，而今天卻沒有了，那就令人沮喪了。為開發人員系統建立單一來源，可以很方便地同時為所有系統新增有用的工具。

雪花的隱患

某個熱門部落格中一則名為「Knightmare: A DevOps Cautionary Tale」（*https://oreil.ly/vjZxI*）的故事，為雪花伺服器（snowflake servers）敲響了警鐘。一家金融服務公司以前有一種名為 PowerPeg 的演算法，用於處理交易細節，但那段程式碼已多年未使用。然而，開發人員從未刪除該程式碼。它被置於某個功能切換旗標之下，一直處於關閉狀態。由於監管的變化，開發人員實作了一種名為 SMARS 的新交易演算法。因為惰性，他們決定重新使用舊的 PowerPeg 功能旗標來實作新的 SMARS 程式碼。2012 年 8 月 1 日，開發人員在七部伺服器上部署了新程式碼。不幸的是，他們的系統執行在八部伺服器上，其中一部沒有更新。當他們啟用 PowerPeg 功能切換旗標時，七部伺服器開始賣出，另一部卻開始買入！開發人員無意中設定了最糟糕的市場情景：他們自動化了低價拋售和高價買入。開發人員確信新程式碼是罪魁禍首，於是在那七部伺服器上復原了新程式碼，但讓功能切換旗標保持開啟，這意味著現在 PowerPeg 程式碼在所有的伺服器上執行。他們花了 45 分鐘才控制住混亂局面，損失超過 4 億美元。幸運的是，一位天使投資人（angel investor）拯救了他們，因為那比該公司的價值還要高。

這個故事突顯了未知變異性的問題。重複使用舊的功能旗標是一種魯莽的行為：對於功能旗標，最好的實務做法是在其目的達到後立即刪除它們。在現代 DevOps 環境中，沒有自動化關鍵軟體到伺服器的部署也被認為是魯莽之舉。

使決策可逆轉

積極演化的系統難免會以意想不到的方式發生故障。當這些故障發生時，開發人員需要設計新的適應性函數來防範未來的故障。但如何從故障中恢復呢？

許多 DevOps 實務做法都允許**可逆決策**（*reversible decisions*），也就是需要被撤銷的決策。例如 DevOps 中常見的**藍綠部署**（*blue/green deployments*），即其作業有兩個完全相同（可能是虛擬）的生態系統，分為**藍色**的和**綠色**的。如果當前的生產系統執行在**藍色**系統上，那麼**綠色**系統就是下一版本的測試區（staging area）。當**綠色**發行版準備就緒，它將成為生產系統，而**藍色**則暫時轉為備份狀態。如果**綠色**出現問題，作業可以幾乎無痛退回到**藍色**。如果**綠色**沒有問題，**藍色**就會成為下一次發行的測試區。

功能切換（*feature toggles*）是開發人員讓決策可逆的另一種常見方式。透過在功能切換旗標下部署變更，開發人員可以將其釋出給一小部分使用者（稱為金絲雀發佈（*https://oreil.ly/oXXK4*））來審查變更。如果某項功能出現意外行為，開發人員可以將開關切換回原來的狀態，並在再次嘗試之前糾正錯誤。請確保你們有刪除過時的功能切換旗標！

在這些情況下，使用功能切換可大大降低風險。服務路由（service routing），即根據請求情境繞送到服務的特定實體，是微服務生態系統中另一種常見的金絲雀發佈（canary-release）方法。

優先選擇可演化而非可預測

> *…because as we know, there are known knowns; there are things we know we know. We also know there are known unknowns; that is to say we know there are some things we do not know. But there are also unknown unknowns—the ones we don't know we don't know.*
> （…因為如我們所知，有已知的已知數；有我們知道我們知道的事情。我們也知道有已知的未知數；也就是說，我們知道有些事情我們不知道。但也有未知的未知數，即我們不知道我們不知的事情。）
>
> —Donald Rumsfeld，前美國國防部長

未知的未知數是軟體系統的剋星。許多專案在開始時都會列出一系列**已知的未知數**（*known unknowns*）：開發人員知道他們為此必須學習有關的領域知識和技術。然而，專案也會受到**未知的未知數**（*unknown unknowns*）之影響：沒有人知道會出現，但卻意外現身的東西。這就是為什麼所有的「Big Design Up Front（大規模預先設計）」軟體專案都會受挫：架構師無法針對未知的未知因素進行設計。

> *All architectures become iterative because of unknown unknowns; agile just recognizes this and does it sooner.*（所有的架構都會因為「未知的未知數」而變成迭代式的；敏捷開發只是認識到了這一點，並提早進行迭代而已。）
>
> —Mark Richards

雖然沒有一種架構能在未知中生存，但我們知道，動態平衡會使得可預測性（predictability）在軟體中變得無用。取而代之，我們更傾向於在軟體中建置**可演化性**（*evolvability*）：如果專案可以輕易整合變化，那麼架構師就不需要水晶球了。架構不是一項單純的前期活動：專案在其整個生命週期中會以明確或意想不到的方式不斷發生變化。為了隔絕變化帶來的影響，開發人員經常會使用**反腐層**（*anticorruption layer*）作為一種常見的保護措施。

建立反腐層

專案經常需要將自身與提供附帶基礎設施的程式庫耦合在一起，如訊息佇列、搜尋引擎等。*Abstraction Distraction* **反模式**描述一種情況，即一個專案自身與外部程式庫（無論是商業程式庫還是開源程式庫）有過多「連接」。一旦開發人員需要升級或更換程式庫時，使用該程式庫的大部分應用程式碼都會有基於之前程式庫抽象層的假設。領域驅動設計（domain-driven design）包含一種防止這種現象發生的保護措施，稱為「**反腐層**（*anticorruption layer*）」。這裡有個例子。

敏捷架構師在做決策時推崇「**最後負責時刻**（*last responsible moment*）」原則，用來應對專案中常見的過早購入複雜性的危險。我們為一家從事汽車批發銷售的客戶，斷斷續續地開發了一個 Ruby on Rails 專案。應用程式上線後，出現了一個意想不到的工作流程。事實證明，二手車經銷商傾向於大批次地將新車上傳到拍賣網站，無論是汽車數量還是每輛車的照片數量都是如此。我們意識到，就像公眾不信任二手車經銷商一樣，經銷商之間也**真的**互不信任；因此，每輛車都必須包含一張基本上涵蓋了車子每個分子的照片。使用者需要一種方式來起始上傳動作，然後透過一些 UI 機制（如進度列）來了解進度，或者稍後再回頭檢視批次處理是否完成。翻譯成專業術語就是，他們需要非同步上傳（asynchronous upload）。

訊息佇列（message queue）是解決此問題的一種傳統架構方案，團隊討論是否要將某個開源佇列新增到架構中。許多專案在此關頭的一種常見陷阱是這樣的態度：「我們知道我們最終會需要一個訊息佇列來處理很多事情，所以我們現在就去買一個最豪華的佇列，然後再慢慢學著善用它」。這種做法的問題在於**技術債**（*technical debt*）：專案中本不該存在的東西，卻妨礙了本該存在的東西。大多數開發人員都把難以維護的舊程式碼視為技術債的唯一形式，但專案也可能在無意中經由過早的複雜性買入技術債。

對於此專案，架構師鼓勵開發人員尋找比較簡單的方式。有位開發人員發現了 BackgrounDRb（*https://oreil.ly/kwV4y*），這是一個非常簡單的開源程式庫，可以模擬由關聯式資料庫所支援的單一訊息佇列。架構師知道這個簡單的工具可能永遠無法擴充到未來的其他問題，但她沒有其他反對意見。她沒有試圖預測未來的使用情況，而是將其置於 API 之後，使其相對容易替換。在**最後負責時刻**，要回答這樣的問題：「我現在就必須做出這個決定嗎？」、「有沒有辦法在不耽誤任何工作的情況下安全地推遲這個決定？」，以及「我現在能做什麼，既能滿足需求，又能在以後需要時輕易改變？」。

在一週年紀念日前後，出現了第二個非同步需求，是與銷售有關的定時事件。架構師對情況進行了評估，認為使用第二個 BackgrounDRb 實體就足夠了，於是將其安裝到位，並繼續工作。在兩週年左右，出現了第三個需求，要求不斷更新快取和摘要等值。團隊意識到，當前的解決方案無法處理新的工作量。不過，他們現在對應用程式需要什麼樣的非同步行為有了很好的認識。於是，專案轉向了 Starling（*https://oreil.ly/Ub25x*），這是一個簡單但更為傳統的訊息佇列。由於最初的解決方案被隔離在一個介面之後，兩名開發人員只用了不到一次迭代（在那個專案上花了一週時間）就完成了轉換，而且沒有影響到在該專案上工作的其他開發人員。

因為架構師已經設置了一個帶有介面的反腐層，因此更換功能就成了機械性的工作。建立反腐層可以鼓勵架構師思考他們需要從程式庫獲得什麼樣的**語意**（*semantics*），而不是特定 API 的**語法**（*syntax*）。但這並不是**為所有東西建立抽象層**（*abstract all the things*）的藉口！有些開發社群喜歡搶先使用抽象層，甚至到了模糊焦點的程度，但當你必須呼叫一個 `Factory` 來獲取對某個 `Thing` 的一個遠端介面的一個 `proxy` 時，事情就會變得難以理解。幸運的是，大多數現代語言和 IDE 都允許開發人員**及時**（*just in time*）抽取出介面。如果一個專案發現自己繫結到了一個需要改變的過時程式庫，IDE 就可以代表開發人員**提取介面**（*extract an interface*），從而形成一個 Just In Time（JIT，剛好及時）的反腐層。

建立 Just In Time 反腐層，以隔離程式庫的變化。

控制應用程式中的耦合點，特別是與外部資源的耦合點，是架構師的關鍵職責之一。試著找出新增依存關係的實際時機。作為一名架構師，請記住依存關係會帶來好處，但同時也會帶來限制。請確保更新、依存關係管理等方面的收益大於成本。

> *Developers understand the benefits of everything and the trade-offs of nothing!*
> （開發人員懂得一切的好處，卻對於任何權衡一無所知！）
>
> —Rich Hickey，Clojure 的創造者

架構師必須了解利益和權衡，並據此建立工程實務做法。

使用反腐層鼓勵可演化性。雖然架構師無法預測未來，但我們至少可以降低變革的成本，使其不會對我們產生負面影響。

建立犧牲架構

Fred Brooks 在他的《*Mythical Man Month*》一書中指出，建置新的軟體系統時，要「Plan to Throw One Away（計畫要丟棄一個）」（*https://oreil.ly/cCgfe*）。

> *The management question, therefore, is not whether to build a pilot system and throw it away. You will do that. [⋯] Hence plan to throw one away; you will, anyhow.*（因此，管理問題並不在於是否要建立一個試驗系統並將其捨棄。你會那樣做的。*[⋯]* 因此，計畫扔掉一個；無論如何，你都會那麼做。）
>
> —Fred Brooks

他的論點是，一旦團隊建置了一個系統，他們就會知道所有未知的未知數，以及從一開始就不明確的正確架構決策，下一個版本將從所有的這些經驗教訓中獲益。在架構層面上，開發人員要努力預測不斷變化的需求和特性。要想學到足夠的知識以選擇正確的架構，一種方法就是建置概念驗證（proof of concept）用的原型。Martin Fowler 將犧牲架構（sacrificial architecture）（*https://oreil.ly/sNPtz*）定義為一種設計來驗證概念，並在證明成功後被丟棄的架構。舉例來說，eBay 從 1995 年的一套 Perl 指令稿開始，1997 年遷移到 C++，然後在 2002 年遷移到 Java。顯然地，儘管 eBay 對系統進行了數次重新架構，但仍取得了巨大成功。Twitter 是成功運用這種做法的另一個典範。Twitter 釋出之初，是用 Ruby on Rails 編寫的，以達成快速上市。然而，隨著 Twitter 變得熱門，該平台無法支援如此大型的規模，導致頻繁崩潰和可用性受限。許多早期使用者對 Twitter 的故障標誌再熟悉不過了，如圖 7-9 所示。

圖 7-9　推特著名的 Fail Whale（故障鯨魚）

因此，Twitter 調整了其架構，用更穩健的東西取代了後端。不過，也可以說這一策略是該公司得以生存的原因。如果 Twitter 的工程師們從一開始就建立最終的強大平台，那麼他們進入市場的時間就會推遲，以致於 *Snitter* 或其他替代的簡短形式訊息服務在市場上擊敗他們。儘管經歷了成長的陣痛，但從犧牲架構開始，最終獲得了回報。

雲端環境使犧牲架構更具吸引力。如果開發人員有一個想要測試的專案，在雲端中建置初始版本可以大大減少釋出軟體所需的資源。如果專案成功，架構師就可以花時間建置更合適的架構。如果開發人員注意反腐層和其他演化式架構實務做法，就能減輕遷移過程中的一些痛苦。

許多公司都會建立一個犧牲架構來實現最小可行產品（minimum viable product）（*https://oreil.ly/SgSj8*），以證明市場的存在。雖然這是一個很好的策略，但團隊最終必須分配時間和資源來建置一個更穩健的架構，最好能比 Twitter 更低調地完成。

技術債的另一面向影響了許多最初成功的專案，這點由 Fred Brooks 再次闡明，在他提到 *second system syndrome*（*第二系統症候群*）之時：小而優雅、原本成功的系統因為過高的期望而演化成擁有過多功能的龐然巨獸。商業人士討厭丟棄可正常執行的程式碼，因此架構傾向於不斷增長、永不會刪除或退役。

技術債之所以能有效地作為一種隱喻，是因為它能與專案經驗產生共鳴，並代表設計中的缺陷，而不管那些缺陷背後的驅動力是什麼。技術債加劇了專案中不恰當的耦合：糟糕的設計經常表現為病態的耦合和其他反模式，導致程式碼重組困難重重。開發人員重組架構時，他們的第一步應該是消除表現為技術債的歷史設計妥協。

緩解外部變更

每個開發平台都有一個共同特徵，那就是**外部依存關係**（*external dependencies*）：工具、框架、程式庫和其他由網際網路提供並（更重要的是）透過網際網路更新的資產。軟體開發建立在高聳的抽象堆疊之上，每個抽象層都建立在前面的抽象層之上。舉例來說，作業系統就是開發人員無法控制的外部依存關係。除非公司想編寫自己的作業系統和所有其他支援程式碼，否則就必須仰賴外部依存關係。

大多數專案都依存於一系列令人眼花繚亂的第三方元件，並透過建置工具加以應用。開發人員喜歡依存關係，因為它們能帶來好處，但許多開發人員會忽略一個事實，那就是依存關係也是有代價的。依存第三方的程式碼時，開發人員必須建立自己的保護措施，以防意外情況的發生：破壞性變更、無預警移除等。管理專案的這些外部組成部分對於建立演化式架構至關重要。

讓網際網路崩潰的 11 行程式碼

2016 年初，JavaScript 開發人員吸取了一次慘痛教訓，意識到依存瑣碎事物的危害。有位建立了大量小型實用程式的開發人員，因為自己的一個模組與一個商業軟體專案的名稱相衝突而心生不滿，因為該專案要求他重新命名自己的模組。他沒有順從，而是移除了自己的 250 多個模組，其中包括一個名為 `leftpad.io` 的程式庫，該程式庫只有 11 行程式碼，用來在字串中充填零或空格（如果 11 行程式碼也能稱為「程式庫」的話）。不幸的是，許多主要的 JavaScript 專案（包括 `node.js`）都仰賴這種依存關係。當它消失時，每個人的 JavaScript 部署都崩潰了。

那個 JavaScript 套件的儲存庫管理員（repository administrator）採取了史無前例的行動，回存程式碼以恢復生態系統，但這卻在社群中激起了一場更深層的對話，討論依存關係管理的趨勢是否明智。

這個故事為架構師提供兩則寶貴的教訓。首先，請記住外部程式庫**既能帶來好處，也會招致成本**。要確保收益抵得過成本。其次，不要讓外部力量影響你組建（builds）的穩定性。如果一個必要的上游依存關係突然消失，你應該拒絕這個變更。

在 Edsger Dijkstra 於 1968 年 3 月寫給 *Communications of the ACM* 編輯的信「Go To Statement Considered Harmful」中，這位電腦科學領域的傳奇人物對當時非結構化編程（unstructured coding）的最佳實務做法提出了著名的質疑，最終導致了結構化程式設計（structured programming）革命。從那時起，「considered harmful（認為有害）」就成了軟體開發中的一個特殊比喻。

> *Transitive dependency management is our "considered harmful" moment.*（遞移性依存關係管理是我們的「認為有害」時刻。）
>
> —Chris Ford（與 Neal 沒有關係）

Chris 的論點是，在我們認識到問題的嚴重性之前，我們無法確定解決方案。雖然我們並沒有為這個問題提供解法，但我們需要強調這個問題，因為它對演化式架構有著關鍵的影響。穩定性是 Continuous Delivery（持續交付）和演化式架構的基礎之一。開發人員無法在不確定性之上建立可重複的工程實務做法。允許第三方更改核心依存關係違背了這一原則。

我們建議開發人員採取更加積極主動的方式來進行依存關係管理。依存關係管理的一個良好開端是使用一種 *pull*（拉取） 模型對外部依存關係進行建模。舉例來說，建立一個內部的版本控制儲存庫（version-control repository），作為第三方元件儲存庫，並將來自外部世界的變更視為對該儲存庫的 pull requests（拉取請求）。如果出現有益的變更，則允許其進入生態系統。但是，如果核心依存關係突然消失，則應駁回那個 pull request，將其視為破壞穩定的力量。

第三方元件儲存庫採用 Continuous Delivery 思維，運用自己的部署管線。更新發生時，部署管線會將變更納入其中，然後在受影響的應用程式上執行建置和煙霧測試（smoke test）。如果成功，則允許該變更進入生態系統。因此，第三方依存關係就能使用與內部開發相同的工程實務做法和機制，從而有效地模糊了內部編寫的程式碼與第三方依存關係之間通常並不重要的分界，歸根究柢，它們全都是專案中的程式碼。

更新程式庫 vs. 框架

架構師通常會區分**程式庫**（*libraries*）和**框架**（*frameworks*），口語上的非正式定義為：「開發人員的程式碼呼叫程式庫，而框架則是呼叫開發人員的程式碼」。一般來說，開發人員會從框架衍生子類別（接著框架也會呼叫那些衍生類別），因此才有了框架呼叫程式碼的區別。反過來說，程式庫程式碼通常是開發人員根據需要呼叫的相關類別或函式之集合。由於框架會呼叫開發人員的程式碼，因此會與框架產生高度耦合。與之相比，程式庫程式碼通常更像是實用工具（如 XML 剖析器、網路程式庫等），有較低的耦合度。

我們更傾向於使用程式庫，因為程式庫與應用程式的耦合度較低，在技術架構需要演化時更容易更換。

可能的話，優先選擇程式庫（libraries）而非框架（frameworks）。

差別對待程式庫和框架的原因之一在於工程實務做法。框架包括 UI、物件關聯式映射器（object-relational mapper）、model-view-controller 等鷹架功能。由於框架構成了應用程式其餘部分的鷹架，因此應用程式中的所有程式碼都會受到框架變更的影響。我們中的許多人都切身感受過這種痛苦：每次有個團隊允許一個基本框架過時超過兩個主要版本時，最終更新它所付出的辛勞（和痛苦）都是令人難以忍受的。

由於框架是應用程式的基本組成部分，因此團隊必須積極尋求更新。與框架相比，程式庫通常不會形成脆弱的耦合點，因此團隊可以較為隨意地進行升級。一種非正式的治理模式將框架更新視為 *push* updates（**推送**更新），而將程式庫更新視為 *pull* updates（**拉取**更新）。當某個基本框架（afferent/efferent 耦合數超過一定門檻值的框架）有更新時，團隊應在新版本穩定後立即套用更新，並為這種改變分配時間。儘管這需要時間和精力，但如果團隊長期拖延更新，那麼提前進行所花費的時間就只會是推遲成本的一小部分。

由於大多數程式庫提供的都是實用功能，因此團隊可以只在出現新的所需功能時，才對其進行更新，主要遵循一種「需要時再更新」的模式。

主動更新框架依存關係；被動更新程式庫。

在內部管理服務版本

在任何整合架構中，開發人員都不可避免地要隨著行為的演化對服務端點（service endpoints）進行版本控制。開發人員使用兩種常見模式對端點進行版本控制：**版本編號**

（*Version Numbering*）或內部解析（*Internal Resolution*）。對於版本編號，開發人員會在發生重大變更時建立一個新的端點名稱，通常包括版本號碼。這就允許舊的整合點呼叫舊有版本，而新的整合點呼叫新版本。另一種方法是內部解析，即呼叫者永遠不會更改端點，取而代之，開發人員會在端點中建立邏輯，以判斷呼叫者的情境，並回傳正確的版本。永久保留名稱的好處是，在呼叫應用程式時與特定版本號的耦合度較低。

無論哪種情況，都要嚴格限制支援版本的數量。版本越多，測試和其他工程負擔就越重。努力做到一次只支援兩個版本，而且只是暫時的。

在對服務進行版本管理時，優先選擇內部版本而不是編號；一次只支援兩個版本。

案例研究：改進 PenultimateWidgets 的評分功能

PenultimateWidgets 採用了微服務架構，因此開發人員可以進行一些小型的改動。讓我們仔細研究一下其中一項變更的細節，即切換星級評分（star ratings），如第 3 章所述。目前，PenultimateWidgets 有一個星級評分服務，其各部分如圖 7-10 所示。

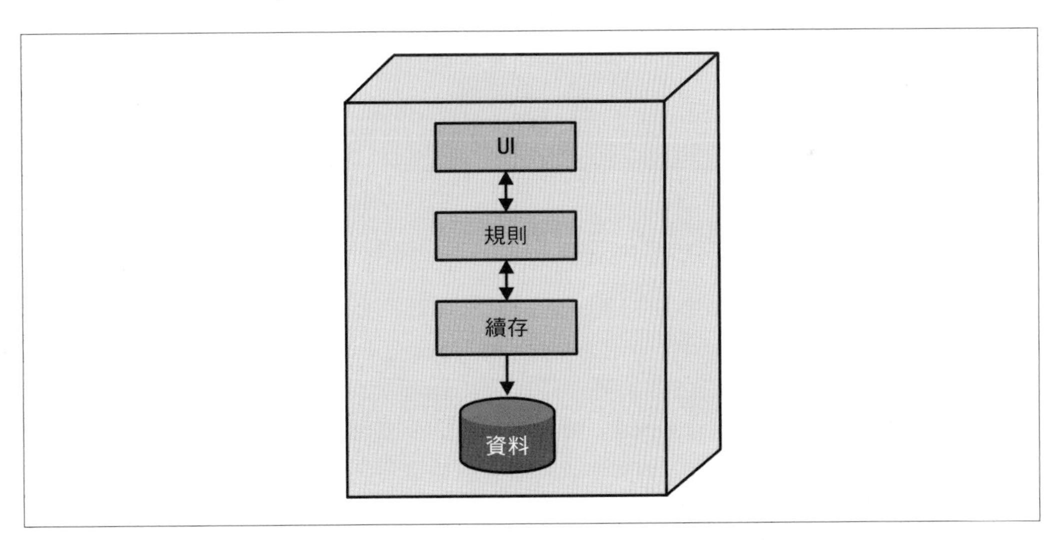

圖 7-10　PenultimateWidgets 的 `StarRating` 服務的內部結構

如圖 7-10 所示，星級評分服務由一個資料庫和分層架構組成，包括續存（persistence）、業務規則（business rules）和 UI。並非所有 PenultimateWidgets 的微服務都包含 UI。有些服務主要提供資訊，而有些服務的 UI 則與服務行為緊密相連，星級評分就是這種情況。其資料庫是一個傳統的關聯式資料庫（relational database），其中有一欄（column）用於追蹤特定項目 ID（item ID）的評分。

當團隊決定更新服務以支援半星評分時，他們修改了原始服務，如圖 7-11 所示。

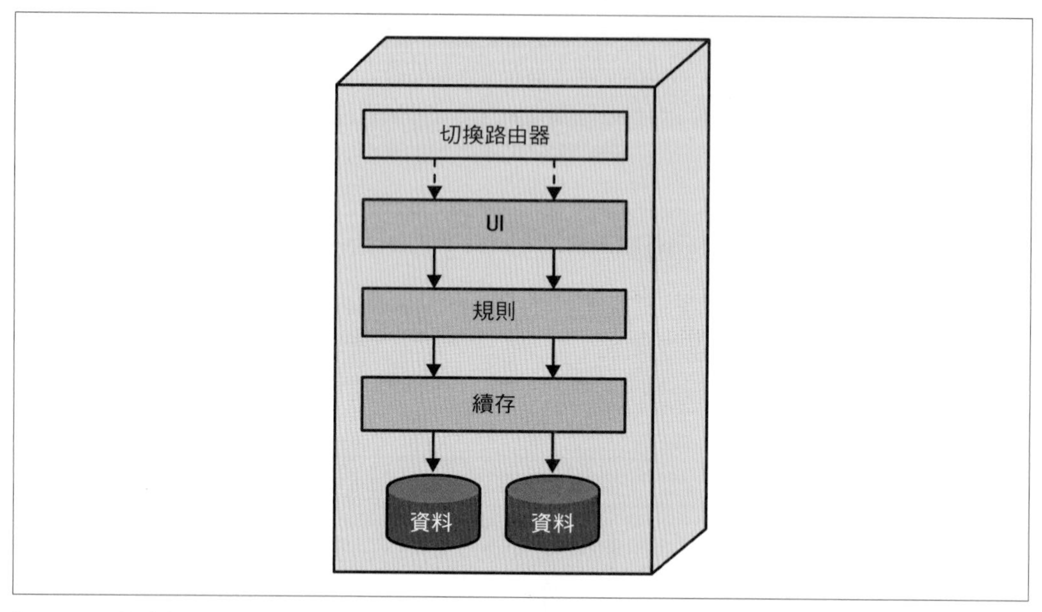

圖 7-11　過渡階段，其中 StarRating 同時支援兩種類型

在圖 7-11 中，他們在資料庫中添加了一個新欄來處理額外的資料，即評分是否有額外的半顆星。架構師還為服務添加了一個代理元件（proxy component），以解決服務邊界的回傳差異。星級評分服務並不強迫呼叫端服務「理解」該服務的版本號碼，而是解析（resolves）請求類型（request type），傳回所請求的格式。這是使用**路由**（*routing*）作為演化機制的一個例子。只要有些服務仍然需要星級評分，星級評分服務就能以這種狀態存在。

如圖 7-12 所示，一旦最後一個依存服務脫離了全星級評分（whole-star ratings），開發人員就可以移除舊的程式碼路徑。

開發人員可以移除舊的程式碼路徑，或許還可以移除代理層來處理版本差異（或者保留它以支援未來的演化）。

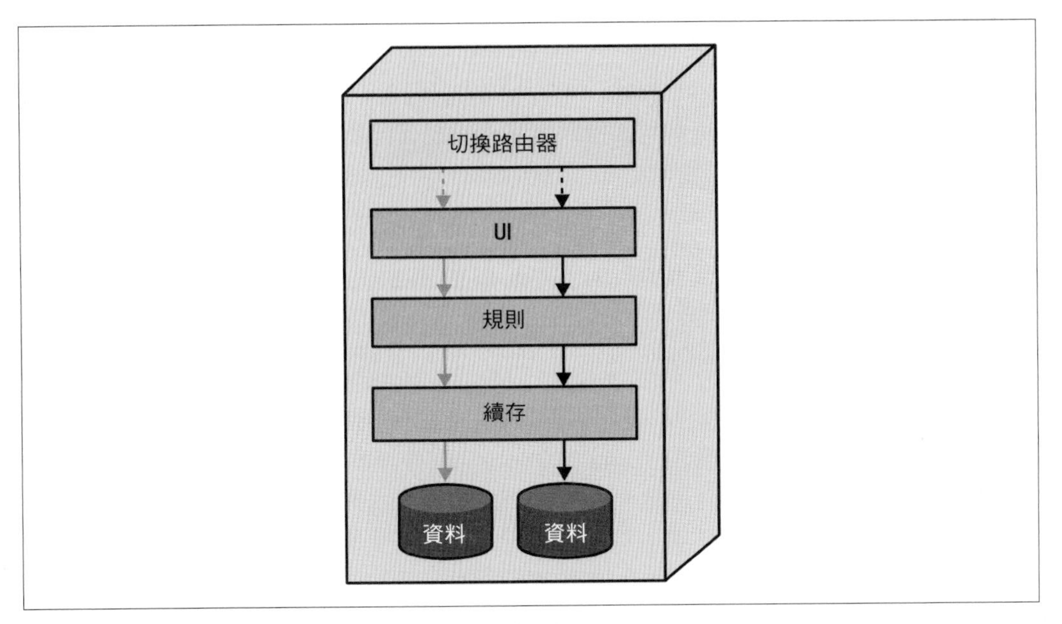

圖 7-12　僅支援新類型評分的 StarRating 之結束狀態

在此例中，從資料演化的角度來看，PenultimateWidgets 的變更並不困難，因為開發人員可以進行增量變更（additive change），這意味著他們可以對資料庫結構描述進行新增，而不是更改它。那麼，如果資料庫因為新功能也必須改變呢？請參考第 6 章中關於演化式資料設計的討論。

適應性函式驅動的架構

敏捷軟體開發中一種常見的實務做法是**測試驅動開發**（*test-driven development*），其中開發人員在編寫相應功能之前會先編寫單元測試。在架構中也可以使用類似的過程，尤其是當應用程式的成功與否，取決於是否滿足某些嚴格的能力需求之時。建立一個治理這種能力的適應性函數來協助設計，確保它在架構師設計其他部分時，仍然是首要考量。

LMAX 架構（*https://oreil.ly/8YJ92*）的創立者著名地採用了這種做法。由於某個國家的市場監管法律發生了變化，普通公民無須特殊許可證即可參與線上市場（買賣）。

然而，要使這一應用程式取得成功，他們必須能夠管理每秒數百萬次的交易。出於種種原因，當時選擇的技術平台是 Java，而 Java 預設情況下並不擅長處理這種規模。因此，他們首先建立了一個衡量交易速度的適應性函數，並開始嘗試各種設計來達成這一高目標。他們一開始使用執行緒（threads），但根本無法接近預期目標。接下來，他們又嘗試了 actor model 的各種實作（*https://oreil.ly/6g2mk*），但同樣無法靠近他們的目標。對系統的每個部分進行測量時，他們意識到正在執行的業務邏輯只佔計算量的很小一部分，其他一切都是情境切換（context switch）。

有了這些知識，他們設計了一種稱為輸入和輸出干擾器（input and output disruptors）（*https://oreil.ly/HLVIo*）的架構方法，該方法使用單執行緒和環形緩衝區（ring buffers），最終實現了單執行緒每秒處理超過 600 萬筆交易。該架構的詳細描述請參閱 *https://martinfowler.com/articles/lmax.html*（許多部分都是開源的）。

在此過程中，團隊推廣了與硬體和軟體相關的「機械共鳴（*mechanical sympathy*）」這個術語，因為其中一位架構師是 Formula One（一級方程式）賽車的愛好者。在這項運動中，評論員指出，真正優秀的賽車手對他們的賽車有「機械共鳴」：他們了解每個組成部分的工作原理，並能「感覺」到事情是否順利。在軟體中，「機械共鳴」指的是深入了解各層抽象下的機制，以全面掌握諸如性能等各方面的驅動因素。當請求與回應序列（request/response sequence）發生時，到底是什麼在呼叫過程中耗費了時間，一直往下到網路層，而團隊又該如何對其進行最佳化？

機械共鳴需要適應性函數來定義期望目標，並在發生變化時治理這些嚴格需求。一旦 LMAX 團隊達成了最初的目標，他們就會在建置解決方案的其餘部分時保留適應性函數，並在做法與適應性函數發生衝突時多次改變方向。

許多軟體開發團隊已經開始採用「Fitness Function–Driven Architecture（適應性函數驅動架構）」這種做法，尤其是在類似上述的情況下，即滿足某些理想的架構特性目標決定了成功與否。正如在測試驅動開發中一樣，適應性函數驅動的架構可確保變更不會衝擊成功標準。

總結

與軟體架構中的所有事物一樣，演化式架構的各個面向也是不可分割的：適應性函數和結構相互配合，幫助架構師建立可演化性。

持續整合和測試驅動開發等實務做法花了很多年才成為軟體工程實務做法的標準組成部分。許多架構師雖然採用了部分的演化式架構，使用監控器、臨時指標和其他偶爾套用的驗證手段，但仍然依賴過時的治理方式，如架構審查委員會、程式碼審查和其他已被證明無效的實務做法。

如果架構師希望建置的系統能夠在領域和技術的多次變化中生存下來，那麼他們可以建立適應性函數並透過契約控制耦合，從而建置能夠對重要事物提供高度反饋的系統。當我們軟體的數千個元件中有一些發生變化時，架構師需要透過演化式架構的實務做法來確保一切仍能正常運作。

第八章

演化式架構的陷阱與反模式

我們花了很多時間討論架構中適當的耦合度。然而，我們也生活在現實世界中，看到很多耦合會**損害**專案的演化能力。

我們發現軟體專案中存在兩種不良的工程實務做法：**陷阱**（*pitfalls*）和**反模式**（*antipatterns*）。許多開發人員使用**反模式**一詞作為「糟糕」的行話，但其真正含義卻更加微妙。軟體反模式包括兩個部分。首先，反模式是一種最初看起來是個好主意，但後來發現是個錯誤的實務做法。其次，大多數反模式都有更好的替代方案。架構師只有在事後才會注意到許多反模式，因此很難避免。**陷阱**表面上看起來是個好主意，但很快就會暴露出是一條錯誤的道路。陷阱和反模式在本章中都會涵蓋。

技術架構

在本節中，我們將重點討論業界常見的實務做法，這些實務做法特別會損害團隊演化架構的能力。

反模式：最後 10% 陷阱和 Low Code/No Code

Neal 曾經是一家顧問公司的 CTO，該公司使用各種 4GL 為客戶建置專案，其中包括 Microsoft Access。他發現每個 Access 專案開始時都非常成功，但最後都以失敗告終，而他想知道為什麼，於是他協助做出了消除 Access 並最終從業務中淘汰所有 4GL 的決定。他和一位同事觀察到，在 Access 和當時流行的其他 4GL 中，80% 的客戶需求都是快速和容易建置。

這些環境以快速應用程式開發工具為模型，支援 UI 的拖放（drag-and-drop）和其他功能。然而，客戶想要的下個 10% 的功能雖然有可能，但卻非常困難，因為那些功能並沒有內建在工具、框架或語言中。於是，聰明的開發人員們想出了破解工具來讓事情行得通的辦法：在預期靜態事物的地方新增一個指令稿以執行、鏈串方法以及其他巧妙手法。這些技巧只能讓你從 80% 提高到 90%。最終，工具無法完全解決問題，這就是我們創造的「*最後 10% 陷阱*（*Last 10% Trap*）」術語所描述的情況，導致每個專案都令人失望。雖然 4GL 很容易快速建置出簡單的東西，但它們的規模無法擴充以滿足現實世界的需求。開發人員重新回到了通用語言（general-purpose languages）的懷抱。

Last 10% Trap 會週期性地出現在各種工具中，這些工具旨在消除軟體開發的複雜性，同時（宣稱）允許功能完整的開發，並帶來可預測的結果。這一趨勢目前的表現形式是 *low-code/no-code*（*低程式碼/無程式碼*）開發環境，包括全端開發（full-stack development）到協調器（orchestrators）等專業工具。

儘管低程式碼環境沒有任何問題，但它們幾乎被普遍誇大為軟體開發的靈丹妙藥，業務利害關係者急於擁抱它們，以提高交付速度。架構師應考慮將其用於專門任務，但要事先認識到有侷限性存在，並試著判斷這些限制會對其生態系統產生哪些影響。

一般來說，試用新工具或框架時，開發人員會建立一個盡可能簡單的「Hello, World」專案。在低程式碼環境下，簡單的事情應該變得無比容易。取而代之，架構師需要知道的是這種工具**做不到**什麼。因此，與其做簡單的事情，不如儘早找到限制，以便為工具無法處理的事情建置替代方案。

對於 low-code/no-code 工具，應首先評估**最難**的問題，而不是最簡單的問題。

案例研究：PenultimateWidgets 的重用

PenultimateWidgets 對其管理功能（administration functionality）的專門網格（grid）中的資料輸入有非常特殊的要求。由於應用程式需要在多個地方使用該檢視（view），PenultimateWidgets 決定建置一個可重複使用的元件，包括 UI、驗證和其他有用的預設行為。透過使用該元件，開發人員可以輕易建立功能豐富的新管理介面。

然而，幾乎所有的架構決策都會帶來一些取捨問題。隨著時間的推移，該元件團隊已經成為公司內部的一個孤島，將 PenultimateWidgets 的幾位最優秀的開發人員綁在那裡。

使用該元件的團隊必須透過那個元件團隊申請新功能，而該元件團隊則被大量的錯誤修復和功能請求所淹沒。更糟糕的是，底層程式碼並沒有跟上現代 Web 標準，使得新功能難以實作或根本不可能。

雖然 PenultimateWidgets 的架構師達成了重複使用，但最終卻造成了瓶頸效應。重用的一個優勢是開發人員可以快速建置新事物。然而，除非元件團隊能跟上動態平衡的創新步調，否則技術架構元件的重用最終注定會成為一種反模式。

我們並不是建議團隊避免建置可重複使用的資產，而是建議他們應不斷對其進行評估，以確保它們仍能帶來價值。在 PenultimateWidgets 的案例中，一旦架構師意識到該元件是一個瓶頸，他們就會打破耦合點。任何想要分支（fork）元件程式碼以添加自己新功能的團隊都可以那樣做（只要應用程式開發團隊支援那些變更），而任何選擇退出以使用新做法的團隊都能完全擺脫舊程式碼的束縛。

從 PenultimateWidgets 的經驗中，我們得出兩條建議。首先，當耦合點阻礙了演化或其他重要的架構特性時，應透過分支或複製來打破耦合。

在 PenultimateWidgets 的案例中，他們打破這種耦合關係的方式是讓團隊自己掌握共用程式碼的所有權。這雖然增加了他們的負擔，但他們交付新功能的能力所遭遇的阻礙被消除了。在其他情況下，也許可以從更大型的部分中抽取出一些共用程式碼，從而實現更有選擇性的耦合和逐步解耦。

其次，架構師必須不斷評估架構「能力（-ilities）」的適應性，以確保它們仍能增加價值，而不會成為反模式。

架構師經常會做出在當時是正確的決定，但隨著時間的推移，卻會因為動態平衡等條件的變化而變成一個錯誤的決定。舉例來說，架構師將一個系統設計為桌面應用程式，但隨著使用者習慣的改變，產業卻將其導向 Web 應用程式。最初的決定並沒有錯，但生態系統發生了意想不到的變化。

反模式：Vendor King

一些大型企業會購買企業資源規劃（enterprise resource planning，ERP）軟體，來處理會計、庫存管理等其他常見的商業任務。如果企業願意調整其業務程序和其他決策以適應該工具，那麼這種方法就會奏效，而且當架構師了解其侷限性和優勢時，就可以戰略性地使用它。

然而，許多企業在使用這類別軟體時變得好高騖遠，導致 *Vendor King*（**供應商為王**）**反模式**的出現，即完全圍繞著供應商的產品建置架構，將企業與工具病態地耦合在一起。購買供應商軟體的公司計畫透過外掛（plug-ins）來增強軟體套件的功能，以充實核心功能，使之與其業務相符。然而，很多時候，ERP 工具的自訂化程度不足以完全實作所需的功能，開發人員會發現自己受制於工具的侷限性，以及以工具為中心的架構宇宙。換句話說，架構師讓供應商成為架構之王，主宰著未來的決策。

要脫離這種反模式，應將所有軟體都視為另一個整合點，即使它最初承擔著廣泛的責任。從一開始就假定要進行整合，開發人員就能更輕鬆地用其他整合點取代那些無用的行為，從而推翻國王的統治。

若將外部工具或框架置於架構的核心，開發人員就會在技術和業務程序兩個關鍵面向嚴重限制自己的演化能力。開發人員在技術上受制於供應商在續存（persistence）、支援的基礎設施等方面的抉擇，還有其他眾多限制。從商業角度來看，無所不包的大型工具最終會出現第 189 頁的「反模式：最後 10% 陷阱和 Low Code/No Code」中討論的問題。從業務程序的觀點來看，工具根本無法支援最佳工作流程；這就是 Last 10% Trap 的副作用。大多數公司最終只能屈從於框架，修改自己的程序，而非試著客製化工具。這樣做的公司越多，公司之間的差異化就越小，只要這種差異化不是競爭優勢，那就沒事。公司通常會選擇另一種方式，在第 200 頁的「陷阱：產品客製化」中會討論，那是另一種陷阱。

在現實世界中，開發人員在使用 ERP 軟體套件時經常會遇到「*Let's Stop Working and Call It a Success*（**讓我們停止工作，稱其為成功**）」的原則。因為它們需要投入大量的時間和金錢，所以公司不願意承認它們行不通。沒有 CTO 願意承認他們浪費了數百萬美元，而工具供應商也不願意承認多年的實作效果不佳。因此，雙方都同意停止工作，稱其為成功，但承諾的大部分功能都沒有實作。

請不要把你的架構耦合到供應商國王。

與其成為 Vendor King 反模式的犧牲者，不如將供應商產品視為另一個整合點。開發人員可以透過在整合點之間建立反腐層，以避免供應商工具的變更影響他們的架構。

陷阱：洩漏資訊的抽象層

All nontrivial abstractions, to some degree, are leaky.
（所有非瑣碎的抽象層，在某種程度上都會有漏洞。）

—Joel Spolsky

現代軟體存在於抽象層所構成的高塔中：作業系統、框架、依存關係以及其他眾多元件。身為開發人員，我們建立抽象層，這樣就不必永遠在最底層思考。如果要求開發人員將硬碟中的二進位數字轉換成文字來設計程式，他們將永遠一事無成！現代軟體的勝利之一，就是我們能夠很好地建置有效的抽象層。

但抽象是有代價的，因為沒有一個抽象層是完美的，如果是完美的，那就不抽象了，而是真實的東西。正如 Joel Spolsky 所說的，所有的非瑣碎抽象層都會有漏洞。這對開發人員來說是個問題，因為我們相信抽象總是準確無誤的，但它們常常會以意想不到的方式失效。

近來，技術堆疊複雜性的增加使抽象失焦（abstraction distraction）的問題更加嚴重。請看圖 8-1 所示的 2005 年左右的典型技術堆疊。

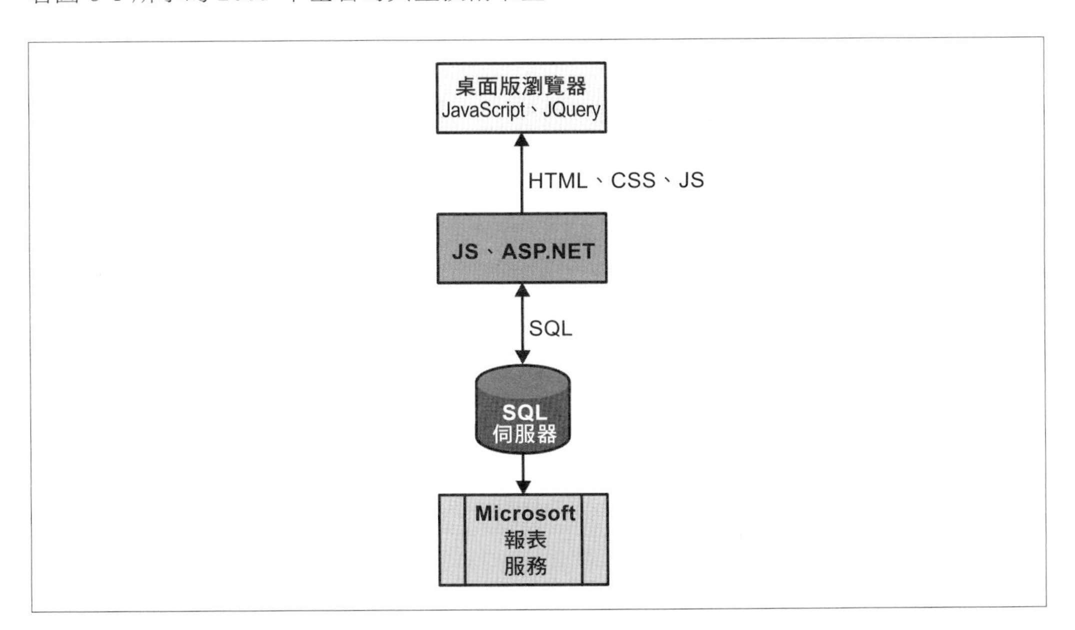

圖 8-1　2005 年典型的技術堆疊

在圖 8-1 所示的軟體堆疊中，方框上的供應商名稱會根據當地情況發生變化。隨著時間的推移，軟體變得越來越專業，我們的技術堆疊也變得越來越複雜，如圖 8-2 所示。

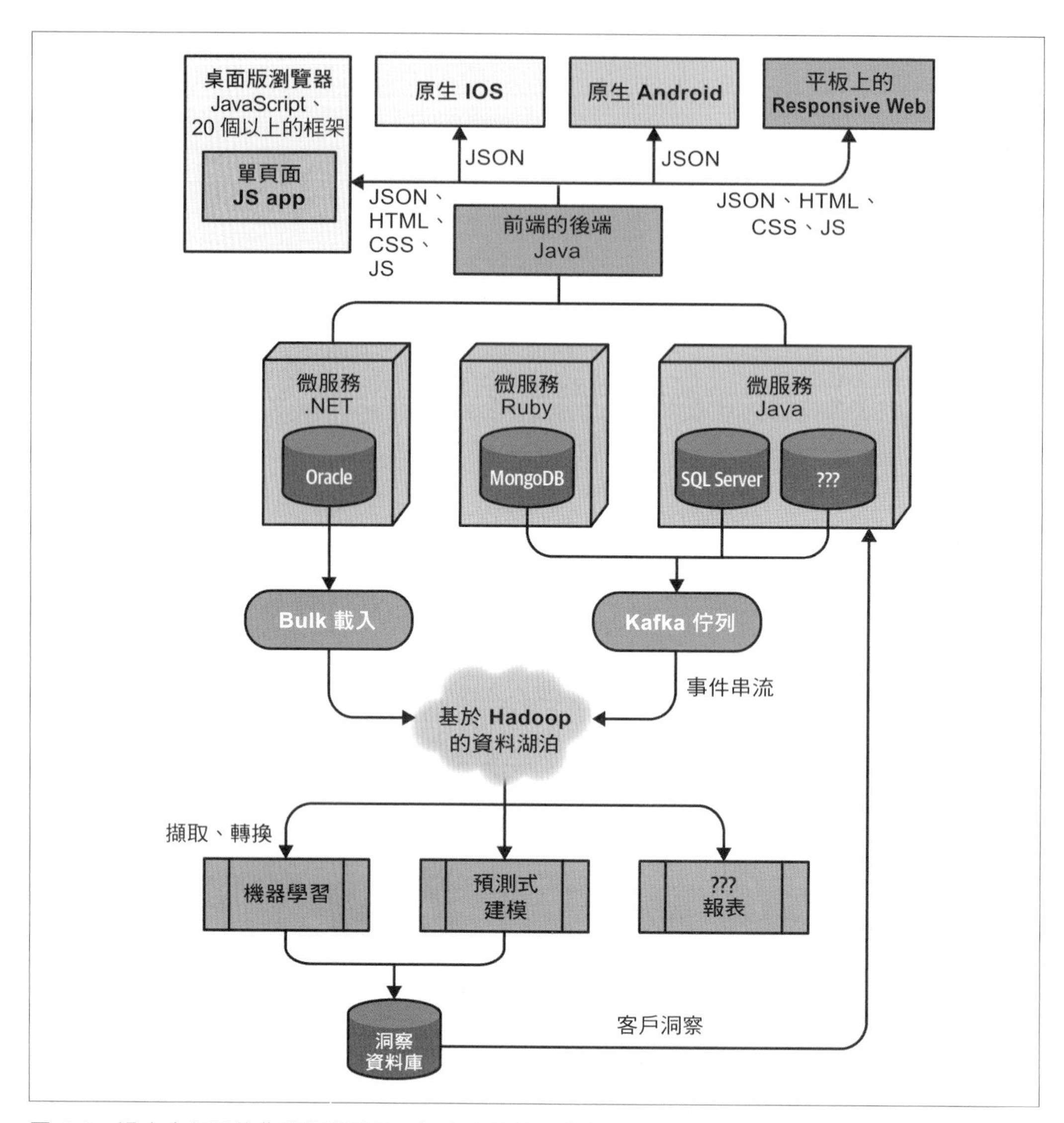

圖 8-2 過去十年間的典型軟體堆疊，包含大量的互動部分

如圖 8-2 所示，軟體生態系統的每個部分都在不斷擴充，變得更加複雜。隨著開發人員面臨的問題越來越複雜，他們的解決方案也越來越複雜。

原始抽象滲漏（*primordial abstraction ooze*）是技術堆疊複雜性增加的副作用之一，即低階抽象層的損壞造成意想不到的災害。如果最低階的抽象層之一出現故障，例如對資料庫的一次看似無害的呼叫產生了非預期的副作用，該怎麼辦？由於存在如此多的層級，故障會一路傳播到堆疊的頂層，也許會沿途轉移，在 UI 上表現為深度內嵌的錯誤訊息。隨著技術堆疊複雜性的增加，除錯和取證分析（forensic analysis）也變得更加困難。

> *Always fully understand at least one abstraction layer below the one you normally work in.*
> （一定要完全理解比你平時工作所在的那一層抽象之下至少一個抽象層。）
>
> —眾多軟體專家

雖然了解下一層是個好建議，但隨著軟體越來越專業，也越來越複雜，這一點就變得更加困難。

技術堆疊複雜性的增加就是動態平衡（dynamic equilibrium）問題的一個實例。隨著時間的推移，不僅生態系統會發生變化，各組成部分也會變得更加複雜且相互交織。我們保護演化變更的機制，即適應性函數，可以保護架構脆弱的連接點。架構師在關鍵整合點定義不變量（invariants）當作適應性函數，並作為部署管線的一部分執行，以確保抽象層不會以不可取的方式開始洩漏。

了解複雜技術堆疊中的脆弱點，並藉由適應性函數進行自動保護。

陷阱：履歷驅動開發

架構師對軟體開發生態系統中令人興奮的新開發成果非常著迷，想要嘗試最新的玩具。然而，要選擇有效的架構，他們必須仔細研究問題領域，選擇最合適的架構，以最少的破壞性限制提供最需要的功能。當然，除非該架構的目標是**履歷驅動開發**（*resume-driven development*）的陷阱：盡可能利用所有框架和程式庫，以便在履歷上炫耀那些知識。

不要為了架構而架構，你要做的是解決問題。

在選擇架構之前，一定要先了解問題領域（problem domain），而不是反過來。

漸進式變更

軟體開發中的許多因素都會給漸進式變更（incremental change）帶來困難。幾十年來，軟體的編寫並沒有考慮敏捷性的目標，而是圍繞著降低成本、共享資源和其他外部限制等目標。因此，許多組織都不具備支援演化式架構的構建組塊（building blocks）。

正如《*Continuous Delivery*》（Addison-Wesley 出版）一書（*http://continuousdelivery.com*）所述，許多現代工程實務做法都支援演化式架構。

反模式：不當治理

軟體架構從來不存在於真空中，它往往反映出其設計環境。十年前，作業系統是昂貴的商業產品。同樣地，資料庫伺服器、應用程式伺服器以及用於託管應用程式的整個基礎設施都是昂貴的商業產品。為了應對這些現實世界的壓力，架構師們設計了最大化共享資源的架構。SOA 等許多架構模式都是在那個時代興起的。在這種環境下，逐漸形成了一種共通的治理模式（governance model），以最大限度地共享資源作為一種節約成本的措施。應用程式伺服器（application servers）等工具的許多商業動機都源於這種趨勢。然而，從開發的角度來看，將多個資源塞到機器上是不可取的，因為這樣會在無意中造成耦合。無論共享資源之間的隔離多麼有效，資源爭用最終還是會出現。

在過去十年中，開發生態系統的動態平衡發生了變化。現在，開發人員可以建置元件具有高度隔離性的架構（如微服務），從而消除了因共享環境而加劇的意外耦合。但是，許多公司仍在堅持舊的治理模式。由於最近出現了 DevOps 運動等進展，重視共享資源和同質化環境的治理模式已不再有意義。

> *Every company is now a software company.*
> （現在，每家公司都是軟體公司。）
>
> —《Forbes Magazine》，2011 年 11 月 30 日

Forbes 這句名言的意思是，如果某家航空公司的 iPad 應用程式很糟糕，最終會對公司的獲利表現造成影響。對於任何先進的公司，軟體能力都是必要的，而任何希望保持競爭力的公司也越來越需要軟體能力。這種能力包括如何管理環境等開發資產。

當開發人員可以無成本（金錢或時間）地建立虛擬機器（virtual machines）和容器（containers）等資源時，重視單一解決方案的治理模型就變成**不當治理**（*innappropriate governance*）了。一種更好的做法出現在許多微服務環境中。微服務架

構的一個共同特點是支援多語言環境（polyglot environments），每個服務團隊都可以挑選合適的技術堆疊來實作自己的服務，而不是試圖按照企業標準進行同質化。傳統的企業架構師聽到這樣的建議會感到畏縮，因為這與傳統做法完全相反。然而，大多數微服務專案的目標並非隨便選擇不同的技術，而是根據問題的規模來合理調整技術選擇。

在現代環境中，單一技術堆疊的同質化治理是不恰當的。這導致了無意間過度複雜化的問題，即治理決策無謂地使得實作解決方案所需的工作量倍增。舉例來說，在大型企業中，統一使用單一供應商的關聯式資料庫是一種常見的做法，原因顯而易見：跨專案的一致性、員工的可替代性等。然而，這種做法的副作用之一是，大多數專案都存在過度工程化的問題。開發人員建置單體架構（monolithic architectures）時，治理抉擇會影響到每個人。因此，挑選資料庫時，架構師必須考慮到將使用該種能力的每個專案之需求，並做出能夠滿足最複雜情況的選擇。遺憾的是，許多專案並不會有最複雜的情況或類似的東西。一個小專案可能只有簡單的續存需求，但卻必須承擔工業級資料庫伺服器的全部複雜性，以確保一致性。

在微服務中，由於所有服務都沒有透過技術或資料架構進行耦合，因此不同的團隊可以選擇實作其服務所需的適當複雜性和精密程度。最終目標是簡化，使服務堆疊的複雜性符合技術需求。當團隊完全擁有自己的服務（包括營運面向）時，這種分割方式往往效果最佳。

強制解耦

微服務架構風格的目標之一是技術架構的極度解耦，允許在沒有副作用的情況下更換服務。但是，如果開發人員都共享相同的源碼庫或甚至是平台，那麼不耦合就需要一定程度的開發人員紀律（因為重複使用現有程式碼的誘惑力很大）和保護措施，以確保耦合不會意外發生。在不同的技術堆疊中建置服務是實作技術架構解耦的一種方式。許多公司試圖避免這種做法，因為他們擔心這會損害員工跨專案流動的能力。然而，前公司 Wunderlist 的架構師 Chad Fowler（*http://chadfowler.com*）卻接受了相反的做法：他堅持團隊使用不同的技術堆疊，以避免意外耦合。他的理念是，意外耦合是比開發人員可流動性更大的問題。

許多公司將不同的功能封裝到某個平台中作為一種服務（*https://oreil.ly/fl3h7*）供內部使用，將技術選擇（及伴隨的耦合機會）隱藏在定義明確的介面之後。

從大型組織的實際治理角度來看，我們發現「**剛好夠用**（*just enough*）」的治理模型非常有效：選擇三種技術堆疊，即簡單、中級和複雜，來進行標準化，並允許個別服務需求驅動堆疊需求。這樣既能讓團隊靈活選擇合適的技術堆疊，又能為公司提供一些標準優勢。

案例研究：PenultimateWidgets 的「Just Enough」治理

多年來，PenultimateWidgets 的架構師一直試圖將所有開發工作標準化為 Java 和 Oracle。然而，當他們建置更細粒度的服務時，他們意識到這種堆疊為小型服務帶來了極大的複雜性。但他們並不想完全接受「每個專案都選擇自己的技術堆疊」的微服務做法，因為他們仍然希望知識和技能可以在不同專案間有一定的可移植性。最終，他們選擇了「剛好夠用（just enough）」的治理路線，並採用三種技術堆疊：

小型（*Small*）

對於規模可擴充性或效能需求不嚴苛的極簡專案，他們選擇 Ruby on Rails 和 MySQL。

中型（*Medium*）

對於中型專案，他們選擇 GoLang 以及 Cassandra、MongoDB 或 MySQL 任一者作為後端，具體取決於資料需求。

大型（*Large*）

在大型專案中，他們堅持使用 Java 和 Oracle，因為它們能很好地處理變動的架構考量。

陷阱：缺乏發佈速度

Continuous Delivery（持續交付）（*http://continuousdelivery.com*）中的工程實務做法解決了軟體釋出速度減慢的因素，這些實務做法應被視為演化式架構取得成功的公理。雖然演化式架構並不需要 Continuous Delivery 的極端版本，也就是持續部署（continuous deployment），但發佈軟體的能力與演化軟體設計的能力之間存在著緊密的關聯。

如果公司以持續部署為中心打造出一種工程文化，預期所有的變更只有通過部署管線規定的關卡後才能投入生產，那麼開發人員就會適應不斷的變化。另一方面，如果發佈是一個需要大量專業工作的正式程序，那麼能夠利用演化式架構的機會就會減少。

Continuous Delivery 追求資料驅動的結果，採用衡量指標來了解如何最佳化專案。開發人員必須能夠衡量事物，才能了解如何將其變得更好。Continuous Delivery 追蹤的關鍵指標之一是**週期時間**（*cycle time*），這是一個與**前置時間**（*lead time*）相關的指標：從提出一個想法到該想法體現為可執行軟體之間的時間。然而，前置時間包含許多主觀活動，如估計、優先排序等，因此是一個很差的工程指標。取而代之，Continuous Delivery 追蹤的是**週期時間**：一個工作單元（這裡指的是軟體開發）從開始到完成的時間。週期時間的時鐘始於開發人員開始開發一項新功能之時，到該項功能在生產環境中執行為止。週期時間的目標是衡量工程效率；縮短週期時間是 Continuous Delivery 的關鍵目標之一。

週期時間對於演化式結構也很關鍵。在生物學中，果蠅（fruit flies）通常被用在說明遺傳特徵的實驗中，部分原因就是果蠅的生命週期很短，新世代出現的速度很快，足以讓人看到實質的結果。在演化式架構中也是如此，更短的週期意味著架構可以更快地演化。因此，專案的週期時間決定了架構演化的速度。換句話說，演化速度與週期時間成正比，可表達為

$$v \propto c$$

其中，v 代表變化速度，而 c 代表週期時間。開發人員演化系統的速度無法超過專案的週期時間。換句話說，團隊釋出軟體的速度越快，他們就能越快地演化系統的某些部分。

因此，週期時間是演化式架構專案中的一個關鍵指標：更短的週期時間意味著更快的演化能力。事實上，週期時間是基於程序的原子型適應性函數的絕佳候選。舉例來說，開發人員建立了一個專案，它的部署管線有自動化功能，達到了三小時的週期時間。隨著時間的推移，開發人員在部署管線中新增更多的驗證和整合點，週期時間也會逐漸增加。由於上市時間是該專案的一個重要指標，因此他們建立了一個適應性函數，只要週期時間超過四小時，就會發出警報。一旦達到門檻值，開發人員就會重組部署管線的工作方式，或決定四小時的週期時間是可以接受的。適應性函數可以映射到開發人員希望監控的任何專案行為，包括專案指標。將專案的考量統一變為適應性函數，允許開發人員設定未來決策點，也稱為**最後負責時刻**（*last responsible moment*），以重新評估決策。在前面的例子中，開發人員現在必須決定哪一個更重要：是三小時的週期時間，還是現有的測試集。在大多數專案中，開發人員會隱含地做出這樣的決定，因為他們從未注意到週期時間在逐漸延長，因此也就不會為相互衝突的目標排出優先順序。有了適應性函數，他們就可以在預期的未來決策點周圍設定門檻值。

演化速度是週期時間的函數；週期時間越短，演化速度越快。

良好的工程、部署和發佈實務做法是演化式架構取得成功的關鍵，而演化式架構又能透過假說驅動的開發（hypothesis-driven development）為企業提供新能力。

業務考量

最後，我們來談談由業務考量驅動的不當耦合。在大多數情況下，業務人員都不是試圖刁難開發人員的邪惡角色；取而代之，他們的優先序會從架構的角度驅動不恰當的決策，從而無意間限制了未來的選擇。我們將介紹一些業務陷阱和反模式。

陷阱：產品客製化

銷售人員希望有多樣的銷售方案。對銷售人員的刻板印象是，他們在確定自己的產品是否真的包含所要求的功能之前，就會開始推銷該功能。因此，銷售人員都希望能販賣可無限自訂的軟體。然而，那種能力會在不同的實作技術上產生相應的成本：

為每位客戶量身打造

在這種情況下，銷售人員承諾在很短的時間內提供功能的獨特版本，迫使開發人員使用版本分支控制和標記（tagging）等技術來追蹤版本。

永久的功能切換

我們在第 3 章中介紹過的功能切換（feature toggles）有時會被戰略性地用來建立永久的客製化。開發人員可以使用功能切換來為不同的客戶建立不同的版本，或者建立產品的「免費（freemium）」版本，讓使用者付費解鎖進階（premium）功能。

產品驅動的客製化

有些產品甚至可以透過 UI 新增自訂功能。在這種情況下，那些功能是應用程式的永久組成部分，需要與所有其他產品功能一樣細心照料。

在功能切換和客製化的要求之下，測試負擔會大大增加，因為產品包含許多可能路徑的排列組合。除了測試場景，開發人員需要開發的適應性函數之數量也可能增加，以保護可能的排列組合。

客製化也會妨礙軟體的可演化性，但這不應阻礙公司建置可自訂的軟體，而是要他們實事求是地評估相關成本。

反模式：直接在紀錄系統上生成報表

根據業務功能的不同，大多數應用程式都有不同的用途。舉例來說，一些使用者需要輸入訂單，而另一些使用者則需要分析報告。企業很難提供業務所需的所有可能視角（例如，訂單輸入 vs. 月度報告），特別是當一切都必須來自相同的單體架構或資料庫結構之時。在服務導向架構（service-oriented architecture）時代，架構師們努力嘗試透過同一套「可重複使用」的服務來支援每一個業務考量。他們發現，服務越通用，開發人員就越需要對其進行客製化才能使用。

報表產生（reporting）是單體架構中無意耦合的一個很好的例子。架構師和 DBA 希望在紀錄系統和報表系統中使用相同的資料庫結構描述（database schema），但他們會遇到問題，因為能同時支援兩者的設計，等同於對任一者都沒有最佳化。在分層架構中，開發人員和報表設計師共謀製造的一個常見陷阱說明了關注點之間的緊張關係。架構師會建置分層架構，以減少附帶的耦合，建立隔離層和關注點分離層。但是，報表生成不需要單獨的分層來支援其功能，只需要資料即可。此外，通過各層的路由請求會增加延遲。因此，許多擁有良好分層架構的組織，允許報表設計師將報表直接與資料庫結構描述耦合，從而摧毀了在不破壞報表的前提下對結構描述進行變更的能力。這是一個很好的例子，說明相互衝突的業務目標顛覆了架構師的努力，並使演化變更極其困難。雖然沒有人刻意要讓系統變得難以演化，但這是出於各種決策的累積效應。

許多微服務架構透過分離行為來解決報表問題，服務的隔離有利於分離，但不利於統整。架構師通常使用事件串流（event streaming）或訊息佇列（message queues）來建置這些架構，以充填領域的「紀錄系統（system of record）」資料庫，每個資料庫都內嵌在服務的架構量子中，使用最終一致性而非交易行為。一組報表服務也會聆聽事件串流，並充填為產生報表而最佳化的去正規化報表資料庫（denormalized reporting database）。使用最終一致性（eventual consistency）可以讓架構師從協調（coordination）中解放出來，從架構的角度看，這是一種耦合形式，能為應用程式的不同用途提供不同的抽象層。

更多有關報表產生和分析資料的現代做法，請參閱第 129 頁的「資料網格：正交的資料耦合」。

陷阱：過度長遠的規劃視野

預算編列和規劃過程往往需要進行假設和作為假設基礎的早期決策。然而，規劃時程越長而沒有重新審視計畫的機會，意味著許多決策（或假設）是在最少的資訊下所做出的。在早期規劃階段，開發人員會花費大量精力從事研究等活動，通常是以閱讀的形式進行，以驗證他們的假設。根據他們的研究，當時的「最佳實務做法（best practice）」或「同類別最佳（best in class）」，構成了開發人員編寫任何程式碼或向終端使用者釋出軟體之前的基本假設的一部分。為這些假設付出的努力越多，即使這些假設在六個月後被證明是錯誤的，也會導致對它們的強烈依戀。沉沒成本謬誤（sunk cost fallacy）（*https://en.wikipedia.org/wiki/Sunk_costs*）描述的就是受情感投資所影響的決策。簡單地說，一個人在某件事情上投入的時間或精力越多，就越難放棄它。在軟體中，這種謬誤表現為**非理性的人造物依戀**（*irrational artifact attachment*）：你在計畫或文件中投入的時間和精力越多，你就越有可能保護計畫或文件中的內容，即使有證據表明它不準確或過時。

不要非理性地依戀手工製作的人造物。

謹防漫長的規劃週期迫使架構師做出不可逆轉的決定，並想方設法保持選擇的開放性。將大型程式產品拆分成可早期交付的小型專案，既能檢驗架構抉擇的可行性，也能檢驗開發基礎設施的可行性。在軟體實際建置之前，以及在透過終端使用者回饋意見驗證該技術確實適合他們試圖解決的問題之前，架構師應避免採用需要大量前期投資（如大額許可證和支援契約）的技術。

總結

與任何架構實務做法一樣，演化式架構包含許多權衡：技術、業務、營運、資料、整合等等。模式（和反模式）在架構中出現如此之多，是因為它們不僅提供建議，而且更關鍵的是，還提供使那些建議有意義的**情境**（*context*）。重複使用軟體資產是一個顯而易見的組織目標，但架構師必須評估這可能帶來的取捨：通常，過多的耦合比重複更有害。

我們討論模式而非**最佳實務做法**（*best practices*），因為後者在軟體架構中幾乎不存在。**最佳實務做法**意味著架構師可以在遇到特定情況時關閉大腦，畢竟那是處理實際情況的**最佳**方式。然而，軟體架構中的一切都需要權衡，這意味著架構師必須為幾乎每一個決策都重新評估利弊。模式和反模式可以幫忙找出與情境相關的建議，以及應該避免哪些反模式。

第九章

將演化架構付諸實踐

最後，我們將探討以演化式架構為中心之想法所需的實作步驟。這包括技術和業務考量，包括對組織和團隊的影響。我們還建議了要從哪裡著手，以及如何向企業推銷這些想法。

組織因素

軟體架構的影響範圍出奇地廣泛，涉及許多一般不會與軟體相關聯的因素，包括對團隊的衝擊、預算，以及其他多種因素。我們來探討一些常見的因素，它們會對你實踐演化式架構的能力產生影響。

不要對抗 Conway's Law

1968 年 4 月，Melvin Conway 向《*Harvard Business Review*》提交了一篇題為「How Do Committees Invent?」的論文（*https://oreil.ly/bIOG5*）。在這篇論文中，Conway 提出了這樣的一個概念：社會結構，尤其是人與人之間的溝通途徑，不可避免地會影響最終的產品設計。

正如 Conway 所描述的那樣，在設計的最初階段，要對系統進行高階的理解，以了解如何將責任領域拆分成不同的模式。一個團體分解問題的方式會影響他們日後能做出的選擇。

他編纂了後來被稱為 *Conway's Law* 的定律：

> *Organizations which design systems … are constrained to produce designs which are copies of the communication structures of these organizations.*（負責設計系統的組織 … 其產出的設計必然是那些組織內部溝通結構的複製品。）
>
> —Melvin Conway

正如 Conway 所指出的那樣，當技術專家將問題分解成更小的單位來委派時，就會帶來協調（coordination）問題。在許多組織中，正式的溝通結構或嚴謹的階層架構似乎可以解決協調問題，但往往會導致解決方案缺乏彈性。舉例來說，在分層架構中，團隊按技術功能（使用者介面、業務邏輯等）劃分，解決垂直跨分層的共通問題會增加協調負擔。曾在新創公司工作過，後來又加入大型跨國企業的人可能都經歷過前者靈活、適應力強的文化與後者僵化的溝通結構之間的反差。Conway's Law 在實際應用中的一個很好的例子可能是試圖更改兩個服務之間的契約，若是成功變更一個團隊所擁有的服務，需要另一個團隊的協調和同意，這可能會很困難。

在他的論文中，Conway 實際上是在警告軟體架構師不僅要關注軟體的架構和設計，還要注意團隊之間工作的委派、分配和協調。

在許多組織中，團隊是根據其職能技能（functional skills）劃分的。一些常見的例子包括：

前端開發人員

擁有特定 UI 技術（如 HTML、行動、桌面）專業技能的團隊

後端開發人員

在建置後端服務（有時是 API 層）方面擁有獨特技能的團隊

資料庫開發人員

在建置儲存和邏輯服務方面擁有獨特技能的團隊

考慮圖 9-1 所示的常見結構和團隊配置。

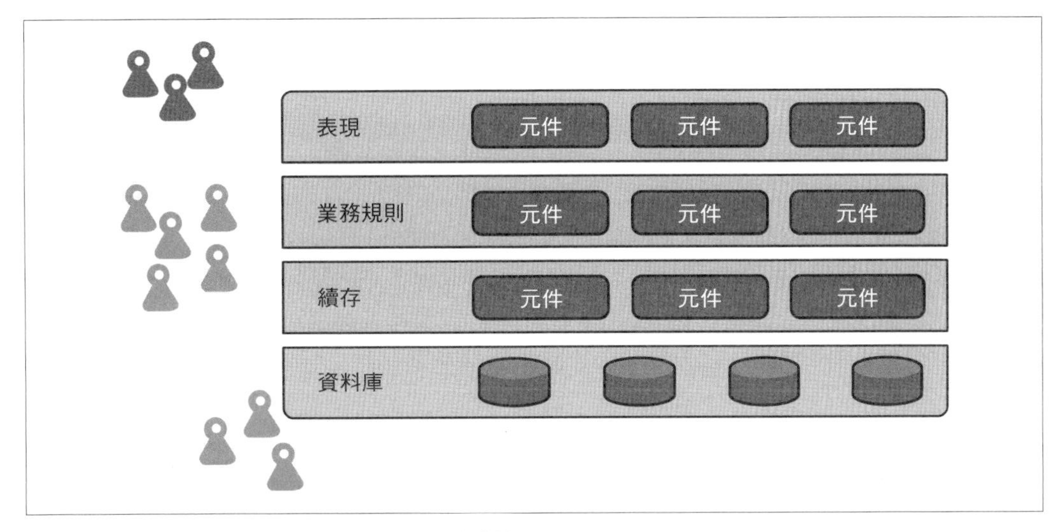

圖 9-1　分層架構便於按技術能力區分團隊成員

如果公司採用基於類似技術分層的分層架構（以第 203 頁的「不要對抗 Conway's Law」中的觀察為藍本），那麼這種團隊組織方式就會相對有效。但是，如果團隊改用分散式架構（如微服務），但保持相同的組織結構，副作用就是層與層之間的訊息量增加，如圖 9-2 所示。

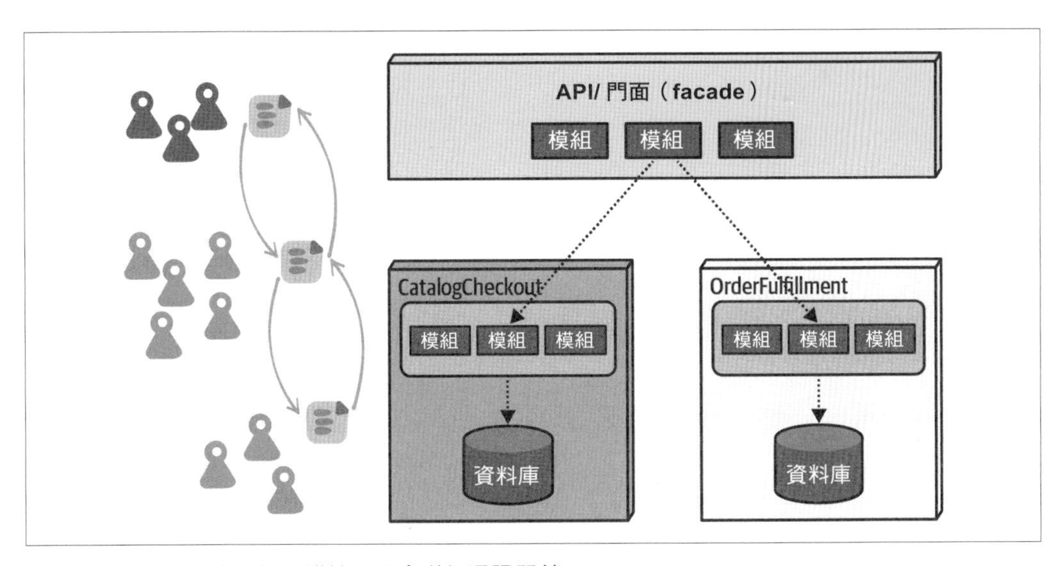

圖 9-2　建置微服務但仍需維持分層會增加通訊開銷

在圖 9-2 中，對 `CatalogCheckout` 等領域概念的更改，需要該領域所有技術部分之間的協調，這增加了負擔並減慢開發速度。

在存在職能孤島（functional silos）的組織中，管理階層劃分團隊是為了讓人力資源部門滿意，而不太考慮工程效率。雖然每個團隊可能都擅長各自的設計部分（例如，建置畫面、新增後端 API 或服務，或開發新的儲存機制），但要釋出新的業務能力或功能，所有的三個團隊都必須參與建置該功能。團隊通常會為眼前的任務最佳化效率，而非為了更抽象的商業戰略目標，特別是在面臨進度壓力時。團隊通常專注於交付可能會也可能不會與彼此協同運作良好的元件，而非提供端到端的功能價值。

正如 Conway 在他的論文中指出的那樣，**每進行一次委派（*delegation*），某人的探究範圍就會縮小，而可以有效追求的設計替代方案的類別也會縮小**。換一種說法就是，如果某人想要改變的東西之所有權在別人身上，那麼她就很難去改變它。軟體架構師應關注工作的劃分和委派方式，使架構目標與團隊結構保持一致。

許多公司在建置微服務等架構時，都會圍繞著服務邊界（service boundaries）而非孤立的技術架構分區來組建團隊。在 ThoughtWorks Technology Radar（*https://oreil.ly/MAQoN*）中，我們將此稱為「Inverse Conway Maneuver」（逆向康威策略）（*https://oreil.ly/usLhg*）。以這種方式組織團隊是最理想的，因為團隊結構會衝擊軟體開發的許多維度，並且應該反映出問題的規模和範疇。舉例來說，在建置微服務架構時，公司通常會組建與架構相似的團隊，跨越職能孤島，讓團隊成員涵蓋架構的業務和技術面向的各個角度。圖 9-3 展示了與架構相似的團隊模型。

隨著團隊意識到讓團隊與架構相互映射的好處，將團隊分割成類似架構的做法正變得越來越普遍。

讓團隊的結構看起來像你的目標架構，這樣就更容易實現那個架構。

圍繞領域而非技術能力組建的團隊在演化式架構方面具有一些優勢，並表現出一些共同的特點。

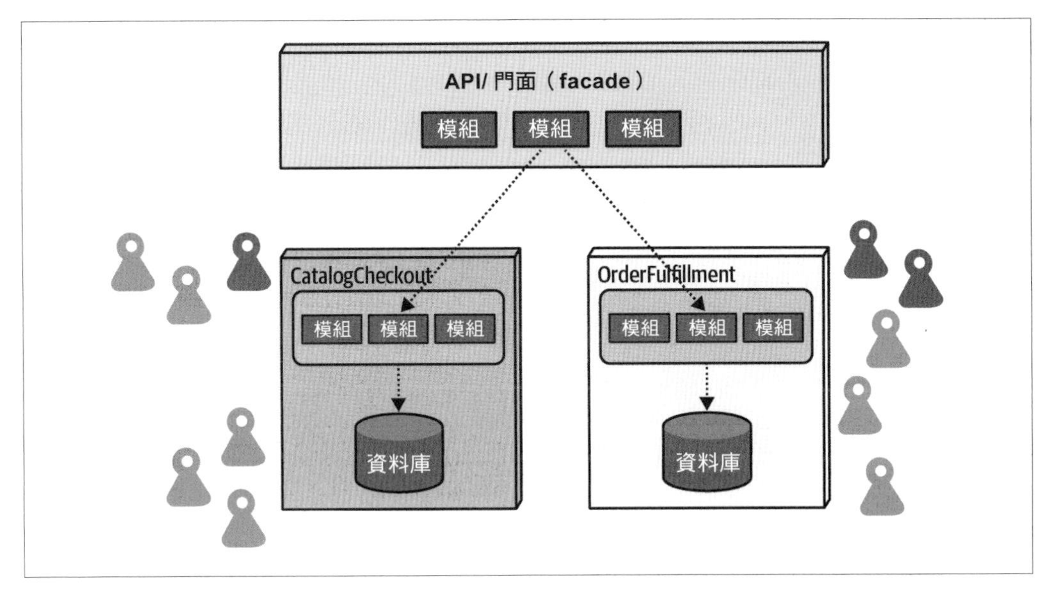

圖 9-3　使用「Inverse Conway Maneuver」簡化通訊

預設為跨職能團隊

以領域為中心的團隊往往是跨職能（*cross-functional*）的，這意味著每個產品角色在團隊中都有人負責。以領域為中心的團隊的目標是消除營運阻力。換句話說，團隊擁有設計、實作和部署服務所需的所有角色，包括營運等傳統上分開的角色。但這些角色必須改變，以適應這種新結構，其中包括以下角色：

架構師

　　設計架構，消除使漸進式變更複雜化的不當耦合。請注意，這並不需要微服務之類的奇特架構。一個精心設計的模組化單體應用程式，也能展現適應漸進式變更的能力（儘管架構師必須明確設計應用程式以支援這種程度的變化）。

商業分析師

　　在因複雜的規則、組態或產品歷史而導致領域複雜性較高的產品中，商業分析師（business analysts，BA）為團隊其他成員提供專業知識的支援。在跨職能團隊中，商業分析師現在與團隊同處一地，以便就建議的變更提供快速的回饋意見。

資料

資料庫管理員、資料分析師和資料科學家必須處理新的粒度（granularity）、交易和紀錄系統問題。

開發人員

對於複雜的技術堆疊來說，一個完全跨職能的團隊往往要求開發人員更加 T 型或「全端（full-stack）」，在他們各自為政時可能會避免的其他領域開展工作。舉例來說，後端開發人員可能會進行一些行動或 Web 開發，反之亦然。

設計師

跨職能團隊中的設計師可以與自己的團隊密切合作，開發使用者端的功能，但可能需要花更多時間與其他跨職能團隊中為同一產品做出貢獻的設計師合作，以保證整個 UI 的一致性。

營運

對於許多採用傳統 IT 結構的企業來說，將服務拆分並單獨部署（通常與現有服務一起並持續部署）是一項艱鉅的挑戰。天真的老派架構師認為，元件模組化（component modularity）和作業模組化（operational modularity）是同一回事，但現實世界往往並非如此。自動化 DevOps 任務（如機器配置和部署）是成功的關鍵。

產品經理

經常被稱為產品的「CEO」，大多數產品經理（product managers，PM）都會優先考慮某個產品領域的客戶需求和業務成果，如「Growth（成長）」或 Customer Registration（客戶註冊）領域、Payment（支付）領域，或 Customer Support（客戶支援）。在跨職能的配置中，產品經理不再需要與許多技術團隊進行協調，因為他們應該具備在其產品領域交付價值所需的全部技能。在跨職能團隊中工作讓 PM 有更多時間與其他 PM 或內部利害關係者協調，以順利交出端到端的產品。

測試

測試人員必須適應跨領域整合測試的挑戰，如建置整合環境、建立和維護契約等。

跨職能團隊的目標之一是消除協調阻力。在傳統的孤島式團隊中，開發人員通常必須等待 DBA 做出更改，或者等待營運部門的人員提供資源。讓所有角色本地化，就能消除跨孤島協調所帶來的摩擦。

如果每個專案的每個角色都能由合格的工程師擔任，那將是一件非常奢侈的事情，但大多數公司都沒那麼幸運。關鍵技能領域總是受到市場需求等外部力量的制約。因此，許多公司渴望建立跨職能團隊，但由於資源問題而無法實現。在這種情況下，可以跨專案共享有限的資源。舉例來說，與其在每項服務中配備一名營運工程師，不如讓他們在幾個不同的團隊中輪流工作。

圍繞著領域為架構和團隊進行建模，共通的變革單位現在由同一個團隊來處理，減少了人為的摩擦。以領域為中心的架構仍可使用分層架構，以獲得其他優勢，如關注點分離。舉例來說，特定微服務的實作可能依存於實作了分層架構的框架，從而使團隊可以輕易更換技術層。微服務將技術架構封裝在領域內，反轉了傳統的關係。

Amazon 的「Two Pizza（兩個披薩）」團隊

Amazon 因其產品團隊的做法而聞名，這種方法被稱為雙披薩團隊（*two-pizza teams*）。它的理念是，任何團隊的規模都不能超過兩個大披薩所能養活的人數。這種分割方式背後的動機與其說是團隊規模，不如說是溝通：團隊越大，每個團隊成員必須與之溝通的人就越多。每個團隊都是跨職能的，他們還奉行「你建立的，你來營運（you build it, you run it）」的理念，這意味著每個團隊都完全擁有自己的服務，包括服務的營運。

小型跨職能團隊還能利用人類的天性。Amazon 的「雙披薩團隊」模仿了靈長類動物的小團體行為。大多數運動隊都有 10 名左右的隊員，人類學家相信，語言出現前的狩獵隊伍也大約是這個規模。建立高度負責的團隊可以利用與生俱來的社會行為，使團隊成員更加負責。舉例來說，假設一個傳統專案結構中的開發人員兩年前寫了一些程式碼，結果在半夜壞掉了，迫使營運部門的人要在夜裡回覆傳呼機並修復它。第二天早上，粗心大意的開發人員可能還沒意識到自己在半夜不小心造成了恐慌。在一個跨職能的團隊中，如果開發人員編寫的程式碼在夜裡炸了，而他的團隊中有人必須對此做出回應，那麼第二天早上，我們倒霉的開發人員就不得不看著辦公桌對面，他無意間影響到的團隊成員那悲傷、疲憊的眼神。這應該會讓我們出錯的開發人員想要成為更好的隊友。

建立跨職能團隊可以防止各個孤島之間相互指責，培養團隊的所有權意識，鼓勵團隊成員全力以赴。

透過自動化 DevOps 尋找新資源

Neal 曾為一家提供託管服務的公司做過顧問。他們有十幾個開發團隊，每個團隊都有定義明確的模組。不過，他們還有一個營運小組，負責管理所有的維護、配置、監控和其他常見任務。其經理常常收到開發人員的抱怨，他們希望能更快地取得像是資料庫和 Web 伺服器等所需資源。為了減輕一些壓力，他開始每週一天為每個專案指派一名營運人員。在這一天裡，開發人員非常開心，不用再為了資源而四處等待！可惜的是，經理沒有足夠的資源經常那樣做。

或者至少他是這麼認為的。我們發現，營運部門執行的大部分手動工作都是偶然造成的複雜性：組態錯誤的機器、製造商和品牌的大雜燴以及許多其他可修復的違規行為。當一切都分類記錄好之後，我們幫助他們使用 Puppet（*http://puppetlabs.com*）自動化新機器的配置。這項工作完成後，營運團隊就有足夠的成員為每個專案長期配備一名營運工程師，同時仍有足夠的人員管理自動化基礎設施。

他們沒有聘用新的工程師，也沒有大幅改變他們的工作角色。取而代之，他們應用現代工程實務做法，將人類不應該經常處理的事情自動化，讓他們在開發工作中成為更好的合作伙伴。

圍繞著業務能力組建團隊

以領域為中心組織團隊隱含著圍繞業務能力組織團隊的意思。許多組織希望他們的技術架構能代表其自身的複雜抽象層，與業務行為鬆散地關聯在一起，因為架構師的傳統重點是純粹的技術架構，而那通常是按功能劃分的。分層架構的設計是為了讓技術架構層的替換變得更容易，而不是為了簡化像 `Customer` 這種領域實體的處理工作。這種強調大多是由外部因素驅動的。舉例來說，過去十年的許多架構風格都非常注重最大限度地利用共享資源，這是出於費用問題。

透過在大部分組織的各個角落採用開放原始碼，架構師已經逐漸擺脫了商業限制。共享資源架構本身就存在各部分之間無意間產生干擾的問題。現在既然開發人員可以選擇建立量身訂製的環境和功能，他們就更容易將重點從技術架構轉移到以領域為中心的架構上，以更貼近大多數軟體專案中常見的變更單位。

圍繞業務能力而非工作職能組建團隊。

平衡認知負荷與業務能力

自我們撰寫本書第一版以來，我們的產業已經發現了更好的團隊設計方法，專門為了實現價值的持續流動而最佳化。在他們的書 *Team Topologies: Organizing Business and Technology Teams for Fast Flow* 中，Manuel Pais 和 Matthew Skelton 提到了四種不同的團隊模式：

流程導向團隊（*Stream-aligned teams*）
: 通常與業務領域（通常是某一個部分）的工作流程相符

賦能團隊（*Enabling teams*）
: 協助流程導向團隊克服障礙，並發現缺失的能力，如學習新技能或新技術。

複雜子系統團隊（*Complicated subsystem teams*）
: 擁有業務領域中需要重要大量數學、計算或技術專長的一部分

平台團隊（*Platform teams*）
: 是其他團隊類型的組合，提供令人信服的內部產品，以加速流程導向團隊的交付。

在他們的模型中，使用流程導向團隊與我們建議的圍繞著「業務能力」統一團隊相吻合，但有一點需要注意：團隊設計還必須考慮**認知負荷**（*cognitive load*）。一個團隊如果認知負荷過重，無論是來自複雜的領域還是源於複雜的技術，都將難以完成任務。舉例來說，如果你曾經手過支付處理的工作，就會知道支付方案的特定規則和例外會造成較高的領域認知負荷。對於一個團隊來說，處理一個支付方案可能還可以應付，但如果該團隊需要同時維護五、六個支付方案，即使不考慮額外的技術複雜性，也很可能會超出團隊的認知負荷。

對此的應對措施可能是嘗試組建多個流程導向團隊，或在必要時組建複雜子系統團隊。舉例來說，你可以有一個單一的流程導向團隊，負責支付處理的端到端使用者歷程，然後為特定的支付方案（如 Mastercard 或 Visa）另外組建一個複雜子系統團隊。

《*Team Topologies*》一書強化了此觀點：我們應圍繞領域的業務能力安排團隊，但同時也需要考慮認知負荷。

產品重於專案

許多公司用來轉移團隊工作重點的一種機制是圍繞著*產品*（*products*）而非*專案*（*projects*）開展工作。在大多組織中，軟體專案都有一個共通的工作流程。發現一個問題，成立一個開發團隊，然後他們就這個問題展開工作，直到「完成」為止，然後將軟體移交給營運部門，由他們在軟體剩餘的生命週期內對其進行「照料」、「餵養」和「維護」。然後，專案團隊繼續處理下一個問題。

這導致了一系列常見問題。首先，由於團隊已經移往其他考量，錯誤修復和其他維護工作往往難以管理。其次，由於開發人員與其程式碼的營運面向隔離開來，他們對品質等問題的關心程度就會降低。一般來說，開發人員與他們執行中的程式碼之間的間接層越多，他們與該程式碼之間的關聯就越少。這有時會導致營運孤島之間產生「我們 vs. 他們」的心態，這並不令人意外，因為許多組織都鼓勵員工在衝突中生存。第三，「專案」的概念具有時間性的隱含意義：專案的結束會影響專案參與者的決策過程。

將軟體視為*產品*能以三種方式轉移公司的視角。首先，與專案的生命週期不同，產品的生命是永恆的。跨職能團隊（通常基於 Inverse Conway Maneuver）持續與他們的產品保持關聯。其次，每個產品都有一個所有者，負責在生態系統中倡導產品的使用，並管理需求等事宜。第三，由於團隊是跨職能的，產品所需的每個角色都有代表：PM、BA、設計師、開發人員、QA、DBA、營運人員以及任何其他必要的角色。

從*專案*思維轉向*產品*思維的真正目的在於公司的長期認同。產品團隊要對其產品的長期品質負責。因此，開發人員將品質指標視為己任，並更加關注缺陷問題。這種觀點還有助於為團隊提供長期願景。由 Mik Kersten 所著的《*Project to Product: How to Survive and Thrive in the Age of Digital Disruption with the Flow Framework*》（IT Revolution Press 出版），涵蓋組織變革以及引導組織完成這種文化和結構變革的框架。

避免團隊規模過大

許多公司都發現，大型開發團隊的工作效率並不高，著名的團隊動力學專家 J. Richard Hackman 對此做出了解釋。原因不在於人數，而在於他們必須維護的連接數量（number of connections）。他使用方程式 9-1 所示的公式來確定人與人之間存在多少連結，其中 n 為人數。

方程式 9-1　人與人之間的連接數

$$\frac{n(n-1)}{2}$$

在方程式 9-1 中，隨著人數增加，連接數會快速增長，如圖 9-4 所示。

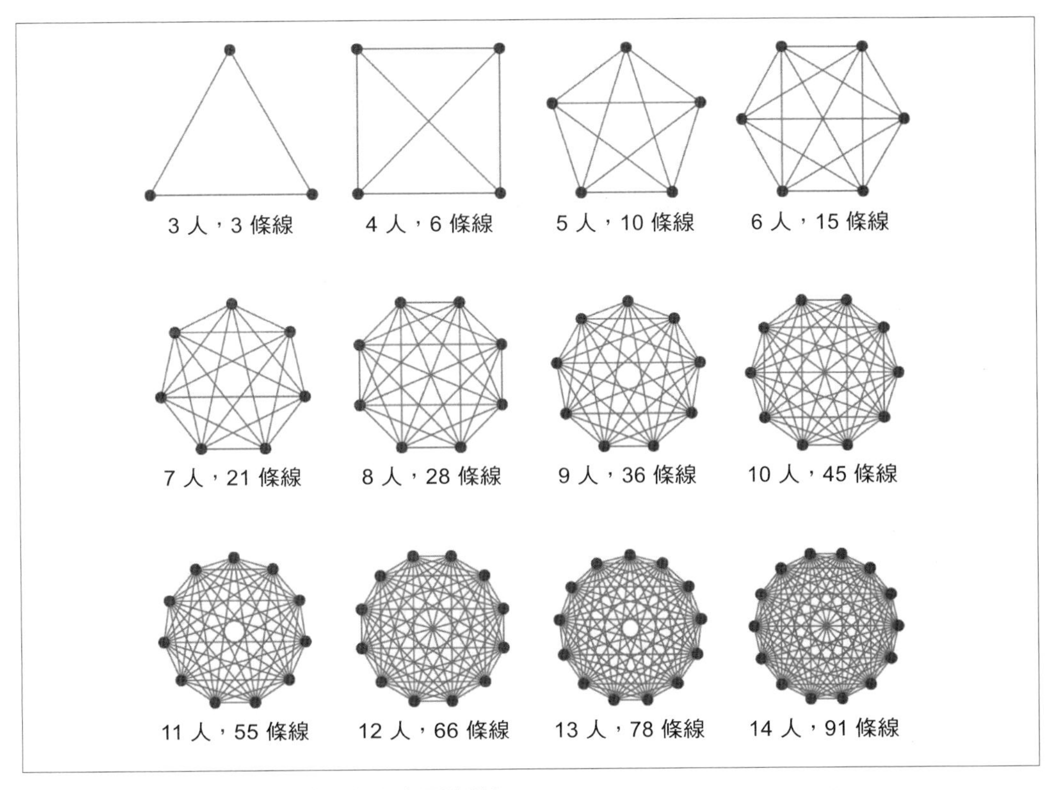

圖 9-4　隨著人數的增加，連接數也會迅速增加

在圖 9-4 中，當一個團隊的人數達到 14 人時，他們必須管理 91 個連結；當團隊人數達到 50 人時，連結數就達到了令人生畏的 1,225 條。因此，建立小型團隊的動機是希望減少溝通連結。而且，這些小型團隊應該是跨職能的，以消除因跨孤島協調而造成的人為摩擦，因為那往往會意外地增加專案協作者的數量。

每個團隊都不應該需要知道其他團隊在做什麼，除非團隊之間存在整合點。即便如此，也應使用適應性函數來確保整合點的完整性。

努力減少開發團隊之間的連結數量。

團隊耦合特性

企業組織和治理自身結構的方式對軟體建置和架構的方式有很大影響。在本節中，我們探討不同的組織和團隊面向，這些面向會使演化式架構的建立變得更容易或更困難。大多數架構師都沒有考慮過團隊結構如何影響架構的耦合特性，但它的衝擊卻是龐大的。

Culture

> **Culture**, *(n.): The ideas, customs, and social behavior of a particular people or society.*
> （**文化**（名詞）：特定群體或社會的觀念、習俗和社交行為。）
>
> —Oxford English Dictionary

架構師應該關心工程師是如何建置系統的，並注意他們的組織所獎勵的行為。架構師在選擇工具和建立設計時所使用的活動和決策過程，會對軟體的持續演化產生重大影響。表現良好的架構師發揮領導作用，建立技術文化，並為開發人員建置系統的方式設計不同做法。他們向工程師傳授並鼓勵建置演化式架構所需的技能。

架構師可以透過提出以下問題來了解團隊的工程文化：

- 團隊中的每個人是否都知道什麼是適應性函數，以及是否考慮過新工具或產品的選擇對演化出新適應性函數之能力的影響？
- 團隊是否有在衡量他們的系統在多大程度上滿足了他們所定義的適應性函數？
- 工程師了解凝聚力（cohesion）和耦合（coupling）嗎？那麼共生性（connascence）呢？
- 是否討論過哪些領域和技術概念應該結合在一起？
- 團隊在選擇解決方案時，是否並非基於他們想要學習什麼技術，而是基於其做出變更的能力？
- 團隊如何應對業務變化？他們是否在整合小型業務變更時遇到困難，或是花費過多時間？

調整團隊的行為往往涉及團隊周圍程序的調整，因為人們只會對要求他們做的事情做出反應。

Tell me how you measure me, and I will tell you how I will behave.
（告訴我你是如何評價我的，我就會告訴你我將如何表現。）

—Eliyahu M. Goldratt 博士（*The Haystack Syndrome*）

如果一個團隊不慣於改變，架構師可以引入一些實務做法，開始將改變作為優先事項。舉例來說，當團隊在考慮使用新的程式庫或框架時，架構師可以要求團隊透過一個簡短的實驗，明確評估新程式庫或框架會增加多少額外的耦合。工程師是否能夠在給定的程式庫或框架之外輕鬆編寫和測試程式碼，或者新的程式庫和框架是否需要額外的執行時期設定，從而可能減慢開發週期呢？

除了新程式庫或框架的選擇外，程式碼審查（code reviews）自然也是考慮新修改的程式碼對未來變化的支援程度的一個地方。如果系統中的另一個地方突然要使用另一個外部整合點，而該整合點又將發生變化，那麼有多少地方需要更新？當然，開發人員必須謹防過度工程化，為了變更過早增加額外的複雜性或抽象層。《*Refactoring*》一書（*https://refactoring.com*）包含相關建議：

> 第一次做某件事情時，你只是照做。第二次做類似的事情時，你會對重複感到不安，但還是做了重複的事情。第三次做類似的事情時，你就會重構。

許多團隊最常因為交付新功能而得到激勵和獎賞，只有當團隊將程式碼品質和可演化性當作優先事項時，才會去考慮它們。關注演化式架構的架構師需要注意團隊的行動，優先考慮有助於演化的設計決策，或找到鼓勵演化的方式。

實驗文化

成功的演化需要實驗，但一些公司因為忙於按計畫交付而未能進行實驗。成功的實驗就是定期開展小型活動，嘗試新的想法（從技術和產品角度），並將成功的實驗整合到現有系統中。

The real measure of success is the number of experiments that can be crowded into 24 hours.（衡量成功與否的真正標準是，*24* 小時內能擠入多少次實驗。）

—Thomas Alva Edison

各組織可以透過各種方式鼓勵實驗：

從外部引進創意

許多公司派員工參加各種會議，鼓勵他們尋找新的技術、工具和方法，以便更好地解決問題。還有一些公司引入外部建議或顧問作為創新想法的來源。

鼓勵明確的改進

豐田最著名的是其「kaizen（改善）」文化，或持續改進（continuous improvement）。每個人都要不斷尋求改進，尤其是那些最接近問題並有權解決問題的人。

實作尖峰解決方案和穩定解決方案

尖峰解決方案（spike solution）是極限程式設計（extreme programming）的一種實務做法，團隊透過產生一個用完即丟的解決方案（throwaway solution）來快速了解棘手的技術問題、探索不熟悉的領域或增強對評估的信心。使用尖峰解決方案可以提高學習速度，但卻要以軟體品質為代價；沒有人會願意將尖峰解決方案直接投入生產，因為它缺乏必要的思考和時間來使其得以運行。它是為學習而設計的，而不是精心設計的解決方案。

營造創新時間

Google 以「20% 時間」而聞名，員工可以用他們 20% 的時間從事任何專案。其他公司也組織 Hackathons（*https://oreil.ly/4EXZx*），讓團隊尋找新產品或改進現有產品。Atlassian 定期舉行 24 小時的會議，稱為 ShipIt 日（*https://oreil.ly/GdsjU*）。

遵循基於集合的開發

基於集合的開發（set-based development）側重於探索多種做法。乍看之下，多個方案似乎會因為額外的工作而有高昂的成本，但在同時探索多個方案的過程中，團隊最終會更加理解手頭的問題，並發現工具或做法的真正限制因素。有效的基於集合的開發之關鍵在於，短期內（即少於數天）對幾種做法進行原型設計，以積累更多的具體資料和經驗。在考慮了多個相互競爭的解決方案後，往往會出現一個更穩健的解決方案。

連接工程師與終端使用者

只有當團隊了解其工作的影響時，實驗才能取得成功。在許多具有實驗思維的公司中，團隊和產品人員都能親眼看到決策對客戶的影響，並被鼓勵透過實驗來探索這種影響。A/B 測試（*https://oreil.ly/BrOHR*）就是具備這種實驗思維的公司所採用的一種實務做法。公司採用的另一種實務做法是，派遣團隊和工程師去觀察使用者是如何與他們的軟體互動以完成某項任務的。這種從易用性（usability）社群中汲取的做法能與終端使用者建立共鳴，工程師們在回來後往往能更好地了解使用者需求，並提出更加滿足這些需求的新點子。

CFO 和 預算編列

企業架構的許多傳統功能，如預算編列（budgeting），都必須反映出演化式架構中不斷變化的優先順序。過去，預算編列所依據的是預測軟體開發生態系統長期趨勢的能力。然而，正如我們在本書各處所表明的，動態平衡的本質摧毀了可預測性。

事實上，架構量子（architectural quanta）與架構成本之間存在著一種有趣的關係。如圖 9-5 所示，隨著量子數量的增加，每個量子的成本也在下降，直到架構師找到一個最佳點。

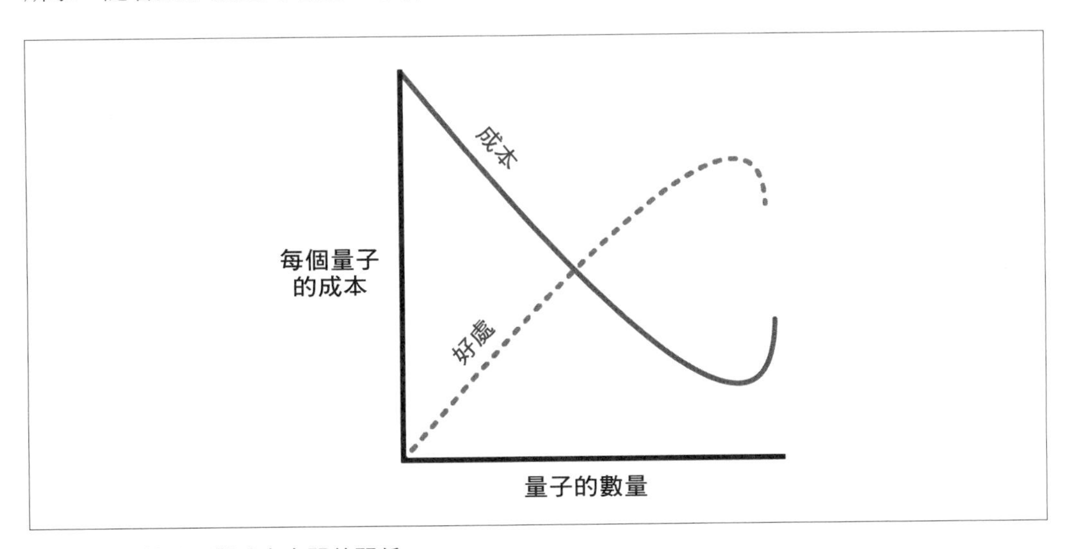

圖 9-5 架構量子與成本之間的關係

在圖 9-5 中，隨著架構量子數量的增加，每個量子的成本都會降低，這是由幾個因素造成的。首先，由於架構由較小型的部分組成，關注點的分離應更加離散和明確。其次，實體量子的增加要求營運面的自動化，因為超過一定程度後，人工處理雜務就不再實際了。

不過，量子也有可能變得非常小，以致於單純的數量就使得成本拉高。舉例來說，在微服務架構中，按照表單上單個欄位的粒度（granularity）來建置服務是可能的。在這個層面上，每個小部分之間的協調成本開始支配架構中的其他因素。因此，在圖表的極端情況下，量子的數量本身就會導致每個量子的好處下降。

在演化式架構中，架構師努力在適當的量子大小和相應的成本之間尋找最佳點。每家公司的情況都不盡相同。舉例來說，處於激進市場的公司可能需要更快的演化，因此希望採用較小型的量子規模。請記住，新一代產品出現的速度與週期時間成正比，而較小型的量子往往具有較短的週期時間。另一家公司可能會認為，為了簡單起見，建立一個單體架構是非常實際的。

當我們面對一個無法規劃的生態系統時，許多因素決定了架構與成本之間的最佳搭配。這反映了我們的觀察，即架構師的角色已經擴展：架構選擇的影響比以往任何時候都要大。

現代架構師必須了解可演化系統的好處以及與之相伴的固有不確定性，而不是死守幾十年前的企業架構「最佳實務做法」準則。

商業案例

我們在本書中介紹很多技術細節，但除非你能展示這種做法的商業價值，否則在非技術人員看來，這就是一種元工作（metawork）。因此，架構師應該能夠證明，演化式架構可以提高對變革和自動化管理的信心。然而，更直接的好處還在於這種架構做法所帶來的各種能力。

架構師可以用業務利害關係者（business stakeholders）能夠理解和欣賞的術語（而不是架構管線的細微差別），向他們推銷演化式架構的理念：向他們介紹 A/B 測試和向客戶學習的能力。這些進階互動技巧的基礎是演化式架構的支援機制和結構，包括進行假說和資料驅動開發的能力。

假說和資料驅動的開發

第 85 頁的「案例研究：在每天部署 60 次的情況下進行架構重組」中的 GitHub 範例，對於 `Scientist` 框架的使用就是**資料驅動開發**（*data-driven development*）的一個例子：允許資料驅動變更，並將精力集中在技術變更上。**假說驅動開發**（*hypothesis-driven development*）是一種類似的做法，它整合了業務考量而非技術考量。

在 2013 年聖誕節和 2014 年元旦之間的一週裡，Facebook 遇到了一個問題（*https://oreil.ly/xd432*）：在那一週裡，上傳到 Facebook 的照片比 Flickr 上的所有照片都要多，其中有 100 多萬張照片被標記為冒犯性（offensive）內容。Facebook 允許使用者標記他們認為可能具有冒犯性的照片，然後對這些照片進行審查，以客觀地確定它們是否具有冒犯性。但照片的急劇增加帶來了一個問題：沒有足夠的員工來審查那些照片。

幸運的是，Facebook 擁有現代化的 DevOps 和對使用者進行實驗的能力。當被問及一名典型的 Facebook 使用者參與實驗的機率時，一位 Facebook 工程師聲稱：「哦，有 100%，我們經常同時執行 20 多個實驗」。工程師們利用這種實驗能力向使用者追問照片被認為具有冒犯性的**原因**，並發現了人類行為中許多有趣的怪癖。舉例來說，人們不喜歡承認自己在照片中很難看，但卻願意承認攝影師拍得不好。透過試驗不同的措辭和問題，工程師們可以詢問實際使用者，以確定他們為何將照片標記為冒犯性照片。透過建置一個允許實驗的平台，Facebook 在相對較短的時間內消除了足夠多的誤報，使冒犯性照片問題恢復到可控狀態。

在《**精實企業**》（O'Reilly 出版）一書中，作者描述**假說驅動開發**的現代過程。在這一過程中，團隊不會蒐集正式需求，也不會花費時間和資源為應用程式建置功能，而是利用科學方法。一旦團隊建立了應用程式的最小可行產品版本（無論是作為新產品還是透過對現有應用程式進行維護工作），他們就可以在新功能構思過程中建立假說，而不是需求。假說驅動開發的假說之表達，得包括要測試的假設、哪些實驗可以確定結果，以及驗證假說對未來應用程式開發的意義。

舉例來說，與其因為業務分析師認為這是一個好主意，而改變目錄頁面上銷售品項的圖片大小，不如將其作為一個假說：如果我們將銷售圖片變大，我們假設這將使那些商品的銷售額增加 5%。提出假說後，透過 A/B 測試進行實驗：一組使用更大的銷售圖片，另一組不使用，並統計結果。

即使是有業務使用者參與的敏捷專案也會逐漸陷入困境。商業分析師的一個單獨決策可能是有意義的，但如果與其他特色相結合，最終可能會降低整體使用體驗。在一個出色的案例研究中（*https://oreil.ly/28dst*），mobile.de 的團隊依循一條邏輯的路徑胡亂地累積新功能，以致於銷售額不斷下降，至少有部分原因是他們的 UI 變得非常迂迴，這通常是在成熟的軟體產品上繼續開發的結果。不同的理念包括增加更多的項目清單、更好的優先順序和更有效的分組。

為了幫助他們下決定，他們製作了三個版本的 UI，並讓使用者做出選擇。

驅動敏捷軟體方法的引擎是巢狀的反饋迴路（nested feedback loop）：測試、持續整合、迭代等等。然而，將應用程式的最終使用者納入反饋迴路的部分卻難倒了團隊。使用假說驅動開發，我們能以前所未有的方式將使用者納入其中，從使用者的行為中學習並建置出使用者真正認為有價值的東西。

假說驅動的開發需要協調多個互動部分：演化式架構、現代 DevOps、修改後的需求蒐集，以及同時執行多個版本應用程式的能力。以服務為基礎的架構（如微服務）通常透過服務的智慧路由（intelligent routing of services）來實現平行版本。舉例來說，一個使用者可能會使用特定的服務群來執行應用程式，而另一個請求可能會使用相同服務的一組完全不同的實體。如果大多數服務都包含許多執行中的實體（例如，出於規模可擴充性的考量），那麼要藉由增強的功能讓其中一些實體略有不同，並將一些使用者繞送到那些功能，就變得非常容易。

實驗應持續足夠長的時間，以產生顯著的結果。一般來說，最好是找到一種可衡量的方法來確定更好的結果，而不是用彈出式問卷調查之類的東西來打擾使用者。舉例來說，某個假設的工作流程是否能讓使用者以更少的按鍵和點選次數完成任務？透過默默地將使用者納入開發和設計的反饋迴路中，你就能建置出功能性更強的軟體。

作為實驗媒介的適應性函數

架構師經常使用適應性函數來回答假設問題。架構師有許多決策從未在這裡或任何地方以特定的表現形式存在過，導致只能對架構考量的做出合理猜測。然而，一旦團隊實作了解決方案，架構師就可以使用適應性函數來驗證假說。下面是幾個從實際專案中得出的例子。

案例研究：UDP 通訊

PenultimateWidgets 的生態系統中有大量的 ETL（「Extract, Transform, and Load」，提取、轉換和載入）任務和批次處理程序。團隊建立了一個自訂的監控工具，以確保 `Send Reports`、`Consolidate Information` 等任務有確實執行，如圖 9-6 所示。

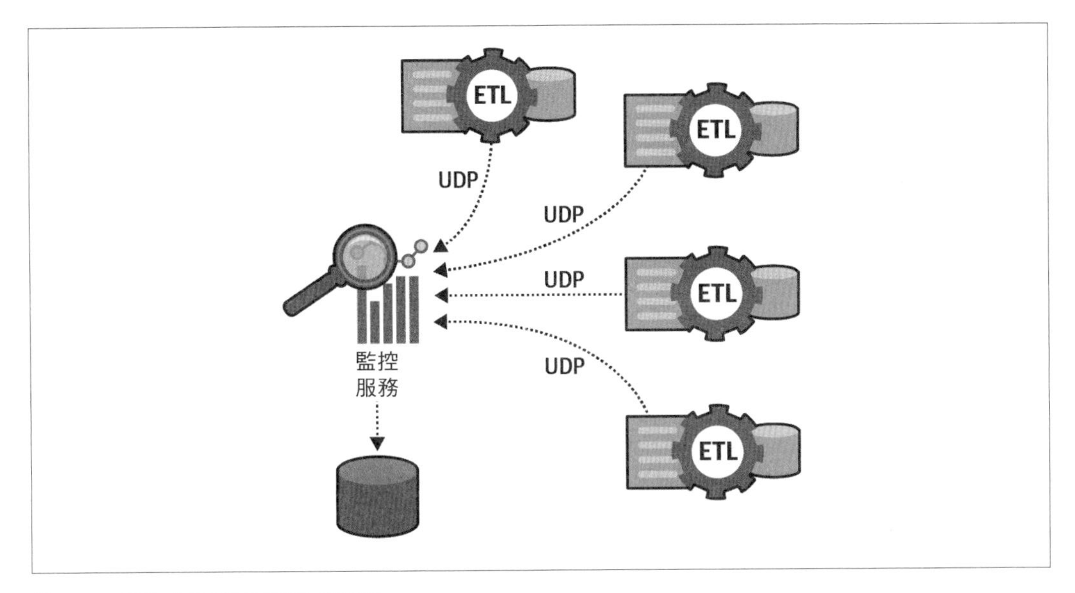

圖 9-6　ETL 通訊的自訂監控工具

架構師設計圖 9-6 中的系統在 ETL 任務和監控服務之間使用 UDP 協定。有時，完成訊息會丟失，導致團隊發出任務未完成的警報，然後指派專人管理那種誤報。架構師決定建立一個適應性函數來回答這個問題：自訂監控工具未涵蓋的訊息比例是多少？如果數字大於 10%，則決定用更標準的實作來取代該監控工具。

為了驗證這一假說，即自訂工具並不像建立者所假設的那樣可靠，團隊設立了一個適應性函數以進行下列工作：

- 在受控環境（如 PreProd 或 UAT）中，透過監控計算出所有應用程式的訊息數量估計值和訊息頻率
- 建立一個 `Mock Service` 來模擬那個數量的請求
- 使用 `Mock Service` 從 `Monitor Service` 資料庫中讀取已處理的訊息，以獲得訊息丟失的百分比和應用程式在不崩潰的情況下可處理的最大訊息數，並將該資訊儲存在一個 JSON 檔案中
- 使用 Pandas 等分析工具（*https://pandas.pydata.org*）處理那個 JSON 檔案，以生成結果

這個適應性函數的解決方案如圖 9-7 所示。

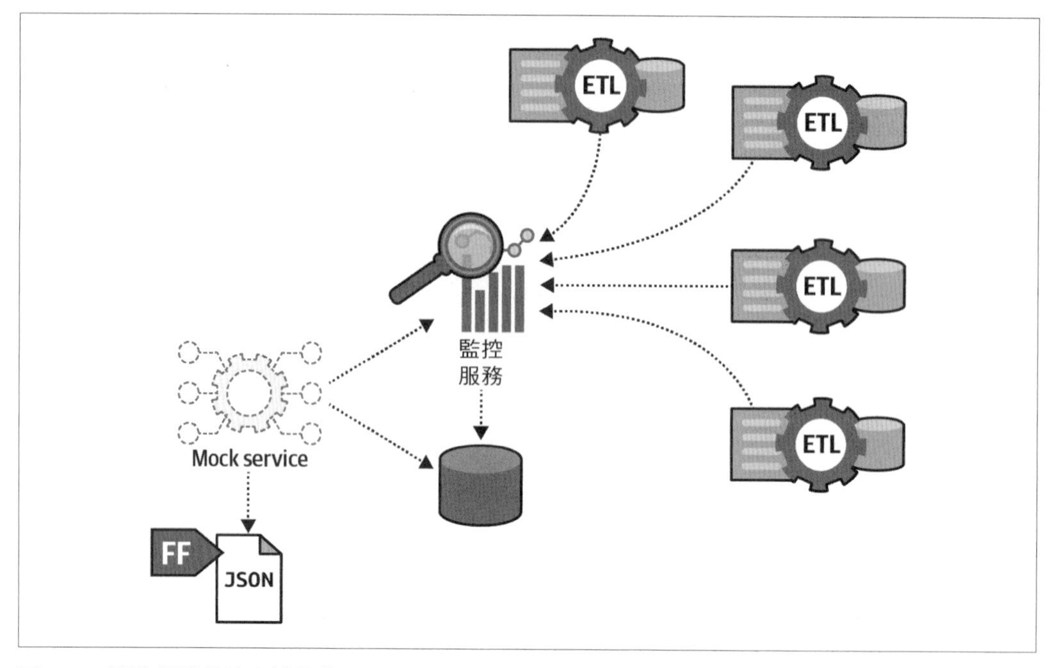

圖 9-7　檢驗假說的適應性函數

經過處理後，團隊得出結論，在大規模情況下，有 40% 的訊息丟失，這使自訂解決方案的可靠性受到質疑，並導致團隊決定改變實作方案。

案例研究：安全依存關係

PenultimateWidgets 的一些程式庫依存關係中存在可怕的安全漏洞，導致團隊在應用程式變更時，不得不實行冗長的人工過程來驗證軟體供應鏈。然而，這種審查過程損害了團隊的反應能力，使其無法按照市場需求快速行動。

為了縮短安全檢查的反饋時間，該團隊在持續整合管線中建立了一個階段來掃描程式庫依存關係清單，根據實時更新的阻擋清單驗證每個版本，若有任何專案使用受影響的程式庫，就會發出警報，如圖 9-8 所示。

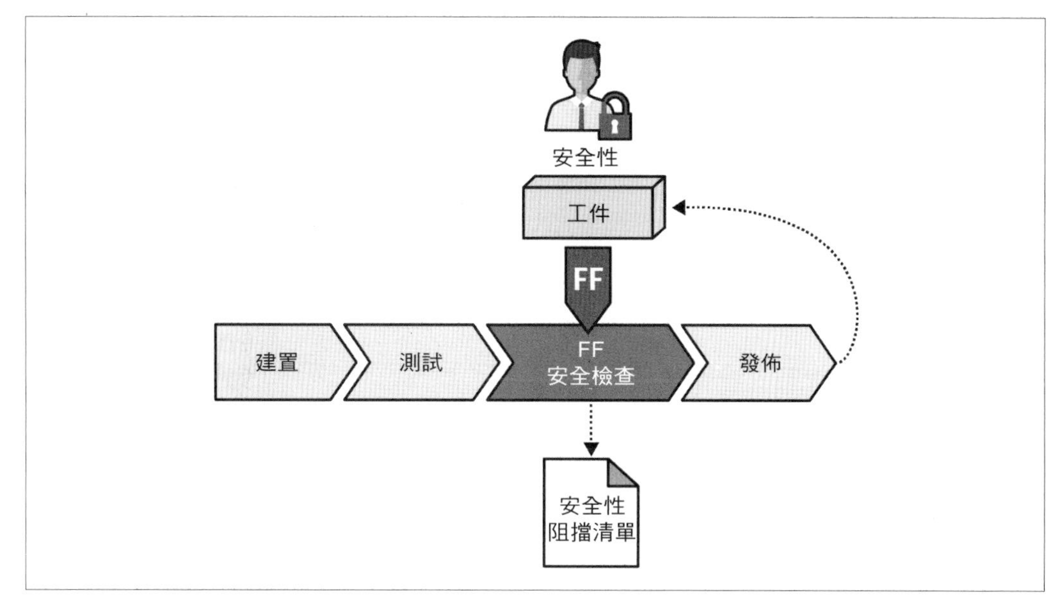

圖 9-8　持續整合過程中的安全掃描

圖 9-8 所示的適應性函數說明了團隊如何全面治理他們生態系統的重要面向。安全性是組織中一項關鍵的快速反饋需求，而自動化安全檢查可提供盡可能快的回饋意見。自動化不會取代反饋迴路中的人員，而是允許團隊自動化迴歸測試和其他可自動化的任務，從而將人員解放出來，去創造只有人類才能想像的更具創意的做法。

案例研究：共時性適應性函數

PenultimateWidgets 採用的是 Strangler Fig（絞殺者無花果樹）模式（*https://oreil.ly/BhDNV*）：一次只替換一個獨立的行為，慢慢替換功能。因此，團隊建立了一個新的微服務來處理領域的特定部分。新服務在生產環境中執行，使用雙寫策略（double-writing strategy），但在舊有資料庫中保留了真理來源（source of truth）。由於團隊以前沒有編寫過這種類型的服務，架構師根據初步資料估計，縮放係數（scaling factor）應為每秒 120 次請求，然而，儘管測量結果表明他們可以處理高達每秒 300 次的請求，但服務還是經常崩潰。是團隊需要增加自動縮放係數，還是其他原因造成了問題？問題如圖 9-9 所示。

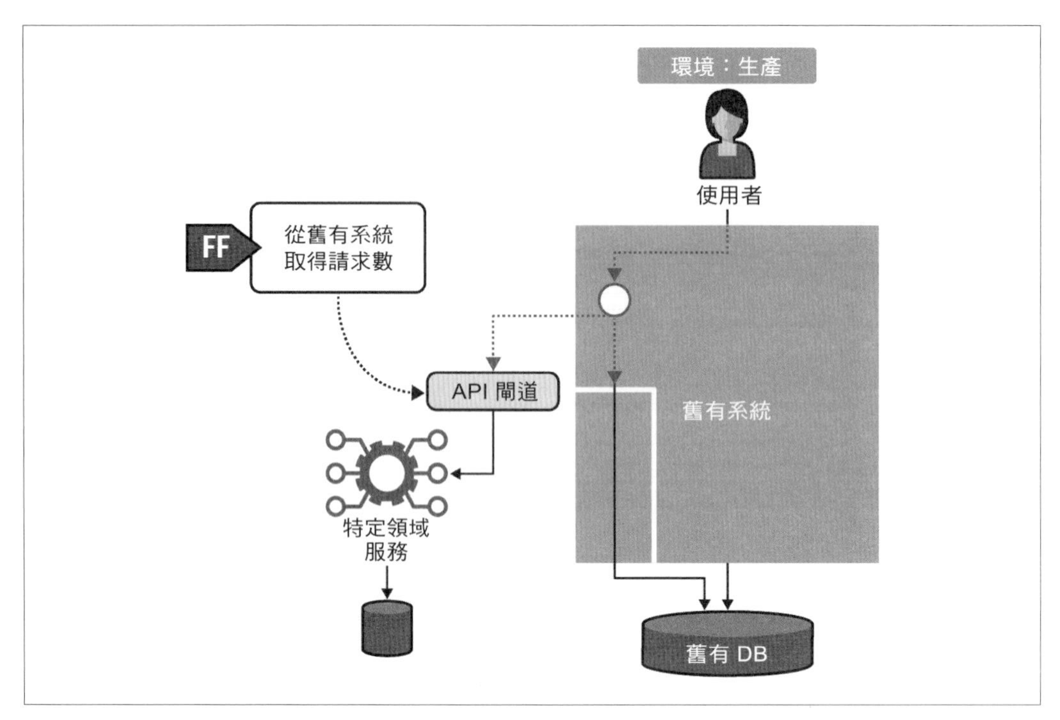

圖 9-9　驗證共時性等級

如圖 9-9 所示，團隊建立了一個適應性函數來衡量生產系統的實際效能。這個適應性函數會：

1. 計算生產環境中的送入呼叫數，以驗證服務需要支援的最大請求數量，與進行水平規模縮放，以保證可用性的自動縮放係數為何。
2. 建立一個 New Relic Query，獲取生產環境中每秒的呼叫次數
3. 使用新的每秒請求數進行新的負載和共時性測試
4. 監控記憶體和 CPU，並定義壓力點
5. 將適應性函數放入管線中，以保證長期的可用性和效能

執行適應性函數後，團隊意識到每秒的平均呼叫次數為 1,200 次，大大超出了他們的估計。因此，團隊更新了縮放係數，以反映實際情況。

案例研究：忠實度適應性函數

上一個例子中的同一個團隊在使用 Strangler Fig 模式時遇到了一個常見的問題：如何確保新系統複製了舊系統的行為？他們建立了我們所說的**忠實度適應性函數**（*fidelity fitness function*），該函數讓團隊能夠選擇性地逐一替換功能區塊。這些適應性函數大多受範例 4-11 中的例子所啟發，讓我們可以並列執行兩個版本的程式碼（設有門檻值），以確保新程式碼有複製舊程式碼的行為。

該團隊實作的忠實度適應性函數如圖 9-10 所示。

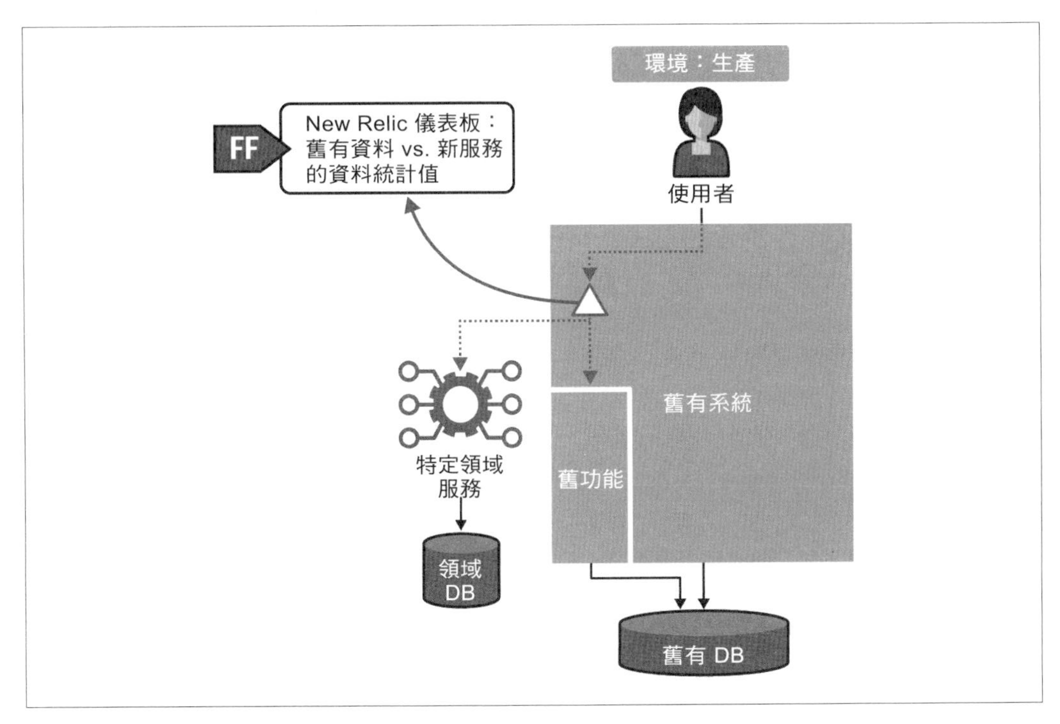

圖 9-10　確保等效回應的忠實度適應性函數

團隊實作了適應性函數，以確保一致性。不過，他們也意識到了一個附帶的好處：他們還發現了一些資料來自於他們沒有文件記載的來源，這讓他們對（說明文件不全的）舊有系統中的資料依存關係有了更全面的了解。

建置企業適應性函數

在演化式架構中，企業架構師（enterprise architect）的角色圍繞著**指導**（*guidance*）和**企業範圍的適應性函數**（*enterprise-wide fitness functions*）。微服務架構反映了這種不斷變化的模型。由於每個服務在運作上都與其他服務脫鉤，因此不需要考慮資源共享的問題。取而代之，架構師針對架構中有明確目的的耦合點（如服務樣板）和平台選擇提供指導。企業架構通常擁有這種共用的基礎設施函數，並將平台選擇限制在整個企業有一致支援的範圍內。

案例研究：零日安全弱點

當公司使用的某個開發框架或程式庫中發現零日攻擊漏洞（zero-day exploit）時，公司該怎麼辦？有許多掃描工具可以在網路封包層級搜尋已知弱點，但它們往往沒有適當的掛接器（hooks）來及時測試正確的東西。幾年前，這種情況的一個可怕例子影響了一家大型金融機構。2017 年 9 月 7 日，美國一家大型信用評分機構 Equifax 宣佈發生資料洩漏事件。最終，問題被追溯到 Java 生態系統中流行的 Struts Web 框架的駭客攻擊漏洞（Apache Struts vCVE-2017-5638）。基金會於 2017 年 3 月 7 日公告了這一弱點，同時釋出了修補程式。美國國土安全部（Department of Homeland Security）在第二天聯繫了 Equifax 和類似公司，警告他們注意這個問題，他們在 2017 年 3 月 15 日進行了掃描，發現了**大部分**受影響的系統 … 是大部分，而非**全部**。因此，直到 2017 年 7 月 29 日，Equifax 的安全專家發現了導致資料洩漏的駭客行為之後，許多舊系統才套用了關鍵的修補程式。

在自動化治理的世界裡，每個專案都會執行一個部署管線（deployment pipeline），而安全團隊在每個團隊的部署管線中都有一個「插槽（slot）」，他們可以在其中部署適應性函數。在大多數情況下，這些都是普通的保護措施檢查，如防止開發人員在資料庫中儲存密碼以及類似的常規治理雜務。但是，當出現零日攻擊漏洞時，如果在所有地方都採用相同的機制，安全團隊就能在每個專案中插入一個測試，檢查特定的框架和版號；如果發現危險版本，就會導致建置失敗並通知安全團隊。團隊越來越關心軟體供應鏈的問題，（尤其是）開源工具的程式庫和框架的出處為何？不幸的是，描述開發人員工具成為攻擊途徑的故事不勝枚舉。因此，團隊需要關注依存關係的詮釋資料（metadata）。幸運的是，已經出現了許多工具來解決軟體供應鏈治理的追蹤和自動化問題，如 snyk（*https://snyk.io*）和 GitHub（*https://github.com*）所用的 Dependabot（*https://github.com/dependabot*）。

團隊配置部署管線，以便在生態系統（程式碼、資料庫結構描述、部署組態和適應性函數）發生任何變化時提醒他們。依存關係的變化讓安全團隊得以監控可能存在的弱點，在適當的時間提供指向正確資訊的掛接器。

如果每個專案都使用部署管線在建置過程中套用適應性函數，企業架構師就可以插入一些他們自己的適應性函數。如此一來，每個專案就可以持續驗證橫切關注點，如規模可擴充性、安全性和其他企業範圍的問題，以儘早發現缺點。正如微服務中的專案共享服務樣板（service templates）以統一部分的技術架構，企業架構師可以使用部署管線來推動跨專案的一致測試。

這樣的機制使企業能夠全面自動化重要的治理任務，並創造機會以軟體開發的關鍵和重要面向為中心進行治理。現代軟體中的互動部分數量龐大，需要自動化來建立保證。

在現有整合架構中開闢有界情境

在第 123 頁的「重用模式」中，我們討論過架構師如何在不造成脆弱性的前提之下達成重用性。這種問題的具體例子經常出現在協調企業層級重用、和透過有界情境和架構量子進行隔離之時，通常在 data 層中有所體現，如圖 9-11 所示。

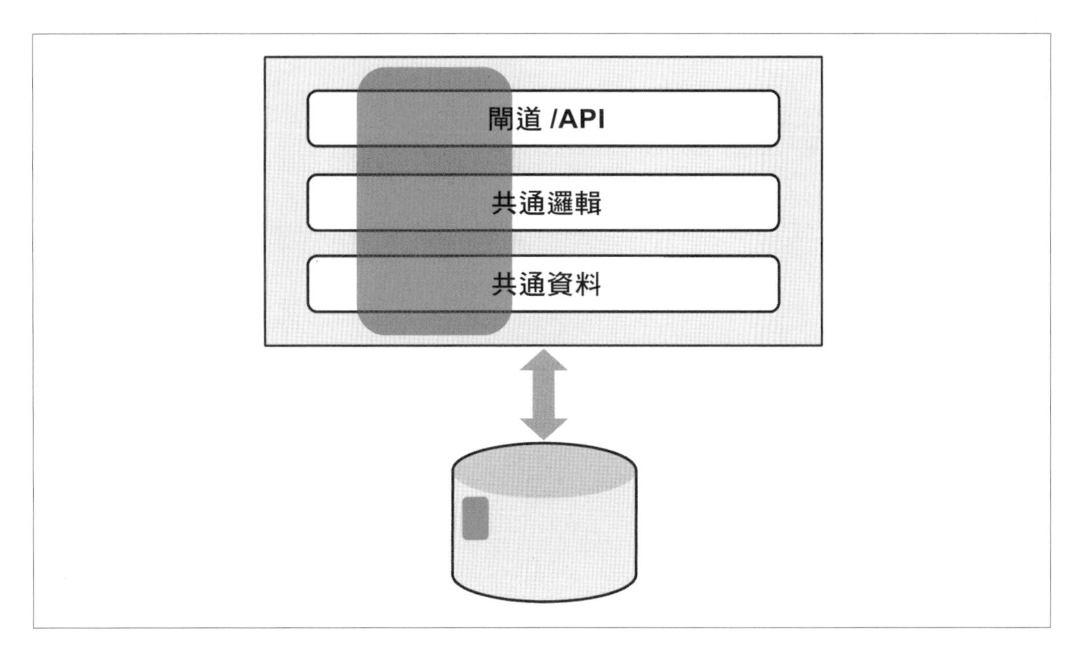

圖 9-11 在現有架構層中識別出來的有界情境

一種常見的架構模式是**分層架構**（*layered architecture*），在這種架構中，架構師根據技術能力，如 `presentation`、`persistence` 等，來劃分元件。分層架構的目標是關注點分離（separation of concerns），從而（希望）提高重用程度。**技術分割**（*technical partitioning*）所描述的是基於技術能力來建置架構；多年來，這是最常見的架構風格。

然而，在 DDD 出現後，架構師開始受其啟發設計架構，特別是有界情境。事實上，架構師在建置解決方案時最常用的兩種新拓撲結構是**模組化單體**（*modular monoliths*）和**微服務**（*microservices*），它們都在很大程度上都基於 DDD。

然而，這兩種模式從根本上說是不相容的，分層架構促進了關注點的分離，有利於在不同的情境中重複使用，這也是分層做法所宣稱的好處之一。然而，正如我們已經說明的那樣，這種跨領域的重複使用受到區域性的連接特性（connecting property of locality）和有界情境（bounded context）背後原則的反對。

那麼，組織如何調和這一矛盾呢？透過支援關注點分離，同時又不允許跨領域重用產生破壞性的副作用。事實上，這又是架構原則需要治理的另一個例子，從而引入適應性函數以增強結構。

請看圖 9-12 所示的架構。

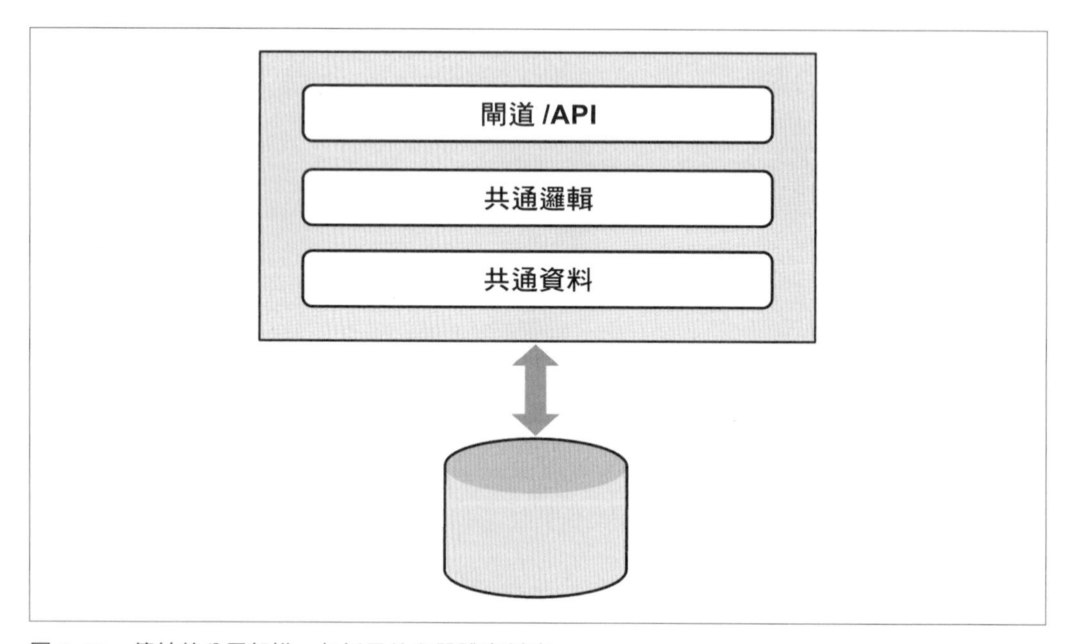

圖 9-12　傳統的分層架構，包括元件和單體資料庫

在圖 9-12 中，架構師根據技術能力對架構進行了劃分，實際的分層並不重要。然而，在 DDD 練習中，團隊會確定整合架構中應作為有界情境隔離的應用程式部分，如圖 9-13 所示。

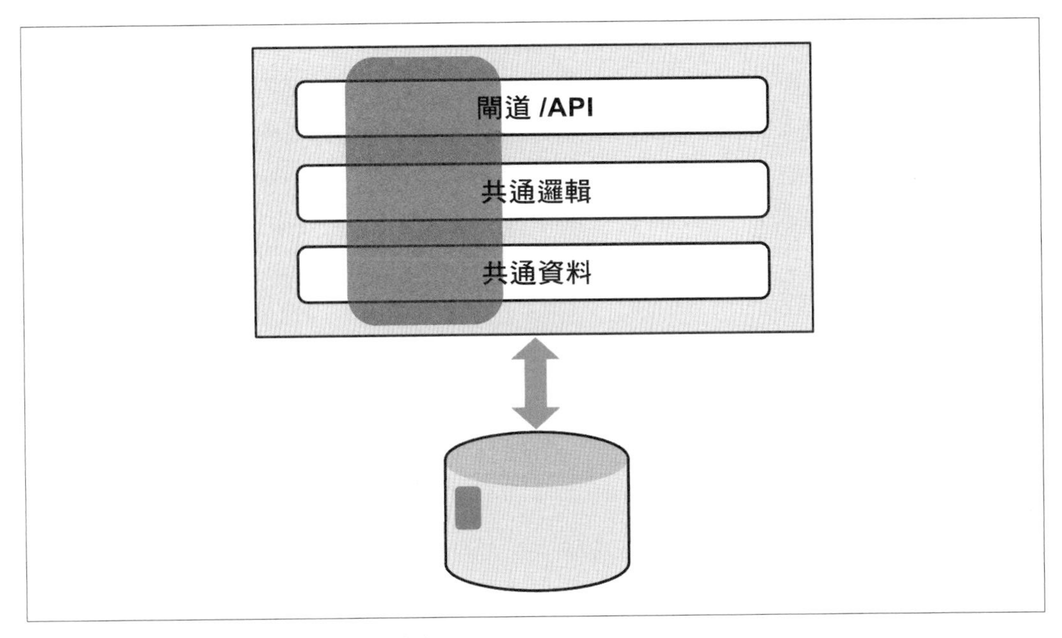

圖 9-13　另一個架構中內嵌的有界情境

在圖 9-13 中，團隊確定了技術層中的有界情境（陰影區域）。雖然根據技術特徵進一步分離領域的各個部分不會造成任何損害，但團隊還需要防止應用程式和它們實作細節耦合。

因此，如圖 9-14 所示，團隊建立了適應性函數來防止跨有界情境的通訊。

團隊會在每個適當的地方建立適應性函數，以防止意外耦合。當然，回到本書的一個共通主題，我們無法確切地說明那些適應性函數會是什麼樣子，那將取決於團隊想要保護的資產。不過，總體目標應該是明確的：防止因為違反共生性（connascence）的區域性（locality）原則，而違反有界情境。

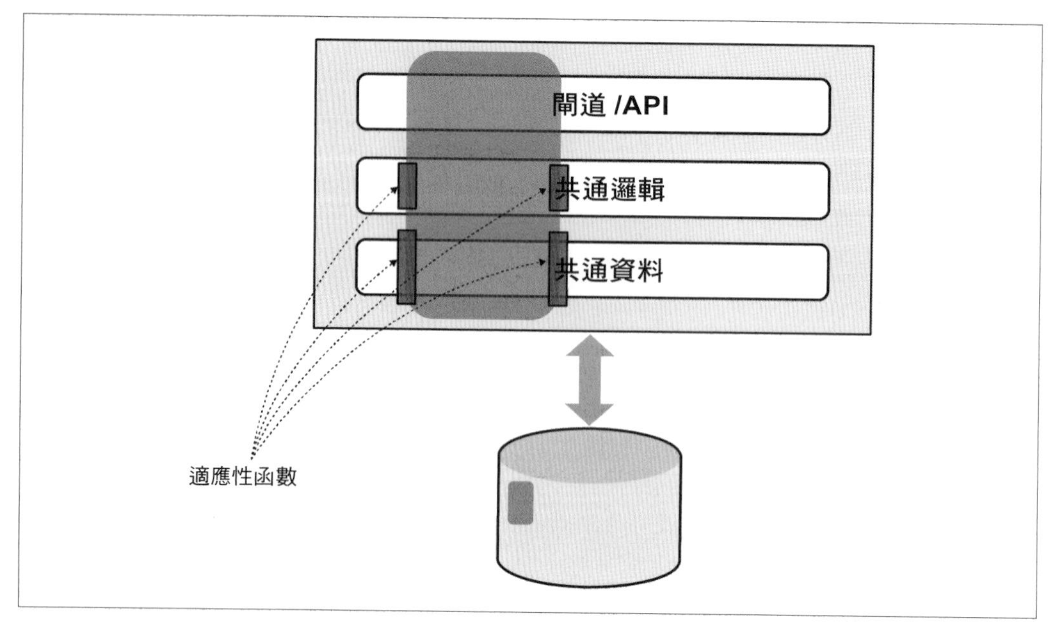

圖 9-14　在分層架構中建立出有界情境

從何處開始？

許多架構師的現有架構就像一團大泥球（Big Balls of Mud），他們苦於不知道從哪裡開始增加可演化性。雖然適當的耦合和模組化是你應該採取的最初步驟之一，但有時還有其他的優先事項。舉例來說，如果你的資料結構描述已無可救藥的耦合，那麼判斷 DBA 如何達成模組化可能是第一步。以下是採用演化式架構實務做法的一些常見策略和原因。

低掛的果實

如果一個組織需要早期的勝利來證明這種做法可行，架構師可能會選擇一個最簡單的問題來突顯演化式架構做法的優點。一般來說，這將是系統中已經在很大程度上解耦的部分，而且希望不是在任何依存關係的關鍵路徑上。提高模組化程度和降低耦合度可以讓團隊展示演化式架構的其他面向，即適應性函數和漸進式變更。建立更好的隔離度可以讓測試更有針對性，並幫助適應性函數的建立。對可部署單元進行更好的隔離，可使部署管線的建置更容易，並提供了一個平台以建置更穩健的測試。

衡量指標是漸進式變更環境中部署管線的常見輔助工具。如果團隊將此工作當作概念驗證，開發人員應針對前後兩種場景蒐集適當的指標。蒐集具體資料是開發人員審查做法的最佳途徑；請記住「演示勝於討論（*demonstration defeats discussion*）」這句格言。

這種「最簡單的優先」的做法最大限度地降低了風險，但可能會犧牲價值，除非團隊夠幸運，剛好容易的事情有高價值。對於那些心存疑慮、想在演化式架構的隱喻水域中一試身手的公司來說，這不失為一種好策略。

最高價值者優先

「最簡單的優先」的一種替代做法是「最高價值者優先（highest value first）」：找到系統中最關鍵的部分，並優先以它為中心建立演化行為。公司採用這種做法有幾個原因。首先，如果架構師確信他們想要採用演化式架構，那麼首先選擇價值最高的部分就表明了他們的決心。其次，對於仍在評估這些想法的公司來說，他們的架構師可能會好奇這些技巧在其生態系統中的適用性。因此，藉由首先選擇價值最高的部分，他們展示了演化式架構的長期價值主張。第三，如果架構師懷疑這些想法是否適用於他們的應用程式，那麼透過系統中最有價值的部分來審查這些概念，就能為他們提供資料以判斷是否要繼續下去。

測試

許多公司都對其系統缺乏測試表示遺憾。如果開發人員發現自己的源碼庫缺乏測試或根本沒有測試，他們可能會決定先增加一些關鍵測試，然後再採取更有野心的行動，移往演化式架構。

一般來說，開發人員不願意承擔只在源碼庫中新增測試的專案。管理階層對這種活動持懷疑態度，尤其是在新功能實作被推遲的情況下。架構師應將增加模組化與高階功能性測試結合起來。用單元測試封裝功能可以為測試驅動開發（test-driven development，TDD）等工程實務做法提供更好的鷹架，但將其改造以適應源碼庫需要時間。取而代之，開發人員應該在重組程式碼之前，圍繞某些行為新增粗粒度的功能性測試，以便驗證整體系統行為沒有因為重組而改變。

測試是演化式架構漸進式變更面向的一個重要組成部分，而適應性函數則積極運用測試。因此，這些技術至少需要一定程度的測試，而測試的全面性與演化式架構是否易於實作之間存在著緊密的關聯。

基礎設施

一些公司的新能力來得很慢，營運團隊是缺乏創新的常見受害者。對於基礎設施（infrastructure）功能失調的公司來說，解決這些問題可能是建立演化式架構的先決條件。基礎設施問題有多種形式。舉例來說，一些公司將其所有營運責任外包給另一家公司，因此無法控制其生態系統中的這一關鍵部分；如果要承擔跨公司協調的開銷，DevOps 的難度就會成倍增長。

另一種常見的基礎設施功能障礙是開發和營運之間存在一道難以逾越的防火牆，開發人員無法深入了解程式碼最終是如何執行的。這種結構常見於各部門之間充斥著政治因素的公司，在這些公司中，每個「孤島」都是自主行動的。

最後，一些組織的架構師和開發人員忽視了良好的實務做法，結果在基礎設施中產生了大量的技術債。有些公司甚至不清楚什麼是在哪裡執行，也不了解架構與基礎設施之間互動的其他基本知識。

基礎設施永遠都會影響架構

Neal 曾經為一家為使用者提供託管服務的公司做過顧問工作。該公司擁有大量伺服器（當時約有 2,500 部），並在營運部門內部建立了孤島：一個團隊負責安裝硬體，另一個團隊負責安裝作業系統，第三個團隊安裝應用程式。不用說，當開發人員需要資源時，他們就會向營運黑洞提交一張票據，在那裡會產生更多的票據，在資源出現之前，這些票據會往復傳遞數週。更糟糕的是，公司的 CIO 一年前離職了，由 CFO 負責那個部門。當然，CFO 主要關心的是節約成本，而不是對他認為只是負擔的部門進行現代化改造。

在調查營運弱點時，一位開發人員提到，每部伺服器只能容納大約五名使用者，考慮到其應用程式的簡單性，這一點令人震驚。開發人員羞愧地解釋說，他們對 HTTP 工作階段狀態（session state）的濫用達到了傳奇的程度，基本上把它當成了一個龐大的記憶體內資料庫。因此，每部伺服器只能容納少數幾名使用者。問題在於，他們的營運團隊無法為除錯目的提供類似生產環境的真實環境，而且他們絕對禁止開發人員為生產環境進行除錯（甚至是廣泛的監控），這主要是出於政治因素。由於無法與現實版本的應用程式進行互動，開發人員無法解開他們逐漸創造的混亂局面。

> 透過簡略估算，我們確定該公司的伺服器數量很可能只要少一個數量級就足夠，比較像是 250 部。然而，該公司忙於購買新伺服器、安裝作業系統等等。
>
> 當然，最大的諷刺是，他們的節約措施實際上讓公司損失了一大筆錢。
>
> 最終，被圍困的開發人員建立了自己的 DevOps 游擊隊，完全繞過傳統的營運組織，自行管理伺服器。這兩個小組之間的爭鬥迫在眉睫，但在短期內，開發人員開始在重組應用程式方面取得進展。

歸根究柢，這些建議與惱人但準確的顧問回答「*視情況而定*（*It Depends*）」相似！只有架構師、開發人員、DBA、DevOps、測試、安全和其他眾多貢獻者才能最終確定邁向演化式架構的最佳路線圖。

案例研究：PenultimateWidgets 的企業架構

PenultimateWidgets 公司正在考慮改造其舊有平台的一個重要部分，而一個企業架構師團隊製作了一張試算表，列出新平台應具備的所有特性：安全性、效能指標、規模可擴充性、可部署性以及其他眾多特性。每個類別包含 5 到 20 個儲存格，每個都有一些特定的標準。舉例來說，其中一項正常運行時間指標（uptime metrics）堅持每項服務提供五個九（99.999）的可用性。他們總共識別出了 62 個項目。

但他們意識到這種做法存在一些問題。首先，他們會逐一核實專案的這 62 項特性嗎？他們可以制定一項政策，但誰來持續驗證該項政策呢？即使是臨時性的手動驗證，也是一個相當大的挑戰。

其次，對系統的每個部分都規定嚴格的可用性方針是否合理？系統管理員的管理畫面是否必須提供五個九？制定過於總括性的政策經常會導致過度工程化。

為了解決這些問題，企業架構師將他們的標準定義為適應性函數，並為每個專案建立了一個部署管線樣板（deployment pipeline template）作為起點。在部署管線中，架構師設計了適應性函數來自動檢查安全性等關鍵功能，讓各個團隊為其服務新增特定的適應性函數（如可用性）。

未來狀態？

演化式架構的未來狀態是什麼？隨著團隊對這些理念和實務做法越來越熟悉，他們會將它們融入到日常業務中，並開始使用這些理念來建置新的能力，例如資料驅動開發。

難度更大的適應性函數，還有很多工作要做，但隨著企業解決問題並免費提供許多解決方案，進展已經出現。在敏捷性發展的早期，人們曾感嘆有些問題太難自動化，但無畏的開發人員不斷付出努力，現在整個資料中心都已實現自動化。舉例來說，Netflix 在構思和建置類似 Simian Army 這樣的工具方面做出了龐大的創新，支援全面的持續適應性函數（但還沒這樣稱呼它們）。

有幾個領域大有可為。

使用 AI 的適應性函數

大型的開源人工智慧框架正逐漸適用於常規專案。隨著開發人員學會利用這些工具來支援軟體開發，我們設想基於人工智慧的適應性函數將能用來尋找異常行為。信用卡公司已經在應用啟發式演算法（heuristics），例如標記世界不同地區近乎同時發生的交易；架構師也可以開始建置調查工具，尋找架構中的怪異行為。

生成式測試

生成式測試（*generative testing*）是許多函式型程式設計（functional programming）社群常用的一種實務做法，正被越來越多的人所接受。傳統的單元測試包括對每個測試案例正確結果的斷言（assertions）。然而，在生成式測試中，開發人員會執行大量測試並捕捉結果，然後使用結果的統計分析來尋找異常狀況。舉例來說，考慮一下對數字範圍進行邊界檢查的一般案例。傳統的單元測試會檢查已知數字可能出錯的地方（負數、數值溢位等），但對意外的邊緣情況卻無能為力。而生成式測試則會檢查每一個可能的值，並報告發生錯誤的邊緣情況。

為何（或為何不）？

銀子彈（silver bullets）並不存在，架構中也不例外。我們不建議每個專案都為可演化性付出額外的成本和努力，除非那樣做對專案有利。

公司為何決定建立演化式架構？

許多企業發現，在過去幾年中，變化的週期加快了，這反映在前面提到的 *Forbes* 觀察中，即每家公司都必須具備軟體開發和交付的能力。讓我們來看看使用演化式架構之所以合理的幾個原因。

可預測 vs. 可演化

許多公司重視資源和其他戰略事項的長期規劃；公司顯然也重視**可預測性**（*predictability*）。然而，由於軟體開發生態系統的動態平衡，可預測性已經失效。企業架構師仍然可以制定計畫，但這些計畫隨時可能失效。

即使是穩健、成熟產業的公司，也不應忽視無法演化的系統所帶來的危害。被了解生態系統變遷的影響並做出回應的共享乘車公司所衝擊時，計程車產業可是一個跨越多個世紀的國際性機構呢。被稱為「Innovators Dilemma（創新者困境）」（*https://oreil.ly/1d6Zx*）的現象預示著，當更敏捷的新創公司能更好地應對不斷變化的生態系統時，成熟市場中的企業很可能會失敗。

建立可演化的架構需要花費額外的時間和精力，但當公司能夠對市場的實質性變化做出回應而無須進行大翻修時，就會得到回報。可預測性永遠不會回到令人懷念的大型主機和專用營運中心的時代。開發世界的高度不穩定性正日益推動所有組織進行漸進式變更。

規模

有一段時間，架構的最佳實務做法是建立以關聯式資料庫為後盾的交易處理系統，利用資料庫的許多功能來處理協調問題。這種做法的問題在於規模的擴充，我們很難擴充後端資料庫的規模。為了緩解這一問題，許多錯綜複雜的技術應運而生，但它們只是解決規模化根本問題的「OK 繃」，也就是耦合。架構中的任何耦合點最終都會阻礙規模擴充，而仰賴資料庫層級的協調最終也會碰壁。

Amazon 就面臨著這樣的問題。最初的網站設計是將單體前端與以資料庫為中心的單體後端綁在一起。當訊務流量增加時，團隊不得不擴大資料庫的規模。在某一時刻，他們達到了資料庫規模的極限，對網站的影響是效能下降，每個頁面的載入速度都變慢了。

Amazon 意識到，將所有東西都耦合到一個**東西**上（無論是關聯式資料庫，還是企業服務匯流排等等）最終會限制規模可擴充性。透過重新設計架構，Amazon 採用了比較接近微服務的風格，消除了不恰當的耦合，使其整體生態系統規模得以擴充。

這種程度的解耦帶來的一個副作用是可演化性的提升。正如我們在本書中所闡述的，不當耦合是演化最大的挑戰。建立一個可擴充規模的系統也往往等同於建立一個可演化的系統。

進階的業務能力

許多公司羨慕 Facebook、Netflix 和其他技術先進的公司，因為他們擁有精密的功能。漸進式變更允許眾所周知的實務做法，如假說和資料驅動的開發。許多公司渴望透過多變數測試（multivariate testing）將使用者納入他們的反饋迴路。許多進階 DevOps 實務做法的一個關鍵基石是可以演化的架構。舉例來說，如果元件之間存在高度耦合，開發人員就很難進行 A/B 測試，從而使隔離關注點變得更加困難。一般來說，演化式架構能讓公司在技術上更好地應對不可避免但又無法預測的變化。

週期時間作為業務指標

在第 38 頁的「部署管線」中，我們對**持續交付**（*Continuous Delivery*）和**持續部署**（*continuous deployment*）進行了區分，前者是指部署管線中至少有一個階段進行手動的 *pull*，而後者是指每個階段在成功後自動進入到下一個階段。建置持續部署需要相當精密的工程技術，公司為什麼要做到那種程度呢？

因為在某些市場中，週期時間（cycle time）已成為業務差異化的一個要素。一些保守的大型企業將軟體視為額外負擔，因此試圖將成本降到最低。而創新型公司則將軟體視為一種競爭優勢。舉例來說，如果 AcmeWidgets 建立的架構的週期時間為三小時，而 PenultimateWidgets 的週期時間仍為六週，那麼 AcmeWidgets 就擁有了可以利用的優勢。

許多公司已把週期時間當作一級的業務指標，這主要是因為他們生活在一個高度競爭的市場中。所有市場最終都會以這種方式展開競爭。舉例來說，在 1990 年代初期，一些大公司更積極地透過軟體實現手動工作流程的自動化，並隨著所有公司最終意識到這一必要性後，獲得了巨大優勢。

將架構特性隔離在量子層面

將傳統的非功能性需求視為適應性函數，並建置一個封裝良好的架構量子，使架構師能讓每個量子支援不同特性，這也是微服務架構的優勢之一。由於每個量子的技術架構都與其他量子脫鉤，因此架構師可以針對不同的用例選擇不同的架構。舉例來說，一個小型服務的開發人員可能會選擇微核心架構（microkernel architecture），因為他們希望支援一個允許漸進式附加的小型核心。另一個開發團隊可能會出於規模可擴充性的考量，為他們的服務選擇事件驅動架構（event-driven architecture）。如果這兩種服務都是某個單體的一部分，架構師就必須做出取捨，以試著滿足這兩種需求。透過在小型量子層面上隔離技術架構，架構師可以自由地專注於單個量子的主要特性，而無須分析互相競爭的優先事項之間的取捨。

調整 vs. 演化

許多組織陷入了技術債逐漸增加的陷阱，不願進行必要的結構調整，這反過來又使系統和整合點變得越來越脆弱。企業試圖透過服務匯流排（service buses）等連接工具來掩蓋這種脆弱性，這雖然減輕了一些技術上的麻煩，但卻無法解決業務過程更深層的邏輯凝聚力問題。使用服務匯流排就是對現有系統進行**調整**（*adapting*），以便在另一種環境中使用的一個例子。但正如我們之前強調的，這種調整的副作用就是增加技術債。當開發人員對某項內容進行調整時，他們會保留原有的行為，並在其上疊加新的行為。元件承受的調整週期越長，並列的行為就越多，複雜性也就增高，希望是戰略性的。

功能切換的使用為調整的好處提供一個很好的例子。一般情況下，開發人員在透過假說驅動的開發嘗試幾種替代方案時會使用功能切換，測試他們的使用者，看看哪種方案最能引起共鳴。在這種情況下，切換帶來的技術債是有目的的，也是可取的。當然，針對這種切換的最佳工程實務做法是，一旦做出決定，就立即將其移除。

另一方面，**演化**則代表根本性的改變。建立一個可演化的架構需要在原地改變架構，並透過適應性函數防止破壞。最終的結果是，系統能以有用的方式持續演化，而不會潛伏越來越多的過時解決方案。

公司為何選擇不建立演化式架構？

我們不相信演化式架構是萬靈丹！公司有幾個合理的理由來放棄這些想法。以下是一些常見的原因。

無法演化大泥球

架構師忽視的一個關鍵「能力（-ilities）」是**可行性**（*feasibility*），即團隊是否應該開展這個專案？如果一個架構是一個無望的耦合大泥球（Big Ball of Mud），那麼要使它能夠乾淨俐落地演化，將耗費大量工夫，可能比從頭開始重寫還要多。公司不喜歡丟棄任何感覺上有價值的東西，但改造往往比重寫成本更高。

企業如何判斷自己是否處於這種情況？將現有架構轉換為可演化架構的第一步就是**模組化**。因此，開發人員的首要任務就是找到當前系統中存在的模組性（modularity），並圍繞這些發現重組架構。一旦架構的糾結程度降低，架構師就更容易看到底層結構，並合理判斷重組所需的努力。

其他架構特性佔主導地位

可演化性（*evolvability*）只是架構師在選擇特定架構風格時必須權衡的眾多特性之一。任何架構都無法完全支援相互衝突的核心目標。舉例來說，要同時在一個架構中達成高效能和大規模是很困難的。在某些情況下，其他因素可能比演化變革更重要。

大多數情況下，架構師會根據一系列廣泛的需求來選擇架構。舉例來說，架構可能需要支援高可用性、安全性和規模。這就導致了一般的架構模式，如單體、微服務或事件驅動模式。然而，被稱為**領域特定架構**（*domain-specific architectures*）的架構家族試圖最大限度地提高單一特性。在為這樣的特定目的建置架構之後，要使其適應其他考量就會遇到困難（除非開發人員非常幸運，架構關注點發生了重疊）。因此，大多數領域特定的架構並不關心演化問題，因為它們的特定目的壓過了其他考量。

犧牲架構

Martin Fowler 將「犧牲架構」（*https://oreil.ly/0RyeF*）定義為「被設計用來丟棄的架構」。許多公司最初需要建置簡單的版本來調查市場或證明可行性。一旦證明可行，他們就可以建置**真正**的架構，以支援已顯現的特性。

許多公司在戰略上都是這樣做的。通常，公司在建立最小可行產品（minimum viable product）（*https://oreil.ly/SgSj8*）以測試市場時，會建置這種類型的架構，並預期在市場認可的情況下建置更穩健的架構。建立犧牲架構意味著架構師不會試圖演化它，而是在適當的時候用更永久的東西取代它。雲端產品使其成為公司試驗新市場或新產品可行性的一個有吸引力的選擇。

計畫很快關閉公司

演化式架構有助於企業適應不斷變化的生態系統力量。如果一家公司不打算在一年內繼續經營，就沒有理由在其架構中加入可演化性。

總結

建置演化式架構並不是架構師可以下載並執行的一套銀子彈工具。取而代之，它是一種在架構中進行治理的整體方法，基於我們在軟體工程方面積累的經驗。真正的軟體工程將仰賴於自動化和漸進式變更，這兩者都是演化式架構的特點。

請記住，你的生態系統往往不存在一站式工具（turnkey tools）。因此，關鍵問題是：「我需要的資訊是否存在於某處？」。如果是，那麼一個手工打造的簡單指令稿工具就可以蒐集和彙總那些不同的資料，從而提供架構上的價值。

架構師不必實作一套複雜的適應性函數。就像透過單元測試進行領域測試一樣，架構師應把重點放在高價值的適應性函數上，以證明建立和維護這些函數的努力是值得的。架構演化沒有絕對的最終狀態，只有透過這些做法所增加的價值高低。

要演化軟體系統，架構師必須對協同工作的結構設計和工程實務充滿信心。控制耦合和自動化驗證是建立治理良好的架構之關鍵，這種架構可以透過領域、技術變化或兩者兼而有之地進行演化。

索引

※ 提醒您： 由於翻譯書排版的關係，部分索引名詞的對應頁碼會和實際頁碼有一頁之差。

A

B

C

D

E

F

G

H

I

J

K

L

M

N

O

P

Q

R

S

T

U

V

W

X

Y

Z

關於作者

Neal Ford 是 ThoughtWorks 公司的總監、軟體架構師和「迷因牧人（meme wrangler）」。ThoughtWorks 是一家軟體公司，也是由充滿熱情、以目標為導向的個人所組成的社群，他們以顛覆性思維提供技術，以應對最嚴峻的挑戰，同時尋求徹底改變 IT 產業並創造正面的社會變革。在加入 ThoughtWorks 之前，Neal 是全國知名的培訓與開發公司 DSW Group, Ltd. 的 CTO。

Neal 擁有 Georgia State University 電腦科學學位，主修語言和編譯器，輔修數學，專門研究統計分析。他是國際公認的軟體開發和交付專家，尤其是在敏捷工程技術和軟體架構交會的領域。Neal 曾在雜誌上撰寫過文章，出版過九本書（還在不斷增加中），發行過數十場演講影片，並在全球數百場開發人員會議上發表過演說。這些作品的主題包括軟體架構、持續交付、函式型程式設計和尖端的軟體創新，還有出版過以商業為重點，關於改進技術演說的一本書籍和影片。他的主要顧問專長是大規模企業應用程式的設計和建構。如果你對 Neal 充滿好奇，請拜訪他的網站 *nealford.com*。

Rebecca Parsons 博士是 ThoughtWorks 的 CTO，擁有數十年跨產業和跨系統的應用程式開發經驗。她的技術經驗包括領導建立大規模分散式物件應用程式、整合不同系統以及與架構團隊合作。除了熱衷於精深技術之外，Parsons 博士還是技術產業多樣性的堅定倡導者。

在加入 ThoughtWorks 之前，Parsons 博士在 University of Central Florida 擔任電腦科學助理教授，教授編譯器、程式最佳化、分散式運算、程式語言、計算理論、機器學習和計算生物學等課程。她還曾在 Los Alamos National Laboratory 擔任 Director's Postdoctoral Fellow，研究平行和分散式運算、基因演算法、計算生物學和非線性動力學系統方面的議題。

Parsons 博士擁有 Bradley University 電腦科學和經濟學理學學士學位、Rice University 電腦科學理學碩士學位，以及 Rice University 電腦科學博士學位。她還是《*Domain-Specific Languages*》、《*The ThoughtWorks Anthology*》和《建立演進式系統架構》第一版的合著者。

Patrick Kua 是一名獨立的 CTO 教練，曾任 N26 的 CTO，前 ThoughtWorks 首席技術顧問，在技術產業工作了 20 多年。他的個人使命是加速技術領導者的成長，並透過一對一輔導、線上和面對面的技術領導力研討會，以及他為技術領導者編寫的廣受歡迎的時事通訊《*Level Up*》（*https://levelup.patkua.com*）來實現這一使命。

他是《*The Retrospective Handbook: A Guide for Agile Teams*》和《*Talking with Tech Leads: From Novices to Practitioners*》的作者，並透過 *The Tech Lead Academy*（*https://techlead.academy*）提供培訓課程。

你可以在他的網站 *patkua.com* 上了解更多關於他的資訊，也可以透過 @patkua（*http://twitter.com/patkua*）在 Twitter 上與他聯繫。

Pramod Sadalage 是 ThoughtWorks 的 Data & DevOps 總監，在那裡他樂於擔任資料庫專業人員和應用程式開發者之間少有的協調角色。他經常被派往其資料需求特別具有挑戰性而需要新技術和技巧的客戶那邊。在 2000 年代初期，他開發了以具有版本控制的結構描述遷移為基礎的技術，使關聯式資料庫能夠以可演化的方式進行設計。

他是《軟體架構：困難部分》、《*Refactoring Databases*》、《搞懂 *NoSQL* 的 *15* 堂課》的共同作者，以及《*Recipes for Continuous Database Integration*》的作者，並且持續就自己和客戶學到的洞見發表演講和文章。

出版記事

《建立演進式系統架構》封面上的動物是蜿蜒曲紋珊瑚（open brain coral，學名為 *Trachyphyllia geoffroyi*）。這種大水螅體硬珊瑚（large-polyp stony，LPS）也被稱為「摺疊腦（folded brain）」或「火山口（crater）」珊瑚，原產於印度洋（Indian Ocean）。

以其獨特的皺褶、鮮豔的顏色和堅韌的生命力聞名，這種自由生活的珊瑚在白天依賴表層蟲黃藻（zooxanthellae）的光合作用產物為生，到了晚上，牠會從其多孔中伸出觸手來引誘獵物，包括各種浮游生物和小魚，進入其一個或多個口器中（有些蜿蜒曲紋珊瑚有兩到三個口器）。

由於其引人注目的外觀和容易適應的覓食習慣，*Trachyphyllia geoffroyi* 是水族館的熱門選擇，牠在類似其原生棲息地的淺海海床之沙或淤泥層中成長茁壯。水流適中、動植物物質豐富的環境對牠們有利。

Trachyphyllia geoffroyi 被列入 IUCN Red List，處於 Near Threatened（近危）狀態。O'Reilly 封面上的許多動物都瀕臨滅絕；牠們對世界都很重要。

封面插圖由 Karen Montgomery 根據 Jean Vincent Félix Lamouroux 的《*Exposition Methodique des genres de L'Ordre des Polypiers*》中的一幅古董線刻圖繪製而成。

建立演進式系統架構｜支援常態性的變更 第二版

作　　者：Neal Ford, Rebecca Parsons, Patrick Kua, Pramod Sadalage
譯　　者：黃銘偉
企劃編輯：詹祐甯
文字編輯：詹祐甯
特約編輯：江瑩華
設計裝幀：陶相騰
發 行 人：廖文良

發 行 所：碁峰資訊股份有限公司
地　　址：台北市南港區三重路 66 號 7 樓之 6
電　　話：(02)2788-2408
傳　　真：(02)8192-4433
網　　站：www.gotop.com.tw
書　　號：A730
版　　次：2024 年 05 月二版
建議售價：NT$580

國家圖書館出版品預行編目資料

建立演進式系統架構：支援常態性的變更 / Neal Ford, Rebecca Parsons, Patrick Kua, Pramod Sadalage 原著；黃銘偉譯. -- 二版. -- 臺北市：碁峰資訊, 2024.05
面；　公分
譯自：Building evolutionary architectures: automated software governance, 2nd ed.
ISBN 978-626-324-733-8(平裝)
1.CST：軟體研發　2.CST：電腦程式設計
312.2　　112022751